"十三五"国家重点出版物出版规划项目
材料科学研究与工程技术图书
石墨深加工技术与石墨烯材料系列

炭材料工艺基础

PROCESS FOUNDATION OF CARBON MATERIAL

赵志凤　高　微　高丽敏　编著

U0363124

哈爾濱工業大學出版社
HARBIN INSTITUTE OF TECHNOLOGY PRESS

内 容 提 要

　　本书主要内容包括炭素材料的组织和结构,炭与石墨及金刚石的生成机理,炭石墨材料的分类与生产工艺流程;原料的煅烧,混合与混捏,炭石墨材料的成形、焙烧;炭石墨材料的密实化工艺及石墨化工艺。

　　本书可作为大专院校相关专业的教材,也可作为从事与炭素材料相关的技术和管理人员的参考书。

图书在版编目(CIP)数据

　　炭材料工艺基础/赵志凤,高微,高丽敏编著. —哈尔滨:
哈尔滨工业大学出版社,2017.7
　　ISBN 978 - 7 - 5603 - 5809 - 3

　　Ⅰ.①炭⋯　　Ⅱ.①赵⋯②高⋯③高⋯　　Ⅲ.①炭素材料–材料工艺
Ⅳ.①TM242

　　中国版本图书馆 CIP 数据核字(2016)第 003897 号

材料科学与工程
图书工作室

策划编辑	杨　桦　张秀华
责任编辑	何波玲
封面设计	卞秉利
出版发行	哈尔滨工业大学出版社
社　　址	哈尔滨市南岗区复华四道街 10 号　邮编 150006
传　　真	0451 - 86414749
网　　址	http://hitpress.hit.edu.cn
印　　刷	黑龙江艺德印刷有限责任公司
开　　本	787mm×960mm　1/16　印张 22.5　字数 388 千字
版　　次	2017 年 7 月第 1 版　2017 年 7 月第 1 次印刷
书　　号	ISBN 978 - 7 - 5603 - 5809 - 3
定　　价	58.00 元

前　　言

　　现代科学技术的飞速发展,对材料性能的要求不断提高,冶金、机电、核能和宇航工业的发展,对炭素工业的发展起到巨大的推动作用。目前,我国各类炭素产品的总产量已位居世界第一,但是产品性能和规格与世界发达国家相比还有一定的差距,特别是以石墨等为原料制造的大规格高性能的超细结构炭石墨制品。因此,我国要从炭素大国持续发展成为炭素强国,就要研究总结开创国内的生产技术,研究、消化、吸收国外的先进技术,用来指导我国的炭素生产,以提高我国炭素生产的技术和产品质量,实现高质量炭素产品的应用领域,同时提高我国炭素产品在国际市场的竞争力。

　　本书主要内容包括炭素材料的组织和结构,炭与石墨及金刚石的生成机理,炭石墨材料的分类与生产工艺流程;原料的煅烧,混合与混捏,炭石墨材料的成形、焙烧;炭石墨材料的密实化工艺及石墨化工艺。本书主要以炭和石墨制品的工艺过程为主线,深入论述各工序的工艺原理、设备构造、技术操作、新工艺和新设备。

　　本书可作为大专院校相关专业的教材,也可作为从事与炭素材料相关的工程技术和管理人员的参考书。

　　本书由黑龙江科技大学赵志凤、高微和高丽敏编写,具体编写分工如下:赵志凤副教授撰写第1~3章,高微讲师撰写第4~7章,高丽敏讲师撰写第8、9章。

　　限于作者水平,书中疏漏之处在所难免,敬请教师、学生和读者同行给予指正。

作　者

2017 年 1 月

目　　录

第1章　炭材料的结构和组织

碳是一种化学元素,它广泛存在于浩瀚的宇宙间和地球上。它的生成,可追溯到宇宙的起源与地球的形成。根据宇宙爆炸(Big Bang)学说,最初在宇宙间是充满高能量的光,大约150亿年前,这个巨大的能量块爆炸了,其温度下降,光开始转化为物质,最初生成基本粒子,其基本粒子又聚合生成氢(H)和氦(He),三个氦原子结合就生成了碳,元素符号为C。

1.1　碳的存在形式

1.1.1　自然界碳的存在形式

自然界存在的碳,既有处于游离状态的,也有大量的化合物形式。世界上富碳的国家很多,像非洲、巴西和印度都有巨大的金刚石矿床,俄罗斯许多地区也有石墨矿。碳以单质和化合物形式广泛地分布在自然界,而石墨和金刚石以游离态的形式存在于自然界的含量极少。碳主要是以化合物的形式存在,碳是一种独特元素,几乎能形成无限数目的化合物,碳原子之间常常互相联结。碳的化合物以气体形式存在的有 CO_2,CO 和 CH_4 等。以固体形式存在于岩石中的有碳酸钙、碳酸镁,还有的作为碳氢化合物存在于煤和石油中。煤主要是碳的化合物,煤的含碳量为60% ~90%(质量分数),石油和沥青的含碳量为80% ~90%(质量分数),木材的含碳量为50%(质量分数)左右,这些都是含有 C,H,N,S 及其他元素的复杂的有机化合物。现已知的碳化合物就有50万种。

碳的单质存在形式有无定形炭、卡宾(Carbin,有的译为炔炭)、石墨、金刚石及 C_{60} 系列碳。所谓无定形炭是指碳原子不规则排列的非晶质物。卡宾、石墨、金刚石及 C_{60} 是碳原子规则排列的晶质物。然而,从无定形炭到完全的石墨晶体结构中还存在着许多中间结构,其结构极其复杂,至今人们尚未完全弄明白。因此,在结构上常常将无定形炭到完全石墨晶体结构的中间结构(含有微晶)的物质称为炭,为区别石墨和金刚石,将这些中间结构的炭材料称为炭素材料,它是一种多晶体。

1.1.2　炭材料发展简史

在 20 世纪 80 年代中期之前,人们只知道纯碳有两种同素异构体,即石墨和金刚石。石墨是人类最早认识的纯碳形态,天然石墨就是纯碳组成的矿物,它存在于古老的结晶岩中。石墨的名称最早是因它可以用来写字而得到的,后来陆续发现,它还可用于制备坩埚、铸模涂料、润滑剂、抛光剂、弧光灯、电池、碳纤维等,用途极为广泛。

金刚石(俗称钻石)自古以来就引起人们极大的关注,当时主要用来做饰品,金刚石的发现很早,公元前 8 世纪印度就发现了天然金刚石。天然金刚石资源稀少,大多存在于深度超过 120 km 的原生岩石中,开采十分困难,价格昂贵,难以在工业上广泛应用。直至 1797 年,英国人 S·坦南特才揭示,金刚石是由纯碳组成的。经过 100 多年的努力,美国和瑞典相继在 20 世纪 50 年代制造出人造金刚石,并投入工业生产。金刚石从其形成而言,可分为天然金刚石和人造金刚石,天然金刚石与石墨和煤一样,是炭素物质在地壳内受高温、高压作用下而形成的。人造金刚石则是用石墨在高温高压(加触媒)作用下人工合成的,自 20 世纪 50 年代人工合成以来,由于它的硬度极大(是目前地球上最硬的物质,莫氏硬度为 10),比热容低,导热性好,机械强度大,抗腐蚀性能好,具有优良的光学性能及半导体性能和高温稳定性能,因而在工业上获得广泛的应用。其品种不断增加,质量稳步提高,产量急剧上升。

C_{60} 是继 20 世纪 60 年代卡宾发现之后发现由纯碳组成的新型分子结构——球状碳分子。1985 年,美国休斯敦赖斯大学的化学家查理·斯莫利(Richard smally)、吉姆·希思(Jim Heath)和哈里·克罗托(Harry Krot)等人用大功率激光轰击石墨靶做碳的汽化试验时,发现许多碳原子组成的分子都是由偶数碳原子组成的,没有奇数碳原子,其中一种是由 60 个碳原子组成的分子(C_{60} 分子),俗称巴基球或足球烯。

1988 年,德国科学家沃尔冈·克拉奇梅、美国科学家唐纳德·赫夫曼宣布于 1982 年测定炭黑的吸收光谱时曾出现过特殊的“驼峰”(即后来发现的 C_{60})。

1989 年,克罗托与乔纳森·黑尔用红外光谱分析证实在真空中加热炭黑时钟罩内凝结的炭黑中确实存在 C_{60} 这一物质,随后我国北京大学科学家也研制出了 C_{60}。

1.2 碳原子的结构

1.2.1 碳原子的结构特点

碳是各种元素中化合物最多的一种,估计有几百万种。碳是生命机体的要素,是人类生活和生产的物质基础。

尽管由碳构成的化合物很多,但元素碳本身存在的形式却不多。碳的同素异构体分为结晶碳与无定形炭。结晶碳有两种:金刚石、石墨。大多数的碳是介于结晶碳和无定形炭之间的过渡态炭。现代研究表明,自然界大多数元素都是它们几种不同的同位素(所谓同位素就是其原子核中质子数相同,而中子数不同的原子)的混合物,也就是说,这几种同位素具有相同的原子序数(z),而它们原子核中的中子数(N)都不同,原子核中的粒子总数等于 A。其计算公式为

$$A = z + N \tag{1.1}$$

A 即为该原子的质量数。元素的相对原子质量是它们的自然丰度中比较稳定的同位素的相对质量的平均值。碳是元素周期表中第六号元素,相对原子质量为 12.011。碳原子由 98.9%(质量分数)的 C 和少量同位素组成。在地壳中碳的含量为 0.032%(质量分数),占第 16 位。原子的光谱和化学性质,几乎完全取决于其原子序数(z),它是一个整数,碳元素的原子序数为 6,也就是说碳原子核电荷数为 6,因此,碳原子核内的质子数为 6,或者说中性碳原子的核外电子数为 6,碳原子价数为 2 价、3 价或 4 价。

碳的熔点为 3 500 ℃,沸点为 4 827 ℃;密度分为无定形炭为 1.88 g/cm^3,石墨为 2.26 g/cm^3,金刚石为 3.51 g/cm^3。

碳在元素周期表中属第ⅣA 族,位于非金属性最强的卤素和金属性最强的碱金属之间。它的价电子层结构为 $2s^2 2p^2$,在化学反应中它既不容易失去电子,也不容易得到电子,难以形成离子键,而形成的是特有的共价键。碳原子结构特点是最外层电子数为 4 个,它一定不会得失电子,只能共用电子,所以它是形成化合物最多的元素。

碳原子的 sp^3 杂化可以生成 4 个 σ 键,形成正四面体构型,例如金刚石、甲烷 CH_4、四氯化碳 CCl_4、乙烷 C_2H_6 等。

在甲烷分子中,C 原子 4 个 sp^3 杂化轨道与 4 个 H 原子生成 4 个 σ 共

价键,分子构型为正四面体结构。

碳原子的 sp^2 杂化生成 1 个 σ 键,2 个 π 键,平面三角形构型,例如石墨、$COCl_2$、C_2H_4、C_6H_6 等。

在 $COCl_2$ 分子中,C 原子以 3 个 sp^2 杂化轨道分别与 2 个 Cl 原子和 1 个 O 原子各生成 1 个 σ 共价键外,它的未参加杂化的那个 p 轨道中的未成对的 p 电子与 O 原子中的对称性相同的 1 个 p 轨道上的 p 电子生成了一个 π 共价键,所以在 C 和 O 原子之间是共价双键,分子构型为平面三角形。

1.2.2 有机物中碳原子的成键特点

任何有机化合物都含有碳元素,在有机化合物分子中,碳原子之间可以形成碳碳单键(C—C)、碳碳双键(C=C)和碳碳叁键(C≡C)等,碳原子与氢原子之间只能形成碳氢单键(C—H),碳原子与氧原子之间则可以形成碳氧单键(C—O)或碳氧双键(C=O)。但是,无论在什么情况下,碳原子总是形成 4 个共价键,这是有机物中碳原子成键的显著特点。通过甲烷、乙烯、乙炔的球棍模型(图 1.1)也可以明显地看到这一点。

甲烷   乙烯   乙炔

图 1.1 碳原子的球棍模型

从图 1.1 还可以看出,在空间结构上,当 1 个碳原子与其他 4 个原子连接时(例如甲烷),这个碳原子将采取四面体取向与之成键。当碳原子之间或碳原子与其他原子之间形成双键时(例如乙烯),形成该双键的原子以及与之直接相连的原子处于同一平面上。当碳原子之间或碳原子与其他原子之间形成叁键时(例如乙炔),形成该叁键的原子以及与之直接相连的原子处于同一直线上。

在烃分子中,仅以单键方式成键的碳原子称为饱和碳原子,以双键或叁键方式成键的碳原子称为不饱和碳原子。图 1.2 中,1、2、3、4 号碳原子为不饱和碳原子,5 号碳原子为饱和碳原子,从该图中也可以看到不同类型碳原子在成键时的空间取向。

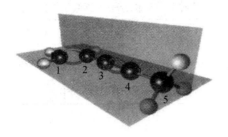

图1.2　有机物中碳原子的成键取向

　　不同类型的碳原子在成键时为什么会出现不同的取向呢？可以通过杂化轨道理论加以解释。碳原子核外的 6 个电子中 2 个电子占据了 1s 轨道，2 个电子占据了 2s 轨道，2 个电子占据了 2p 轨道。碳原子处于能量最低状态时只有 2 个未成对电子。但是，研究表明，在有机化合物分子中，碳原子总是能形成 4 个共价键，使其最外层达到 8 个电子稳定结构。碳原子是如何形成 4 个共价键的呢？原来，当碳原子与其他原子形成共价键时，碳原子最外层的原子轨道会发生杂化，使碳原子核外具有 4 个未成对电子，因而能与其他原子形成 4 个共价键。杂化方式不同，所形成分子的空间构型也不同。图 1.3 是碳原子的几种杂化轨道形状示意图。

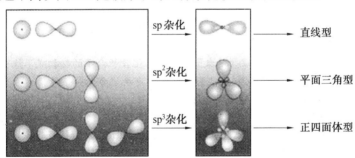

图1.3　碳原子的几种杂化轨道形状示意图

　　通常情况下，碳原子与碳原子之间、碳原子与氢原子之间形成的单键都是 σ 键；碳原子与碳原子之间、碳原子与氧原子之间形成的双键中，一个价键是 σ 键，另一个是 π 键；碳原子与碳原子之间形成的叁键中，一个价键是 σ 键，另两个是 π 键。苯分子中的化学键较为特殊，碳原子与氢原子之间形成 σ 键，而在碳原子与碳原子之间除了形成一个 σ 键以外，6 个碳原子还共同形成大 π 键。表 1.1 为几种简单有机分子中碳原子轨道的杂化方式。

表1.1　几种简单有机分子中碳原子轨道的杂化方式

有机分子	CH_4	$CH_2=CH_2$	$CH\equiv CH$	C_6H_6
碳原子轨道杂化方式	sp^3	sp^2	sp	sp^2
分子空间构型	正四面体	平面	直线	平面

1.3　碳的同素异构体及其晶体结构

　　碳的基本结构形式或碳的同素异构体有无定形炭、卡宾、石墨和金刚石,另外还有 C_{60}(足球烯)系列碳。无定形炭通过热处理可逐渐地转变成接近石墨结构,而无定形炭到完全的石墨晶体结构之间又存在着许多中间结构,且极其复杂。对其结构又有各种各样的说法,至今尚未完全明白,而大部分炭素材料都属于这种中间结构的范围。层面重叠结构的石墨通过高压、高温处理可转变为正四面体结构的金刚石。碳的结构及性质基本上依赖于碳原子彼此的结构方式,以及晶体或微晶的聚集方式等各种因素。碳的同素异构体的性质与结构见表1.2。下面分别讲述无定形炭与卡宾、石墨、C_{60}和金刚石的结构。

表1.2　碳的同素异构体的性质和结构

名称	金刚石	石墨	卡宾
杂化电子轨道	sp^3	sp^2	sp
键合形式	单键	双键	三键
构造	立体(正四面体)	平面(六角网)	线状
价键长度/nm	0.154	0.142	0.120
密度/$(g\cdot cm^{-3})$	3.52	2.266	$\alpha:2.68$ $\beta:3.115$
莫氏硬度	10	2左右	
导电性	绝缘体	导体	半导体
比热容(25℃)/$(J\cdot g^{-1})$	0.50	0.71	
燃烧热/$(J\cdot g^{-1})$	32 963	32 866左右	
颜色	无色透明	黑	银白

1.3.1 无定形炭与卡宾的结构

无定形炭是非晶态碳（或微晶质碳）的总称,通常把它作为纯碳的同素异构体的一种,其结构形式随原料的不同、炭化过程的不同而具有各种不同的结构。碳原子以 sp 杂化所形成的线形结构,键角为 180°物质称为卡宾。严格地说,无定形炭不是真正的碳的一种同素异构体,卡宾才是碳的同素异构体。

加热分解有机化合物并通过炭化可得到无定形炭。有机化合物加热分解时,随着温度的上升发生缩聚作用,所有的原料不论为链状或芳族分子,都形成缩合苯环平面状分子交叉连接的聚合体。在 400 ~ 700 ℃ 的加热温度下,这个缩合苯环平面状分子的周围碳因为还连有氢和烃类,因此,严格地说,还不能看成是碳的范畴,称为缩合分子固体比较恰当。加热到 800 ~ 900 ℃ 时,只有碳的六角环网状平面的聚合体及与此相连的 C—C 键的存在（酚醛树脂还残存有 2% ~ 3%（质量分数）的氧,要加热到 1 300 ~ 1 400 ℃ 才转变成 100% 的碳）,这种状态的炭仍称为无定形炭,如各种焦炭、煤、纤维炭、木炭、炭黑等。这种状态的炭是六角网状平面的聚合体结构,有些认为有微晶结构,炭黑为球形层状结构。

卡宾为白色或银灰色的针状晶体,键型可能是线形聚合物链（—C≡C—C≡C—）或者是聚合双键（=C=C=C=C=）。卡宾属于六方晶系,其晶格常数如下:

六方（α）:$a_0 = 0.872$ nm,$c_0 = 1.536$ nm,密度为 2.68 g/cm³

六方（β）:$a_0 = 0.827$ nm,$c_0 = 0.768$ nm,密度为 3.13 g/cm³

作为碳的晶体结构,也有报道存在除上述介绍以外的碳结构。例如,1969 年在某陨石坑的片麻岩中发现了灰色或白色的比石墨更硬,较近似于金刚石的结晶,据报道其属六方晶系,$a_0 = 0.894\ 8 \pm 0.000\ 9$ nm,$c_0 = 1.407\ 8 \pm 0.001\ 7$ nm,同年有人将石墨加热至 2 550 K 以上时,在石墨结晶的顶端发现透明的白色结晶,据报道其结构与上述结晶基本相同。用激光照射碳,也可生成白色结晶,据报道其属六方晶体,晶格常数为 $a_0 = 0.533 \pm 0.003$ nm,$c_0 = 1.215 \pm 0.04$ nm。总之,碳的晶体结构研究还处在不断地发现和发展中。

1.3.2 石墨的晶体结构

石墨晶体是一种层状晶格,它是碳原子以 sp² 杂化组成的正六角环,在其平面上连成巨大的网平面平行堆叠而成,从石墨的一个网平面是碳原子六角环(即苯环)的无限集结物这种观点来看,它们也可以看成为缩合稠环芳烃的巨大分子(层状分子),网平面内碳原子之间的结合是强中间型键(共价键和金属键的混合型键),碳原子间距为 0.142 1 nm,网平面间的结合为范德华键,其面间距为 0.335 4 nm。

当这些层状分子(网平面)平行堆叠起来形成石墨时,层与层之间的碳原子不是正对着的,而是依次错开六方格子对角线长的一半,以便使结构更加致密,这相似于密堆积球层相互错开半个球的情形。按各层错开的情况不同,理想石墨晶体可划分为六方晶系石墨和菱面体晶系石墨。其层面格子的重叠结构如图 1.4 所示。

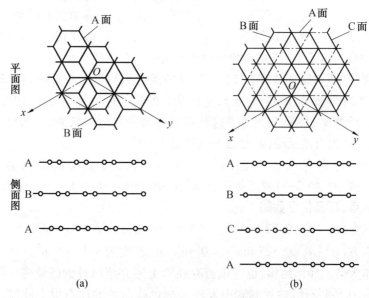

(a)   (b)

图 1.4 石墨晶体的层面格子的重叠结构

1. 六方晶系石墨结构

六方晶系石墨结构是碳元素在常温、常压以及很大的温度和压力范围内的平衡结构。如图 1.5 所示,碳原子构成的六角网格层面互相错开六角形对角线的一半而叠合,第二层对第一层平移(2/3,1/3),第三层恰好与第一层重合,呈 ABAB…序列。六方晶系石墨的结晶学参数如下:

空间群:$P6_3/mmc$

晶胞中碳原子数 z:4

等价位置:0,0,0;2/3,1/3,0;0,0,1/2;1/3,2/3,1/2

晶格常数：$\alpha_0 = 0.246\ 1$ nm，$c_0 = 0.670\ 8$ nm

理论密度：2.266 g/cm^3

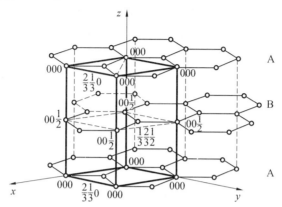

图 1.5　六方晶系石墨的晶体结构

（粗线表示其晶胞）

2. 菱面体晶系石墨结构

石墨除六方晶系结构外，还有菱面体晶体结构。菱面体晶系石墨的晶体结构如图 1.6 所示。碳原子的网平面的第二层对第一层移动（2/3，1/3），第三层进一步移动（1/3，2/3），第四层具有与第一层重合的结构，即每三层重复一次，其层面叠合呈 ABCABC…序列。菱面体晶系石墨晶体可划分为两种晶胞。

①六方晶胞（图 1.6 中用细线表示），其结晶参数如下：

晶胞中原子数 z：6

等价位置：$0,0,0$；$\dfrac{2}{3}$，$\dfrac{1}{3}$，0；$\dfrac{1}{3}$，$\dfrac{2}{3}$，$\dfrac{1}{3}$；$\dfrac{2}{3}$，$\dfrac{1}{3}$，$\dfrac{1}{3}$；$0,0$，$\dfrac{2}{3}$；$\dfrac{1}{3}$，$\dfrac{2}{3}$

晶格常数：$a_0 = 0.246\ 12$ nm，$c_0 = 1.00\ 62$ nm

理论密度：2.266 g/cm^3

②菱面体晶胞（图 1.6 中粗线表示），其结晶参数如下：

空间群：R$\overline{3}$m（旧符号 D_{3d}^5）

等价位置：$\pm\left(\dfrac{1}{6}，\dfrac{1}{6}，\dfrac{1}{6}\right)$

晶格常数：$a_0 = 0.364\ 2$ nm

理论密度：2.266 9 cm^3

大部分天然石墨和人造石墨为六方晶系晶体，而其中只存在百分之几

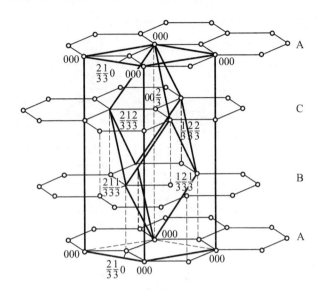

图 1.6 菱面体晶系石墨的晶体结构

（细线表示六方晶系晶胞，粗线表示菱面体晶系晶胞）

的菱面体晶系石墨结构。石墨经研磨后菱面体成分将增加，同时石墨的结构也受到破坏，出现结构缺陷。将这种受到破坏的石墨热处理至 2 000 ℃以上，由于 ABAB…结构较 ABCABC…结构稳定，故后者逐渐向前者转化，使体系处于更稳定的状态。因此菱面体晶系石墨是一种不稳定的带有缺陷的石墨结构。

图 1.7 表示构成石墨晶体结构的主体六方晶系时主要利用的是晶格面。在图 1.7 中，同时画出了经过石墨层面的平面中心的三个方面都可见的侧面图。并用白圈（。）表示碳原子的位置，标记各晶面指数(hkl)的直线是与纸面相垂直的平面，$d(hkl)$是各自的层面间距离。

从图 1.7 中可以更清楚地看出，经 X 射线衍射后所产生的衍射线(001)，可由每层重叠得到。如(112)那样的衍射线，因其能够表示上下各层进行重叠的规律性，所以它是表示石墨结晶程度的一种重要指标。从这一意义上讲，也可把(hkl)衍射线称为三元衍射线。

由此看来，石墨晶体就是由这样的层面重叠构成，另外，由于碳原子在每层内以很强的共价键结合，而在每层之间则通过 π 电子以较弱的范德华力结合，所以，石墨晶体中存在高度的各向异性，在与层面平行的方向上表现出金属性，而在与层面垂直的方向上则显现出非金属性，并且各层之间的滑动产生润滑性。

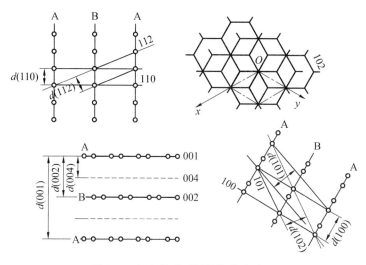

图 1.7 六方晶系石墨晶体的点阵面

1.3.3 富勒烯与碳纳米管的结构

富勒烯和碳纳米管是碳原子以 sp^2 杂化为主,混有 sp^3 杂化而形成的球状与管状结构。C_{60} 是由 20 个正六角形和 12 个正五角形构成类似足球的形状,其中正五角形都被正六角形隔开,球体的正五角形和正六角形的顶点共 60 个,每个顶点有一个碳原子,每个碳原子都以两个单键和一个双键与相邻的 3 个碳原子联结,具有高级的对称性,这说明 C_{60} 为什么较其他 C_n 碳分子稳定。这个球体结构的碳分子被命名为"Buckmister fullerence",简称"fullerence"或"Buekyball",如图 1.8 所示。

碳纳米管又名巴基管,是一种具有特殊结构(径向尺寸为纳米量级,轴向尺寸为微米量级,管子两端基本上都封口)的一维量子材料。碳纳米管主要由呈六边形排列的碳原子构成数层到数十层的同轴圆管。层与层之间保持固定的距离,约为 0.34 nm,直径一般为 2 ~ 20 nm。并且根据碳六边形沿轴向的不同取向可以将其分成锯齿形、扶手椅形和螺旋形三种。其中螺旋形的碳纳米管具有手性,而锯齿形和扶手椅形碳纳米管没有手性。碳纳米管作为一维纳米材料,质量轻,六边形结构连接完美,具有许多异常的力学、电学和化学性能。近些年随着碳纳米管及纳米材料研究的深入,其广阔的应用前景也不断地展现出来。

克拉奇梅等人在 300 ~ 400 ℃ 真空中加热炭黑,收集凝集成的固体,溶于苯中蒸干,留下红褐色的固体,经光谱分析,其结果表明 C_{60} 占 90%(质

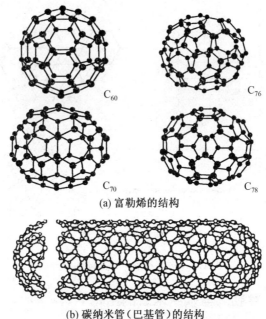

(a) 富勒烯的结构

(b) 碳纳米管(巴基管)的结构

图 1.8　富勒烯和碳纳米管的结构

量分数),C_{70} 占 10%(质量分数),并用 X 射线和电子衍射方法测得这种晶体结构,证明固体中 C_{60} 分子是球状结构,其原子间距为 1.04 nm。

美国的米恩惠尔等人用现代光谱分析技术也证实了 C_{60} 是球体结构。目前已被证实 C_{60} 系列有许多种物质,但主要的是 C_{60},其次为 C_{70}。高次富勒烯由于结构变形,碳数目越多就会有更多的异构体。

碳纳米管可以认为是由石墨平面(或称为石墨烯片)卷绕起来的石墨微管(graphenetabule),直径为几个纳米。石墨层卷绕的方式不同,可得到不同碳纳米管。层数可以是单层,也可以是多层。

1.3.4　石墨烯的晶体结构

石墨烯是一种二维晶体。石墨是由一层层以蜂窝状有序排列的平面碳原子堆叠而形成的,石墨的层间作用力较弱,很容易互相剥离,形成薄薄的石墨片。当把石墨片剥成单层之后,这种只有一个碳原子厚度的单层就是石墨烯,其实就是原子晶体。

2004 年,英国曼彻斯特大学的安德烈·K·海姆(Andre K. Geim)等人制备出了石墨烯。海姆和他的同事偶然中发现了一种简单易行的新途径。他们强行将石墨分离成较小的碎片,从碎片中剥离出较薄的石墨薄片,然后用一种特殊的塑料胶带粘住薄片的两侧,撕开胶带,薄片也随之一分为二。不断重复这一过程,就可以得到越来越薄的石墨薄片,而其中部分样品仅由一层碳原子构成,这就是他们制出的石墨烯。

石墨烯的问世引起了全世界的研究热潮。它不仅是已知材料中最薄的一种,还非常牢固坚硬;作为单质,它在室温下传递电子的速度比已知导体都快。石墨烯在原子尺度上结构非常特殊,必须用相对论量子物理学(Relativistic Quantum Physics)才能描绘。

石墨烯结构非常稳定,迄今为止,研究者仍未发现石墨烯中有碳原子缺失的情况。石墨烯中各碳原子之间的连接非常柔韧,当施加外部机械力时,碳原子面就弯曲变形,从而使碳原子不必重新排列来适应外力,也就保持了结构稳定。这种稳定的晶格结构使碳原子具有优秀的导电性。石墨烯中的电子在轨道中移动时,不会因晶格缺陷或引入外来原子而发生散射。由于原子间作用力十分强,在常温下,即使周围碳原子发生挤撞,石墨烯中电子受到的干扰也非常小。

石墨烯独特的性能与其电子能带结构紧密相关。以独立碳原子为基,将周围碳原子产生的势作为微扰,可以用矩阵的方法计算出石墨烯的能级分布。在狄拉克点(Dirac Point)附近展开,可得能量与波矢呈线性关系(类似于光子的色散关系),且在狄拉克点处出现奇点。这意味着在费米面附近,石墨烯中电子的有效质量为零,这也解释了该材料独特的电学等性质,如图1.9所示。

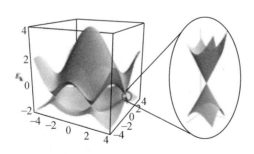

图1.9 石墨烯电子能带结构

石墨烯是六边形的,它的 π 电子是共轭的,但不像石墨一样共轭。石墨烯的碳原子排列与石墨的单原子层排列相似,是碳原子以 sp^2 混成轨域呈蜂巢晶格(Honeycomb Crystal Lattice)排列构成的单层二维晶体。

石墨烯的结构非常稳定,如图1.10所示,在层内,每个碳原子与3个碳原子形成 C—C 键,构成正六边形,C—C 键的键长皆为 1.42×10^{-10} m,键角为 120°。而碳纳米管就是石墨烯卷成了筒状。

图 1.10　石墨烯的晶体结构

由于碳原子之间化学键的特性,石墨烯很顽强:可以弯曲到很大角度而不断裂,还能抵抗很高的压力。而因为只有一层原子,电子的运动被限制在一个平面上,从而带来了全新的电学属性。

1.3.5　金刚石的晶体结构

金刚石结构的原型是金刚石晶体,又称为钻石。在金刚石晶体中,每个碳原子都以 sp^3 杂化轨道与另外 4 个碳原子形成共价键,构成正四面体。由于金刚石中的 C—C 键很强,所以金刚石硬度大,熔点极高;又因为所有的价电子都被限制在共价键区域,没有自由电子,所以金刚石不导电。

金刚石结构是一种由两个面心立方点阵沿立方晶胞的体对角线偏移 1/4 单位嵌套而成的晶体结构,属于面心立方布喇菲点阵(Bravais Lattice),立方晶系。

如前所述,金刚石具有 sp^3 杂化轨道,中心和四角的碳原子形成正四面体。结晶格子中,一个原子与相邻的四个原子连接成为具有正四面体的结构,存在变成立方晶系与六方晶系的两种可能。天然金刚石和人造金刚石一般是立方晶系(ACBAC…序列)和六方晶系(ABAB…序列)的金刚石,如图 1.11(a)、(b)所示。我们把具有这两种晶体结构的金刚石分别称为立方晶系金刚石和六方晶系金刚石。

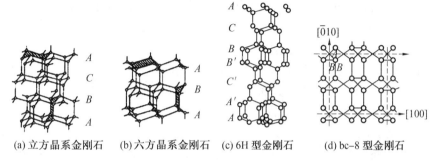

(a) 立方晶系金刚石　(b) 六方晶系金刚石　(c) 6H 型金刚石　(d) bc-8 型金刚石

图 1.11　金刚石多面体的结构

此外,由等离子 CVD 法合成 6H 和 bc-8 型金刚石,如图 1.11(c)、(d)所示。bc-8 型不是完全的四面体,而是由 3 个等价的键和一个键距不同的键构成的,键角与理想四面体的 109.47° 差 10° 左右,积层以 ABAB…重叠,估计这类金刚石多形体有 7 种不同种类,这些多形体的结晶参数见表 1.3。

表 1.3　金刚石多形体的结晶参数

结晶形	空间群	单位晶格原子数	六方晶系金刚石比例/%
3C-立方晶	Fd$_3$m	8	0
2H-六方晶	P6$_3$/ mmc	4	100
4H-六方晶[①]	P6$_3$/ mmc	8	50
6H-六方晶	P6$_3$/ mmc	12	33
8H-六方晶[①]	P6$_3$/ mmc	16	25
15R-菱面体晶[①]	R3m	30	40
21R-菱面体晶[①]	R3m	42	29

注:①实验数据未确定

立方晶系金刚石晶胞为面心立方点阵,图 1.11(a)为立方晶系金刚石晶胞结构图;除了面心立方点阵外,在点阵内部四面体中央还各有一个碳原子,每个碳原子都在四面体的中央。

立方晶系金刚石晶胞中含有 8 个碳原子,晶胞边长 $a_0 = 0.356\,7$ nm,邻近碳原子间的最短距离为 0.154 45 nm,其理论密度为 3.514 g/cm^3。

六方晶系金刚石的晶体结构如图 1.11(b)所示。每个碳原子与相邻的四个碳原子以共价键结合,具有正四面体结构,但却是六方晶胞,其晶格常数 $a_0 = 0.252$ nm,$c_0 = 0.412$ nm。六方晶系金刚石晶胞含有 4 个碳原子,其理论密度为 3.52 g/cm^3。

立方晶系金刚石在自然界中出产较多,还可以在超高压下人工合成。六方晶系金刚石在自然界也有发现,命名为 lonsdaleite。从石墨直接转变成金刚石时,需要采用结晶性良好的石墨原料,并在其 c 轴方向施加使之承受强烈压缩的单向压力,当压力达到 13 000 MPa 以上时,在较低的温度(1 000 ℃)下即可生成六方晶系金刚石。

金刚石结构与闪锌矿结构(Zincblende Structure)非常相似,不同之处在于,构成闪锌矿结构的两个面心立方点阵上的原子是不同种类的。例如 Zn 和 S,而构成金刚石结构的原子是同种类的。闪锌矿结构的堆积率随两种原子的相对大小而变。

金刚石与石墨同样由碳原子构成,是同素异构体。由于碳原子的结合方式不同,两种物质的性质迥异。石墨中的碳原子是按 sp^2 杂化的方式形成共价键的,在一个平面上以共价键结合成蜂窝状结构,层与层间靠比较弱的范德华力结合。同一层内碳原子之间的结合比金刚石还强,所以石墨的熔点比金刚石更高。但层间结合较弱,很容易发生滑移,所以硬度很低。石墨中碳原子的 4 个价电子中的 3 个形成共价键,另外一个价电子在晶体中形成大 π 键,可以沿石墨层导电。金刚石与其他的碳同素异性体之间的差别也是由碳原子结合方式的不同而引起的。

在金刚石晶体中,每个碳原子的 4 个价电子以 sp^3 杂化的方式,形成 4 个完全等同的原子轨道,与最相邻的 4 个碳原子形成共价键。这 4 个共价键之间的角度都相等,约为 109.5°,精确值 $\arccos(-\frac{1}{3})$。这样形成由 5 个碳原子构成的正四面体结构单元,其中 4 个碳原子位于正四面体的顶点,1 个碳原子位于正四面体的中心。因为共价键难以变形,C—C 键能大,所以金刚石硬度和熔点都很高,化学稳定性好。共价键中的电子被束缚在化学键中不能参与导电,所以金刚石是绝缘体,不导电。金刚石结构的空间堆积率(又称为占位比,为 $\frac{\pi\sqrt{3}}{16} \approx 0.34$)比面心立方结构($\frac{\pi\sqrt{2}}{6} \approx 0.74$)和六角密积结构(与长轴短轴比有关,近似与面心立方结构相同)低,也比体心立方结构($\frac{\pi\sqrt{3}}{8}\approx0.68$)低。但金刚石结构的原子密度(即单位空间中的原子数)大。

作为参考,表1.4对比了sp^3立方晶体的金刚石、β-SiC、Si的性质。可以看出,金刚石与其相比,晶格常数小,密度大,线胀系数小,熔点、带宽、载流子的移动度、热导率、硬度都比较高。

表1.4 sp^3立方晶体的金刚石、β-SiC、Si的性质

性质		金刚石	β-SiC	Si
晶格常数/nm		0.356 7	0.435 8	0.543 0
密度/(g·cm^{-3})		3.515	3.126	2.328
线胀系数/℃$^{-1}$		1.1×10^{-6}	4.7×10^{-6}	2.6×10^{-6}
禁带宽度/eV		5.45	3.0	1.1
载流子移动度 /[cm^2·(V·S)$^{-1}$]	电子	2 200	400	1 500
	整体	1 600	50	600
热导率/[W·(cm·K)$^{-1}$]		20	5	1.5
硬度/MPa		10 000	350 000	10 000

1.3.6 高温高压下碳的结构

1. 相图

碳在高温高压下的相图是根据静压缩、冲击压缩、激光加热等实验结果,再结合理论计算结果得出的。以往一直采用 Bundy 1964 年提出的碳相图,如图 1.12(a)所示,后来有人对该图提出了一些问题。1989 年,Bundy 又考虑到金刚石的熔点随压力的增加而上升,如图 1.12(b)所示,同时对经冲击压缩的试样进行声速测定,认定在碳相图的横纵坐标 80 GPa ~ 1 500 K 到 140 GPa ~ 5 500 K 范围内金刚石是固体,并估计熔点应在 150 GPa ~ 6 000 K 以上。根据在冲击压缩下,通过测定 50 GPa ~ 3 000 K 范围内碳试样的电阻率,推断此时应为金属固体或液体状态,提出了图 1.12(b)所示的新碳相图。这一新相图与众多的实验结果、理论计算结果矛盾减小。此外还有 Van,Vccheen 和 Grover 等人根据理论计算提出的相图。

2. 碳结构随温度的变化

常温下,固体的碳在加压状态下,随温度上升熔融成为液体,温度进一步升高就成为气体。标准状态下石墨要比金刚石稳定,高出 1.9 kJ/mol,

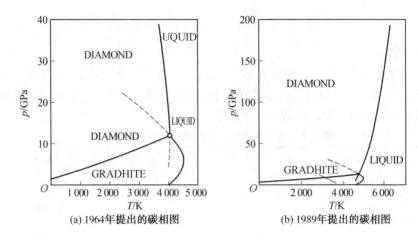

(a) 1964年提出的碳相图　　　(b) 1989年提出的碳相图

图 1.12　Bundy 提出的碳相图

$4×10^5$ Pa压力下在 4 450 K 左右从固体开始向液体转化。

随着激光技术和时间分解测定技术的进步,有关液体碳的结构及电子状态的研究不断进展。根据理论计算,在 5 000 K 时配位数为 3 的碳约占全部碳的一半,配位数为 2,4 的碳则按次序减少,即表明液体碳主要含有变形石墨的 sp^2 单元。这样的液体碳在 0.1 GPa 以上的高压时是导电性高的金属性液体。另外也有人认为在高温低压下卡宾是稳定相。

碳进一步加热到高温就成为气体,将气体状态的碳冷却,成为碳簇富勒烯就是其中的实例之一。

3. 碳结构随压力的变化

给碳增加压力时,其配位数就会增加,估计原子半径会减小。配位数是 3 的石墨在标准状态下是稳定相,但实验证明,加压会使配位数为 3 的石墨向配位数为 4 的金刚石转化。由计算估计的各种结构的总能量和原子体积的关系如图 1.13 所示。

在配位数为 4 时,金刚石的立方晶体和六方晶体的能量大致相等。在不施加压力条件下,bc-8 结构要比立方晶系金刚石能量高出 0.69 eV,但在 1 100 GPa 以上的高压下,bc-8 结构体估计要比立方晶系、六方晶系金刚石更具有热力学稳定性。配位数为 6 时有单纯立方结构和 β-锡型结构,但其在低压领域比 4 配位数的能量高 2.5 eV/atom,而不稳定。可以预测,即使生成 6 配位数也会立即向立方晶系为金刚石方向转化。配位数是 8 的体心立方结构(bcc)、配位数是 12 的六方最密充填结构(hcp)和面心立方结构(立方最密充填结构)(fcc),在低压领域都比 4 配位数的能量高

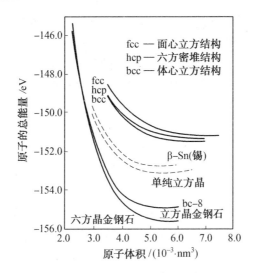

图 1.13　根据计算估计的总能量与原子体积的关系

5 eV/atom左右。在超高压领域,可估计最密充填结构是稳定的,但未超出想象的领域。

1.4　炭石墨材料概述

炭素材料是一种古老而又新型的材料。炭和石墨材料是以碳元素为主的非金属固体材料,其中炭素材料基本上由非石墨质碳组成的材料,而石墨材料则基本上是由石墨质碳组成的材料。石墨及炭素材料的物理与化学性质取决于自身的物质结构,而石墨及炭素材料的结构又具有较大的差异,其差异主要是由于碳原子间的化学键的差异;其次是由于石墨及其炭素材料物质中分子排列、镶嵌结构的不同,因而导致性能的千差万别。本节主要讨论石墨与炭素材料的结构和性质。

石墨是碳元素的结晶矿物之一,具有润滑性、化学稳定性、耐高温、导电、特殊的导热性和可塑性、涂敷性等优良性能,应用领域十分广泛。石墨在冶金工业中主要用作耐火材料;在铸造业中用作铸模和防锈涂料;在电气工业中用于生产炭素电极、电极炭棒、电池,制成的石墨乳可用作电视机显像管涂料,制成的炭素制品可用于发电机、电动机、通信器材等诸多方面。在机械工业中用作飞机、轮船、火车等高速运转机械的润滑剂;在化学工业中用于制造各种抗腐蚀器皿和设备;在核工业中用作原子反应堆中的中子减速剂和防护材料等;在航天工业中可做火箭发动机尾喷管喉衬,火箭、导弹的隔热、耐热材料以及人造卫星上的无线电连接信号和导电结构材料。此外,石墨还是轻工业中玻璃和造纸的磨光剂和防锈剂,制造铅笔、墨汁、黑漆、油墨和人造金刚石的原料。随着现代科学技术和工业的发展,石墨的应用领域还在不断拓宽,已成为高科技领域中新型复合材料的重要原材料。

理想结构的巨大的单晶石墨是不存在的,从结晶很发达的鳞片状天然石墨中选出来的,几乎可以构成单晶体的石墨,其大小最多也不过几毫米。最大的由人工生产的近于单晶石墨的石墨,是在一定的压力条件下,经过3 000 ℃以上的高温热处理而热分解得到的。

那么,在工业中所使用的炭素材料,是许多这样的晶体不规则地聚集在一起的所谓多晶石墨,其单晶本身的结构也多少还有点杂乱。因此,多晶石墨的炭素材料的性质,由于组成这一材料的晶体之大小和其聚集及结合方式的不同而不同,还有由于其晶体结构的杂乱,表现出其原因多样复杂,故这类材料的宏观性质极其多变。

例如,若让构成某一炭素个体的所有单晶都按相同的方向进行排列组合,则其物理性质表现出接近单晶石墨的高度的各向异性,而另一方面,与此相对,若所有单晶体的排列完全是杂乱无章的,并且单晶体本身极其微小,这样,在极微小的镶嵌聚集态下,几乎可得到各向同性的炭素材料。

一般的炭素材料是包含了介于二者之间晶体的混合体。

如进一步讲,位于晶粒界面脂肪族键和层面周边上存在的非共价键状态的游离碳或与其他种原子的结合(如 C—H 结合)等,这种存在的结果是晶体微小的炭素质对材料整体性质施加更大的影响,也使多晶炭素材料的种类更加复杂。

一般炭石墨材料是由碳物质(主要为各种焦炭)和石墨为原料,经过一系列的工艺方法制成的。从宏观上来看,它是颗粒黏结性材料,它的宏观结构除原料因素外,主要是与生产过程中的机械性处理有关,如挤压或模压成形制成的材料其结构和性能都具有各向异性,而等静压成形制成的材料其结构和性能都是各向同性。而它的微观结构主要是与原料及生产过程中的热处理有关,材料在微观上是石墨微晶的聚合嵌镶的多晶体(多晶石墨)。

1.4.1　石墨成分

石墨的化学成分为碳(C)。天然产出的石墨很少是纯净的,常含有

10% ~ 20%（质量分数）的杂质,包括 SiO_2,Al_2O_3,MgO,CaO,P_2O_5,CuO, V_2O_5,H_2O,S,FeO 以及 CO_2,CH_4,NH_3等。石墨矿物呈铁黑、钢灰色,条痕呈光亮黑色;金属光泽,隐晶集合体光泽暗淡,不透明;解理｛0001｝完全,硬度具有异向性,垂直解理面的硬度为 3 ~ 5,平行解理面的硬度为 1 ~ 2;质软,密度为 2.09 ~ 2.23 g/cm^3,有滑腻感,易污染手指。矿物薄片在透射光下一般不透明,极薄片能透光,呈淡绿灰色,折射率为 1.93 ~ 2.07,在反射光下呈浅棕灰色,反射多色性明显。石墨属复六方双锥晶类,沿｛0001｝呈六方板状晶体,常见晶形有平行双面、六方双锥和六方柱,但完好晶形少见,一般呈鳞片状或板状,集合体呈致密块状、土状或球状。

1.4.2 石墨理化性质

由于碳原子在石墨结晶格子的原子层中排列紧密,热振动困难,因而石墨能耐高温并具有特殊的热性能。石墨的熔点为 3 850 ℃,沸点为 4 250 ℃,吸热量为 6.903 6×10^7 J/kg,经高温电弧灼烧质量损失极小,在 2 500 ℃时其强度比常温时提高 1 倍,热膨胀系数小($1.2×10^{-6}$),温度骤变时其体积变化不大。由于石墨晶体中存在容易流动的电子,因此其导电、导热性能不亚于金属。但随温度升高,导热系数反而减少,在极高温度下趋于不导热状态。石墨的化学稳定性好,不受酸、碱及有机溶剂的侵蚀。石墨的润滑性能类似于二硫化钼和四氟化烯,摩擦系数在润滑介质中小于 0.1,尤以鳞片状石墨的润滑性更好。此外,石墨还具涂敷性和可塑性,将其涂敷在固体物体表面,可形成薄膜牢固黏附而起保护固体作用,并可制成任何复杂形状的制品。

1.4.3 石墨矿分类

我国石墨产品分为鳞片石墨和微晶石墨两大类:鳞片石墨指天然晶质石墨,其形似鱼鳞状,是由晶质（鳞片状）石墨矿石经选矿、加工、提纯得到的产品;微晶石墨曾称为土状石墨或无定形石墨,指由微小的天然石墨晶体构成的致密状集合体,是由隐晶质（土状）石墨矿石经选矿、加工、提纯得到的产品。

鳞片石墨根据其固定碳含量分为高纯石墨、高碳石墨、中碳石墨及低碳石墨 4 类,依照产品粒径、固定碳含量共分为 212 种牌号。高纯石墨（固定碳含量大于或等于 99.9%（质量分数））主要用于柔性石墨密封材料,代替白金坩埚用于化学试剂熔融及润滑剂基料等;高碳石墨（固定碳含量为 94.0% ~ 99.9%（质量分数））主要用于耐火材料、润滑剂基料、电刷原料、

电碳制品、电池原料、铅笔原料、填充料及涂料等;中碳石墨(固定碳含量为
80%~94%(质量分数))主要用于坩埚、耐火材料、铸造材料、铸造涂料、
铅笔原料、电池原料及染料等。低碳石墨(固定碳含量大于或等于50.0%~
80.0%(质量分数))主要用于铸造涂料。

微晶石墨分为有铁要求者和无铁要求者两类,依照产品固定碳含量、
最大粒径分为60个牌号,各种牌号石墨产品其外观要求产品不得有肉眼
可见的木屑、铁屑、石粒等杂物,产品不被其他杂质污染。微晶石墨中酸溶
铁含量不大于1%(质量分数)者,主要用于铅笔、电池、焊条、石墨乳剂、石
墨轴承的配料及电池炭棒的原料等;无铁要求的微晶石墨主要用于铸造材
料、耐火材料、染料及电极糊等原料。

通常按其赋矿岩石的岩性划分,各类矿床有其专属的石墨矿石自然类
型。晶质(鳞片状)石墨矿石在区域变质矿床中,主要有片麻岩类、片岩类
以及大理(透辉)岩类、变粒岩类、混合岩类等矿石自然类型;在岩浆热液
矿床中主要发育花岗岩类及闪长岩类、长英岩类等矿石自然类型。隐晶质
(土状)石墨矿石在接触变质矿床中主要发育板岩类和千枚岩类矿石自然
类型。

片麻岩类包括石墨花岗片麻岩、石墨黑云斜长片麻岩、石墨夕线透辉
片麻岩、石墨辉石片麻岩等。石墨呈鳞片状或聚片状,与黑云母等片状矿
物或透闪石、夕线石等纤维状矿物紧密共生,一般顺片麻理作定向排列,较
均匀地分布于长石、石英等脉石矿物颗粒之间。石墨片径为0.04~4 mm,
往往随脉石颗粒的大小而变化,脉石颗粒粗的其周围石墨片径大,一般以
0.1~0.5 mm较多。片岩类石墨矿石包括石墨片岩、石墨石英片岩、云母
石墨片岩、石英石墨片岩等。石墨呈鳞片集合体与云母、绢云母等片状矿
物紧密共生,顺片理定向排列于石英、斜长石等粒状矿物之间。石墨大理
岩、石墨透辉岩、石墨变粒岩都具有粒状变晶结构和块状构造。矿石中石
墨往往呈鳞片状或不规则片状,杂乱浸染于脉石矿物颗粒间或解理内,构
成填隙结构。石墨片径在变粒岩型矿石中一般为0.1~0.3 mm,在大理岩
型矿石中一般为0.1~0.5 mm,在透辉岩型矿石中一般为0.5~1 mm,大
的可达5~10 mm。石墨混合岩一般是作为混合岩化产物叠加于片麻岩、
片岩或变粒岩类矿石之上,常呈条带状或脉状。由于大量石英物质的加
入,混合岩化重熔再结晶,组分迁移以及再分配的结果,矿石的矿物成分与
结构构造很不均匀,出现条带状构造、眼球状构造及阴影构造,化学成分变
化大。矿石固定碳含量一般为2.5%~4.5%(质量分数),石墨鳞片分布
不均匀,有时局部富集,片径增大,一般为0.2~0.5 mm。花岗岩类矿石是

22

由岩浆热液不同阶段结晶矿物和石墨组成的各种含石墨花岗岩,与石墨共生的矿物比较复杂,常含多种金属和稀有金属矿物。石墨呈浸染状分布于花岗岩中,在一些富气液的岩浆矿床中,石墨可呈球状、豆状聚积,构成球状石墨花岗岩,石墨片径一般为0.1~0.2 mm。赋存于板岩和千枚岩中的隐晶质石墨矿石,石墨呈隐晶质鳞片集合体为主,粒径一般在0.2 mm左右,主要为无定形花瓣状、叠层状,一般含有部分微晶鳞片石墨,片径大的可达1~2 μm,与石墨共生的有伊利石或高岭石等黏土矿物,以及石英、水云母、绢云母、红柱石、黄铁矿等。隐晶质石墨矿石常残留原岩的层理构造,变质不彻底的部分还可含部分未变质的无烟煤,保留煤岩结构。有的隐晶质石墨矿床的矿石分为软质石墨与硬质石墨两种,软质石墨矿石变质彻底,质量好,硬质石墨一般为石墨与无烟煤的过渡带,质量差。

1.5 炭石墨材料的结构

1.5.1 积层结构——碳网平面的重叠

研究碳的结构可以说主要是研究碳的六角网平面的重叠状态及其大小。过去对这个问题曾做过很多的研究,如用X射线弥散像所看到的从无定形炭到石墨结构的过程。在开始的无定形炭的阶段,只存在宽的反射,当处理温度不断提高,这个宽的反射移向高角度,并逐渐形成可以观察到的(002)衍射线。单纯地从X射线图形所表现的现象也可以推测出,从无定形炭到石墨结构的移动过程,随着处理温度提高,碳网平面间距不断地靠近,微晶逐渐成长变大,网平面从一片片杂乱重叠的状态移向有规则的重叠。

碳网平面的重叠结构模型最初由弗兰克林提出的,他将网平面分成无序重叠和按石墨的位置关系有规则的重叠两种情况。前者称为乱层结构(Turbcstratic Structure),如图1.14所示的重叠状态。乱层结构的网平面间隔为0.344 nm,而按石墨的位置关系有规则重叠的网平面间隔为0.335 4 nm。虽然测定的$d(002)$为两者的平均值,但从所测定的层间距离的数值看出,和单纯地由两者存在量比所计算的值要小些。因此得到下列的假定:

①在乱层结构的部分与石墨的重叠部分相连接的网层,其网平面间隔具有收缩效应,为0.344 nm和0.335 4 nm的中间值。

②这种收缩效应与有序的石墨重叠的层群的大小没有关系。

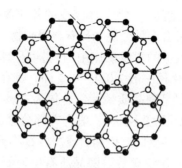

图 1.14 乱层结构的重叠状态

③在有序的重叠层群中间插入单个无序的重叠结构,层与层之间的距离的缩小值为没有插入单个的无序的重叠结构的 2 倍。弗兰克林的结构模型如图 1.15 所示。

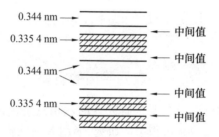

图 1.15 弗兰克林的结构模型

设乱层结构的存在几率为 P,石墨结构的存在几率为 $1-P$,对于整个网平面数的任何一个结构群数的比为 $P\cdot(1-P)$,中间值的层数由于一个结构群上下接连有 2 个,故其比值为 $2P(1-P)$,因此中间值假设为 $\dfrac{0.344+0.335\ 4}{2}$ nm,则所测定的平面间距 $d(002)$ 可用下式计算

$$d(002)=0.344-(0.344-0.335\ 4)(1-P)-$$
$$\left\{0.344-\left(\frac{0.344+0.335\ 4}{2}\right)2P(1-P)\right\}-$$
$$0.344-0.008\ 6(1-P)-0.008\ 6P(1-P)=$$
$$0.344-0.008\ 6(1-P^2) \tag{1.2}$$

用弗兰克林关系式计算的结果同实验结果是完全一致的。因此,从测定的平均平面间隔可以相应地计算出石墨化程度 P。

随后培根(Bcacon)认为石墨重叠部分和被乱层结构插入的层的间隔比弗兰克林的中间值要差一些。因此他提出以下计算公式

$$d = 0.344 - 0.008\ 6(1-P) - 0.006\ 4P(1-P) \tag{1.3}$$

值得注意的是梅灵和梅尔又提出了与此稍有不同的模型。弗兰克林等人是将任何一个碳网平面都看成是完整的,把网平面间隔的距离的不同和重叠的有序性看成是问题的所在,而梅灵等人则把网平面层的厚度作为主要问题。而且网平面的厚度根据其表面状态具有不同的数值,没有石墨化的状态在其网平面层的表面上附着不参与网平面组成的碳原子和残留的氢原子,其厚度为 0.344 nm,而对于石墨化的状态,从网平面层的表面上除去了这些杂原子,其厚度为 0.335 4 nm。而且在网平面层的表面和内层也不一致,有三种状态,对一个面来说,假设未经石墨化的状态为 α,已石墨化的状态为 β,两个面都没有石墨化的状态为 αα,只有一个面石墨化相反的一个面没有石墨化的状态为 αβ,两个面都没有石墨化的状态为 ββ。因此,单面的 β 状态的几率为 g,αα 状态的几率为 $(1-g)^2$,αβ 状态的几率为 $2g(1-g)$,ββ 状态的几率为 g^2,由此推导出网平面间隔 $d(002)$ 和 g 之间的计算公式为

$$d(002) = 0.344(1-g)^2 + \frac{0.344+0.335\ 4}{2}[2g(1-g)] + 0.335\ 4g^2 =$$
$$0.335\ 4g + 0.344(1-g) \tag{1.4}$$

一方面沃伦从(001)及(101)衍射线形状的傅里叶分析求得的 P_1 值(指最接近网平面的石墨重叠几率和 $d(002)$),与由式(1.4)值得到的 g 值作曲线,因 P_1 相当于在网平面两侧 c 处于石墨化状态的 ββ 几率,因此必须存在 $P = g^2$ 的关系。另一方面,沃伦等人通过加热处理,α 向 β 移动,但不是一下子进行完毕,而是分成 $F_1 \to F_2 \to F_3$ 的两个阶段。F_1 的结构至今还不明确,但是在热处理前碳的原料试样几乎都属于 F_1 的状态,随着加热处理的进行,F_1 减少,变成 F_2。F_2 由于在网平面的两个表面附着有杂质的状态,相当于 αα,F_3 为单面或两面都除去了杂质的 αβ 或 ββ 状态,实际上这三种状态是共存的。

梅灵和梅尔的模型特征为碳网平面层的表面都附着有碳及氢原子的状态。由于这种附着状态而使网平面的厚度有所变化。

1.5.2 微晶的取向性

多晶体材料中的微晶共同趋向于某一特定规律的取向、形成各种不同的取向模式,称为织构。在评价微细组织时,网面的取向形式及其程度都是重要的。图 1.16 从这两点出发,对各种炭素材料的微细组织进行了分类归纳。在图中首先将微细组织分成取向组织和无取向组织,然后对取向

组织再按取向基准以次序分类整理,分为网面沿基准面并列的面取向和沿基准轴的轴取向,以及以基准点为中心并列的点取向的几种组织状态。图1.16仅为各种区分的极限状态模式,实际上炭素材料的取向程度在取向和极限状态之间还存在许多形式。

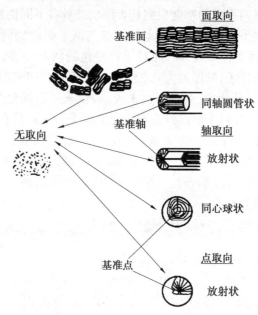

图1.16 炭素材料按微细组织的分类

(1)面取向组织。

面取向组织的代表为石墨晶体,如高定向热解炭(HOPG)就是这种组织。另外热处理高分子薄膜也可得到具有高取向性的炭。多数的焦炭类都是具有这种取向形式的微细组织。

(2)轴取向组织。

这种类型是以沿基准轴在垂直断面上的取向形式,大致可分成网面沿同轴圆管状取向的年轮型和从基准轴以放射状取向的辐射型。气相生长碳纤维(VGCF)有明显的年轮型取向组织。PAN系碳纤维的微细组织虽不是完全的年轮状,但存在网面沿基准的取向,在与轴垂直的断面可观察到弯曲了的晶格图像。根据TEM的暗场图像提出了如图1.17所示的结构模型。中间相沥青碳纤维中有接近于辐射型的组织结构。

(3)点取向组织。

与轴取向相同,可认为是网面以基准点为中心的同心球状或放射状取向。炭黑接近于按同心球取向,另外还有几种球状焦也具有同心球状结

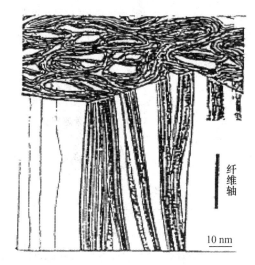

纤维轴

10 nm

图1.17 碳纤维的结构模型

构。聚乙烯和聚氯乙烯的混合物经炭化得到的小球体具有点取向,即辐射型织构。

(4)无取向组织。

酚醛树脂等热固性树脂的低温处理物是由随机无序微小积层体构成的无取向组织,这些炭即使经高温处理也很难得到石墨结构,却形成复杂的多孔体。以等离子化学气相沉积(CVD)生成的硬质炭膜也属于这类结构,其详细的结构目前虽仍不明了,但通过对 sp^2 和 sp^3 碳的共存状态研究也曾提出了相应模型。

1.5.3 微晶的大小

前面已叙述了从 X 射线衍射线的半高宽度可以求出微晶的表观大小,石墨化热处理之前的微晶的直径 L_a 为 2 ~ 5 nm。随着加热处理,微晶进行成长。热处理温度在 3 000 ℃ 左右,使用极易石墨化的石油焦,微晶的直径由几十纳米成长到 100 nm 以上。然而,对于极难石墨化的炭黑来说,微晶直径只能在 10 ~ 20 nm 的范围内成长。图 1.18 为几种炭的微晶直径与热处理温度之间的关系。

在研究微晶大小的数值时所必须注意的一点是晶格变形而致使衍射线的宽度变大的影响。由衍射线的宽度计算的微晶看出,从(004)衍射线求出的 L_c(004)大约为(002)衍射线求出的 L_c(002)值的一半。一般而言,通常用高次衍射线计算的值比用低次衍射线计算的值大部分都变小。这

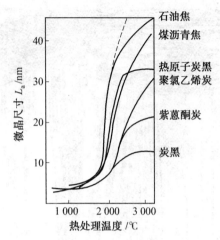

图 1.18　几种炭的微晶直径与热处理温度之间的关系

是由于实际上碳的晶格层并不是理想状态,而是存在着晶格的变形。因此,为了得到纯微晶的大小,计算时必须除去由晶格变形所发生的宽度变大的部分。

　　水岛对热解石墨作了计算,他将 L_c 的倒数为纵轴,衍射级数 n 为横轴作一曲线,连接曲线的点,由 $n=0$ 进行外插,所得纵轴上的位置为纯微晶的大小,其梯度为晶格变形的程度。根据结果推测,对热解石墨来说,微晶的大小从一开始沉积就达到数百纳米以上,这只能看成是由于加热处理温度,特别是当微晶还没有成长时,晶格变形就逐渐地消除的结果。所谓石墨化就是晶格变形消除的效应而使微晶具有本来的相当的大小。

　　梅灵和梅尔还指出,从(002)及(004)衍射线的傅里叶分析求出纯微晶大小和 c 轴方向的变形,g 值在 0.6 以下($\bar{c_0}>0.677$ nm)时,随着进行石墨化,纯微晶增大,变形大部分为一定值,g 值在 0.6 以上时,纯微晶大致变成一定值,而变形迅速地减少,稻垣也从石油焦得到了大体相同的结果。

1.5.4　易石墨化的炭和难石墨化的炭

　　石油焦通过提高处理温度很容易进行石墨化,可是炭黑不能石墨化。弗兰克林研究了经热处理的几种类型的炭,如将炭分成易石墨化的炭和难石墨化的炭两大类,如石油焦、煤沥青焦、黏结剂焦、氯乙烯炭、3,5-二甲基酚醛树脂类等属于易石墨化的炭,炭黑、偏二氯乙烯炭、砂糖炭、纤维素炭、糠酮树脂炭、酚醛树脂炭、含氧的低质炭、木炭等属于难石墨化的炭。

　　所谓无定形炭可以认为是由 2～3 层多至 5～6 层平行的碳网平面体

层所组成的微晶群,以及不构成平行层的单一的网平面体层和未组织炭组成。未组织炭是指具有脂肪族链状结构的炭及在芳香族周围附着的碳和微晶彼此之间形成架桥结构的炭。

随着加热处理温度的提高,未组织碳单一的网平面体所占的比例减少,微晶成长,在微晶之间有着良好的排列状态,并且微晶中的碳网平面的重叠转向到石墨的结构。弗兰克林根据这个过程中的微晶之间定向的情况,分为在微晶的轴方向上全部整齐排列的易石墨化的炭和按杂乱的方位排列的难石墨化的炭。图 1.19 为弗兰克林提出的结构模型。

0.34 nm

(a) 易石墨化炭   (b) 难石墨化炭

图 1.19 弗兰克林的结构模型

根据 TEM 观察,河村和白石分别提出了如图 1.20 所示难石墨化炭的三维结构模型。

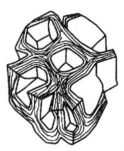

(a) 河村的模型   (b) 白石的模型

图 1.20 难石墨化炭的三维结构模型

在难石墨化的炭中所看到的那样的微细孔在易石墨化的炭中较少见到,微晶大体上平行取向,可是由于平行的微晶群进一步相互平行而重叠,在平行层群的空隙中生成细微的间隙。易石墨化的炭经粉碎一般变成薄片状的断片,形成平行层群的微晶的(002)面,沿着薄片大体上具有平行倾向。

难石墨化的炭,因为微晶的排列杂乱,在微晶之间具有发达的微细孔。炭化初期阶段,微晶之间生成牢固的架桥结构,即使在高温处理下仍然保持下来,从而妨碍了微晶相互之间平行的排列,微晶的合并也就困难。因此,微晶的成长也无法进行,从而难以石墨化。此外,在碳网平面间尚具有未构成网平面的碳和架桥结构,这也妨碍了网平面相互之间向有序的重叠方向移动。

热处理前或在炭化初期阶段的微晶的定向状态,对石墨化的难易有很大的影响。因此,要得到石墨化的炭素材料,在热处理前或炭化初期,微晶的定向是否容易发生则显得极为重要。

1.5.5　炭石墨材料的结构缺陷种类

1. 层面堆积缺陷

这里只介绍炭石墨材料的缺陷种类。层面堆积缺陷是碳六角网平面堆叠时不是完全平行及等层间距排列,而是扭转一定的角度或不完全等间距排列,这种破坏了层面排列规律性的层面堆积就称为层面堆积缺陷,也就是前面讲述的乱层结构,如弗兰克林提出的乱层结构模型。

2. 层面网格缺陷

在实际的石墨晶体的六角网格中,存在有空洞、位错、弯曲、孪晶、原子离位、杂质取代、边缘连接杂质或基团等缺陷,这些缺陷就称为层面网格缺陷。

(1)边缘缺陷。

边缘缺陷是六角网格的边缘连接 OH, O, CH_3, CH_2 等杂质或基团,边缘上的化学键断裂处发生钳形缺陷,由于原子或基团间的斥力引起平面的弯曲和螺旋形位错。此类缺陷在热处理温度不高(低于 10 000 ℃)的炭素材料中较多,但经 1 300 ℃以上的高温处理可以消除,如图 1.21 所示。

(2)键的同分异构缺陷。

上述层面堆积缺陷和边缘缺陷,都是假定碳原子在网格中保持 sp^2 杂化状态,实际上,碳原子或基团可以和具有 sp^3 或 sp 杂化态的原子连接,形成交叉的错综复杂的键合形式。由于杂化态的不同,在某些局部区域电子云密度的分布也不同,引起网格弯曲,这就是所谓的键的同分异构缺陷。

(3)化学缺陷。

化学缺陷主要是指网格中存在杂质原子及间隙原子和离位原子,即 R. E. 弗兰克林(R. E. Frenkelin)缺陷,杂质原子即使处于正常的网格位置,但由于杂质原子的大小和核电荷与碳原子不同,会在它所占格点的周围一定区域内形成局部应力,引起的晶格畸变,在该区域内能量状态也不同,容易成为固相反应中心。

例如,硼原子进入碳的六角网格,由于硼为三价,它将很容易吸引一个

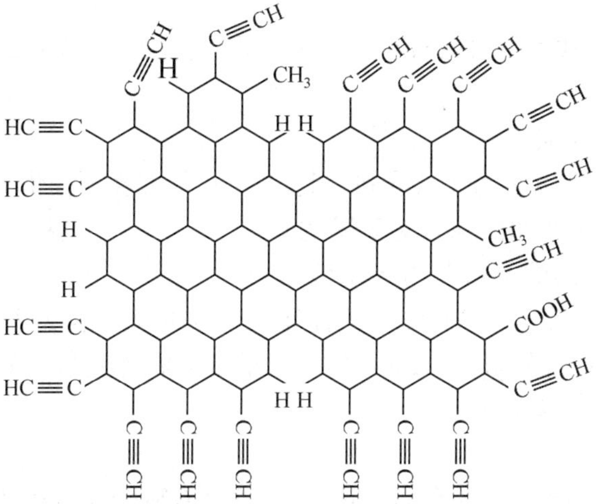

图 1.21　石墨中某些边缘缺陷和化学缺陷示意图

自由电子,因而促进了键的转移,将给相邻碳原子一种推动力,使它们在较低温度下就能作三维有序排列,起到石墨化的催化剂作用。

在元素周期表中,碳原子左边的元素进入石墨将是电子受主(p 型半导体)、碳原子右边的元素进入石墨将是电子的施主(n 型半导体),由此,杂质元素进入石墨网格,将对石墨的电、磁、热性质发生影响。如石墨网格中含有少量的硼,将使石墨具有很低的电阻和正的电阻温度系数。

(4)辐射破坏缺陷。

炭石墨材料在高能中子辐射作用下,碳网格中碳原子将从辐射粒子获得动能或直接被辐射粒子撞击而离开正常位置,造成许多原子空位和间隙原子。这些离位原子大部分进入层间,形成交叉连接,引起 c_0 轴膨胀,最高可达 8%,因此引起 a_0 轴方向的横向压缩应力,使网格平面变形。但在多晶石墨中,这些离位原子可能部分地被晶界间缝隙吸收。这种缺陷可以在 1 500 ℃ 以上高温退火释放出储能而部分被消除。

3. 孔隙缺陷

原料焦的生成和制品在焙烧过程中都发生有机物的热解和聚合反应,反应中轻分子以气体产物逸出,这样就在基体中产生孔隙和裂缝等缺陷,这就是孔隙缺陷。

由于孔隙缺陷,焦炭或焙烧品的视密度总是小于其真密度,制品中孔隙体积与制品总体积的比值称为气孔率。孔隙的存在,对于材料的机械强度、电导率、热导率、抗氧化性、渗透性、吸附性、线胀系数等性能都有重要影响。

孔隙大小和宏观状态的不同,孔隙的性质也不同,孔隙缺陷有如下几种类型:

(1)分子间隙。

碳六角网格平面分子叠合在一起,它们中间存在范德华力和金属键力的作用,网格平面间距从理想石墨的 0.335 4 nm 到乱层结构的 0.344 ~ 0.37 nm,这种间隙就需要用 X 射线衍射测量,称为分子间隙。这类分子间隙,在理论上能透过液体或气体,但由于液体的表面张力大,在进入这类微孔时,存在极大的阻力,因而不能用比重瓶法来测量这类气孔的含量,只能作为材料的固有特性。

(2)超微孔。

直径在 2 nm 以下的孔称为超微孔,这是有机物大分子焦化时各自向分子中心收缩而形成的分子间的裂纹或气孔。这类气孔能吸附气体和液体。

(3)过渡气孔。

直径或宽度为 10 ~ 40 nm 的孔隙称为过渡气孔。它是有机物焦化时挥发物逸出的通道和分子集团收缩产生的裂缝。这种气孔可用比重瓶法测定(全气孔率),可用压汞法测定其大小和分布。

这类气孔若为圆形或椭圆形时,对制品强度影响较小,若为带有锐角的孔或延伸的裂缝,则在应力作用下将逐渐扩大乃至破坏,因此对制品的强度影响较大。

(4)粗大孔。

粗大孔是大于 100 nm 的气孔或裂纹,产生的原因有:①气泡和挥发物逸出的通道;②颗粒间的架桥作用;③颗粒与黏结剂间的收缩裂缝。它们的尺寸与粉料颗粒大小成比例。

1.6　炭与石墨材料结构的 X 射线衍射测量

研究炭的结构,除电子显微镜外最有效的手段是 X 射线衍射法。众所周知,X 射线是高速电子碰在金属板上发生的。波长在 0.05 ~ 0.25 nm 的范围内,选择一定的波长发生衍射。炭经过 X 射线照射所得衍射图如图 1.22 所示。无定形炭的反射线非常弱,而接近于石墨结构的炭则可观察到带有几个波峰的衍射线。

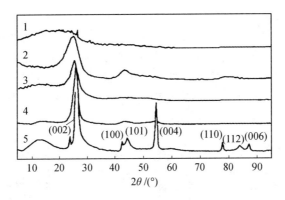

图 1.22　炭的 X 射线衍射图

1—煤（在 26.5°及 31°附近所看到的波峰是煤中所含各种石英、碳酸盐的杂质矿物）；2—炭黑（热裂炭黑）；3—生石油焦；4—1 600 ℃处理的石油焦；5—2 800 ℃处理的石油焦（24°附近的波峰为 kβ 线产生的(002)衍射线）

1.6.1　面间距离

如图 1.23 所示，波长为 λ 的 X 射线 A，以 θ 角度射入面间距为 d 的平行原子平面时，不仅在第一个平面 HH' 处原子发生衍射，同时在内部的 H'' 处原子也发生衍射。

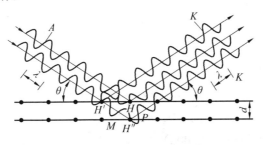

图 1.23　晶体的 X 射线的衍射

从第一个平面的衍射到第二个平面的衍射其程差为 $MH''P$，假定为波长 λ 的整数倍，散射 X 射线的相位一致时则加强，生成 K 衍射线。其相位一致的条件为

$$n\lambda = 2d\sin\theta\ (n\ \text{为整数}) \tag{1.5}$$

这个关系式就是众所周知的布拉格（Bragg）定律。在衍射图形中若对劳伦兹偏振因数、原子散射因数、吸收因数等校正以后，可得波峰位置 θ，则根据这个关系式可以推导出面间距 d。

在六方晶系的石墨中存在各种原子平面,图 1.24 为引出的几种平行的原子平面,这些原子平面一般用 (hkl) 的记号表示,称为面指数(密勒指数)。h 为 a 轴方向、k 为 b 轴方向、l 为 c 轴方向的单位晶胞距离,定为 1,表征为除以指数所得的周期。例如在 (110) 面,a 轴方向的单位晶胞的周期即晶格常数 a_0,b 轴方向的晶格常数为 b_0,在 c 轴表征为平行的原子平面,因此,原子平面间距用 $d(hkl)$ 表示。

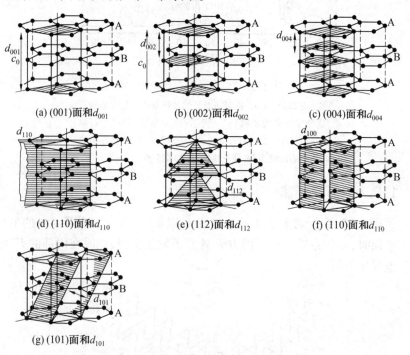

(a) (001)面和d_{001}　　(b) (002)面和d_{002}　　(c) (004)面和d_{004}

(d) (110)面和d_{110}　　(e) (112)面和d_{112}　　(f) (110)面和d_{110}

(g) (101)面和d_{101}

图 1.24　六晶系石墨的晶格面

六方晶系石墨从 (001) 平面衍射所得到的并不是 (001) 衍射线,而是表征为 2 级反射的衍射线 (002),这从 (002) 平面一级反射能够看出。此外,4 级反射 (004) 的衍射线实际上可看成并不存在的 (004) 平面的一级反射(图 1.24(c))(将布拉格公式改变成 $\lambda = 2 \cdot (d/n)\sin\theta$,$d/n$ 为面间隔 d 被整数 n 除,$n = 2,3,\cdots$ 到多级的反射(不需表示各种平行的原子平面的存在),这样,根据 (002) 衍射线计算得到 $d(002)$ 值的 2 倍,或根据 (004) 衍射线计算得到的 $d(004)$ 值的 4 倍就等于晶格常数 c_0。

1.6.2　微晶的表观大小

微晶的大小由衍射线的宽度求出,衍射线的宽度决定于平行排列的原子平面数,平面数少宽度大,平面数多则衍射线的宽度变窄。这对于满足于布拉格定律的衍射角 θ 来说,相位完全一致则应得到强的反射强度。然而,与 θ 稍有偏离的衍射角,相位的偏离其衍射强度也不是完全消失。

在平行原子平面的垂直方向测得的厚度 L 与衍射线的宽度 β 之间存在下列的关系式,也就是谢乐(Scnerrer)公式,即

$$L = \frac{k\lambda}{\beta \cdot \cos \theta} \tag{1.6}$$

式中,β 为经各种校正(劳伦兹偏振因数、原子散射因数、吸收因数等)过的反射强度所得到的衍射线的半高宽度(即宽度为波峰的 1/2);λ 为 X 射线的波长;K 为波形因数,为 0.9 ~ 1.84 的常数值;L 为垂直平行原子平面的厚度,即微晶的大小,或者称为微晶的表观大小。通过衍射线的测定,可得 c 轴方向的微晶大小如 $L_c(002)$,$L_c(004)$,…;a 轴方向的微晶大小 $L_a(110)$。

1.6.3   石墨化程度

1. 弗兰克林(Franklin)P 值

前面已述,弗兰克林将碳的六方网状平面的重叠看成是无序重叠部分和石墨的有序重叠部分的混合体。其中无序重叠的未石墨部分占整个的比例为 P,从衍射线(001)所测定的层间距离 $d(002)$ 按下式求出

$$d(002) = 0.344\,0 - 0.000\,86(1 - P^2) \tag{1.7}$$

由测定的层间距离可求出 P 值,称为弗兰克林 P 值。

2. 沃伦(Warren)P 值

沃伦从(100)及(101)衍射线的波形变化求出由无定形炭的二维重叠结构逐步转向三维有序重叠结构的移动过程,从而决定其石墨化的程度。在二维晶格的情况下,(100)和(101)衍射线并不分离,所描绘的衍射线图形是低角度迅速上升,高角度缓慢下降,一经转变成石墨的程度时,则(100)和(101)衍射线就分开了。沃伦解析这种图形变化,从各种衍射线强度分布的傅里叶(Fourier)分析,分别就下列三种情况求出石墨化程度的所有 P 值。即最接近六方网平面的石墨的重叠几率为 P_1,六方网平面的重叠按 ABA 的顺序即六方晶系石墨的几率为 P_{ABA},以及六方网平面的重叠按 ABC 的顺序即菱面体晶系的石墨的几率为 P_{ABC}。这样求出的 P_1 和 P_{ABC} 称为沃伦 P 值。

P_1 值与实验所测的平均面间距 $d(002)$ 存在的关系为

$$d(002) = 0.335 P_1 + 0.344(1 - P_1) \tag{1.8}$$

3. 梅灵(Meting) 的 g 值

梅灵推导了平均面间隔 $d(002)$ 和网平面与具有石墨重叠的几率 g 之间的关系式

$$d(002) = 0.335\,4g_1 + 0.344(1 - g) \tag{1.9}$$

由此式所得的 g 称为梅灵的 g 值。

1.6.4 矢径分布法

矢径分布法过去是分析液体衍射像的一种分析方法,但对石墨化程度较低的炭也适用。这是从任意一个原子着手,求出相隔 r 距离的原子数的平均分布的方法。1934 年,曾用这种矢径分布的方法指出了无定形炭黑的碳原子和石墨一样,也形成六角形的网平面。石墨网平面的原子间隔分布是完全对应的,见表 1.5。

表 1.5 石墨网平面的原子间隔

原子数	原子间隔	平均原子间隔/nm
3	0.142	0.142
6	0.246	0.26
3	0.264	
6	0.375	0.40
6	0.425	
6	0.492	0.50
6	0.511	

1.6.5 芳香族缩合环的大小分布

迪亚(Diamond)以上述矢径分布的分析法为基础,提出了一种极其方便的求芳香族缩合环大小的分析方法。他将直径为 0.58 nm,0.84 nm,1.0 nm,1.5 nm,2.0 nm,3.0 nm 的 6 种芳香族缩合环的模型进行理论计算,在与(110)的衍射线相应的 2θ 时,从 60°~100° 范围内 X 射线的衍射强度,找出这 6 种芳香族缩合环的大小与无定形炭的分布构成比(无定形炭指不参与芳香族缩合环组成的单个的或成对的碳原子及链状结构的碳原子,还包含有除碳以外的氢、氮、氧等杂原子)。图 1.25 为煤试样的芳香族缩合环大小分布的直方图。这种方法只限于芳香族缩合环的大小在 3.0 nm 以内的范围,故对炭化初期阶段的炭和煤是适用的。

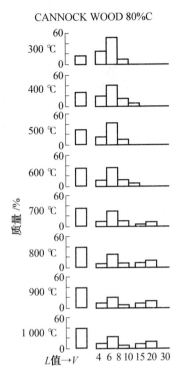

图 1.25 煤试样的芳香族缩合环大小分布的直方图

1.6.6 层的重叠数的分布

赫斯(Hivsh)通过对(002)衍射线范围内的 X 射线强度分布曲线进行傅里叶变换,求出从某一任意的层面与此层面平行存在的层面分析曲线。如图 1.26 所示,$P(u)$ 为距离某一任意层面 u 点表示与此平行的层面存在的几率。$P(u)$ 在层面距离重复且距离相等时为极大,其一半的距离时为极小,从这个极大点的间隔求出平均层面间隔。振幅随距离逐渐地减少。这是由于从任意一个基准面离开时与其平面相平行的层面的存在几率也逐渐减少,振幅因而变小,至变成如图中 C 点时的极大数,即为相互平行的层面数。在这种情况下的层面数为 7 ~ 8。

弗兰克林认为(002)衍射线的形状为 M 片平行层面叠成的微晶的 X 射线散射强度的总和,并推导出下列公式:

$$I = \sum_M \frac{P_M \sin^2(\pi M d_M S)}{M \sin^2(\pi d_M S)} \qquad (1.10)$$

式中,d_M 为 M 片平行层面所构成微晶中的层面间距;P_M 为 M 片平行层面

37

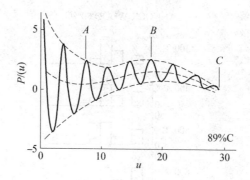

图 1.26　含有(002)带及 2 nm 带的强度分布曲线的傅里叶变换

所构成的微晶存在的几率；S 为 $2\sin\theta/\lambda$。

　　亚历山大(Aiexendey)和索姆尔(Somner)从这个理论式及所观察到的 (002)衍射线的强度曲线计算出层的重叠数的分布。例如,炭黑的微晶构 成为：1 层为 7%；2 层为 34%；3 层为 23%；4 层为 14%；5 层为 11%；6 层 为 9%；7 层为 2%。

1.7　炭石墨材料的特性与应用

　　对于炭石墨材料的性能,一般来说具有质量轻、多孔性、导电性、导热 性、耐腐蚀性、润滑性、高熔点、高温强度高、耐热性、耐热冲击性、低热膨 胀、低弹性、高纯度和可加工性等。这里仅从应用的角度来简述其主要特 性。

1.7.1　炭石墨材料优良的电传导性及其应用

　　石墨能够导电,是由于碳原子有两个自旋方向相同的 2p 电子,在基态 时处于价带上,当它受激发后,便跃迁到上面空着的导带(π∗带)上去,同 时在价带上便留下数量相同的空穴。电子带负电荷,空穴带正电荷,在电 场作用下,电子和空穴各朝相反的方向运动,因而对电传导做出贡献。由 于石墨晶体中碳原子排列比较紧密,各个碳原子 2p 带上电子的共有化程 度深,因而价带较宽,能和上面导带作轻微交叠,它们之间的能隙宽度可降 至 0.01 eV,故只要价带上的电子受到轻微激发便可跃迁到导带上去,电导 率即增高,故炭素材料的电阻随温度及其石墨化程度的提高而降低。一般 单晶石墨层面方向的电阻系数 $\rho = 0.4\ \Omega \cdot mm^2/m$,而多晶石墨材料层面 方向的电阻系数 $\rho \leqslant 10\ \Omega \cdot mm^2/m$。

炭石墨材料虽然是非金属材料,但因它具有良好的电传导性,而被认为是一种共价半导体和金属的中间物——半金属。石墨具有比某些金属更好的电传导性,同时具有远低于金属的线胀系数、很高的熔点和化学稳定性,这就使它在工程应用上具有双重价值,可以在某些条件下当作金属使用,而在另一些条件下当作陶瓷使用。

炭石墨材料广泛应用于电工、冶金方面作为电气零件和导电电极,如半导体元件。当纯净石墨掺杂不同原子价的元素时,可形成半导体,掺杂三价硼元素为 p 型半导体;掺杂五价磷或砷元素为 p 型半导体。在电工方向还有电子元件、电机电刷、电气电触点、电火花加工等。在冶金方面可作为电炉电极、矿热炉电极、炼铝用阳极和阴极等。

1.7.2 炭石墨材料优良的热传导性及其应用

石墨能导热是由于石墨存在传导热的载流子(传导电子或空穴)的作用和晶格振动。多数金属靠传导电子(自由电子)传导热,金属以外的非电导体则主要是以晶格振动传导热,而炭石墨材料兼有二者的作用。石墨的热导率与其电导率成反比例。因而,石墨化程度高的材料的电阻系数低,热导率高;反之,石墨化程度低或难以石墨化的炭(如炭黑、木炭等)的电阻系数高,热导率低。

炭素材料良好的导热性与其优良的耐化学腐蚀性相结合,可以制造与酸碱介质接触的热交换器以及其他的化工设备。

1.7.3 炭石墨材料的热稳定性及其应用

石墨在常压下在 3 350 ℃±25 ℃升华,室温下平均抗张强度 $\sigma \approx$ 20 MPa,在 250 ℃时却提高到 40 MPa 以上,在 2 600 ℃以上在负荷下开始蠕变而失去强度。从目前使用的耐高温材料来说,还没有几种能在熔点、高温强度方面超过炭石墨材料的。

1. 抗热震性

炭石墨材料的热稳定性还表现在较低的线胀系数上,人造石墨的线膨胀系数 $\alpha \approx (3 \sim 8) \times 10^{-6}/℃$,有些只有 $(1 \sim 3) \times 10^{-6}/℃$,其温度依存性是一条近似平滑的曲线,这就能保证在高温条件下它的几何尺寸和安装位置的稳定。它有较高的热导率,一般人造石墨室温下的热导率 $K \approx 1 \sim 1.5$ W/(cm · ℃)。热导率高的材料,当其局部受热时,受热部分与非受热部分之间的温度梯度较小,它能提高材料的热振抗力。炭和石墨制品在高温下使用时能经受温度剧烈变化而不被破坏的性能称为抗热震性,如下式

$$R = \frac{P}{aE}\left(\frac{\lambda}{c_p d_0}\right)^{1/2} \tag{1.11}$$

式中,R 为抗热震性指标;P 为抗拉强度;a 为线膨胀系数;E 为弹性模量;λ 为导热系数;c_p 为比热;d_0 为体积密度。

由式(1.11)可知,影响抗热震性的因素是比较复杂的。制品在温度急剧变化时,由于膨胀或收缩产生热应力,导致制品开裂,抗热震性变差,所以制品的热膨胀性是产生热应力的根源。热膨胀系数越小,则抗热震性越好。弹性模量越小,即弹性越好,缓冲热应力的能力越大,故热稳定性越好。提高制品的抗拉强度也有利于热稳定性的提高。制品的体积密度要选择恰当,一般来说,体积密度增加,强度也相应提高,有利于提高抗热震性,但体积密度提高后,弹性模量及线胀系数也有增大趋向,它又不利于抗热震性提高,所以大直径石墨制品采用较大颗粒组成,体积密度也不宜太大。各种材料的抗热冲击能力见表1.6。

表1.6　各种材料的抗热冲击能力

材　料	$\dfrac{\lambda p}{aE}$/(J·cm·s)$^{-1①}$
石墨	2 399
陶瓷	20.11
碳化钛	14.42
氧化镁	0.509 9 ~ 1.459
氧化锆	0.271 7

注:①λ 为导热系数;p 为抗拉强度;a 为线膨胀系数;E 为弹性模量

2. 良好的导热性

石墨制品的导热系数在各种非金属材料中是较大的,并具有方向性。它介于铝和软钢之间,比某些金属如不锈钢、铅、硅还要高。

炭和石墨材料的导热系数在很大程度上取决于原材料的颗粒结构和晶体结构,也和石墨化程度、石墨材料的某些性能有关。不同炭质、石墨材料的导热系数可相差数倍至数十倍,故某些石墨材料是热的良导体,而另一些炭素材料(多孔炭、炭布、炭毡)导热系数很小,可作为高温隔热体。

石墨材料的导热系数和以下因素有关:

①温度。石墨材料在某一温度下导热系数达最大值,高于或低于该温度,导热系数都会减少,达最大值的温度与石墨晶粒大小有关。导热系数有明显的方向性,在常温下石墨化程度高的挤压石墨制品平行于挤压方向

的导热系数接近于铝(2.03 J/cm·S·℃),而垂直于挤压方向的导热系数接近于黄铜(1.00 J/cm·S·℃)。

②体积密度。同一类制品的体积密度越高,导热系数越大。

③孔度。石墨的孔度与导热系数的关系式如下

$$1-\frac{\lambda}{\lambda_0}=K\varepsilon \tag{1.12}$$

式中,λ 为材料的导热系数;λ_0 为孔度等于 0 时的导热系数;K 为 2.3(修正系数);ε 为材料的实际孔度。

由上式可知,材料的导热系数是随孔度的增加而呈线性下降的。

④比电阻。比电阻越小的石墨,其导热系数越大。

3. 热膨胀系数小

炭和石墨材料的热膨胀系数(一般指线膨胀系数)较许多金属材料小,且各向异性。如热解石墨的层面方向在 0 ~ 200 ℃ 的热膨胀系数为 $-17×10^{-6}$/℃,而挤压成形的石墨制品在 20 ~ 200 ℃,沿挤压方向的平均热膨胀系数为 $1×10^{-6}$ ~ $2×10^{-6}$/℃,垂直于挤压方向为 $2×10^{-8}$ ~ $3×10^{-8}$/℃。由于石墨制品热胀系数小,故耐热冲击好,保证了高温条件下制品几何尺寸的稳定性及安装的稳定性。

炭石墨制品的热膨胀系数与焦炭、黏合剂性质及生产制品的工艺条件有关。

木炭等难以石墨化的焦炭,其真密度越小,制品热膨胀也越小,经高温处理后真密度及热膨胀系数均增大。反之,石油焦等易于石墨化的焦炭,真密度越大,热膨胀系数越小,石墨化温度越高,石墨化程度越高,热膨胀系数越小。石墨化性能好的石油焦生产的制品,其热膨胀系数较炭黑、冶金焦、沥青焦等生产的石墨制品低得多。

制品的体积密度越小即孔度越大,则热膨胀系数越小。

4. 比热大

人造石墨的比热大,并随温度升高而增大。在室温附近,其比热约为 8.36 J/mol·℃,当温度为 2 000 K 时,则接近于 25.08 J/mol·℃,当温度为 3 500 K 时达 31.27 J/mol·℃。

材料的高温强度、线胀系数、热导率和比热容等热力学性质,都与它的物质结构有关。石墨晶体呈层状结构,层面上碳原子间距为 0.142 nm,以 C—C 键角 120°的等距离结合,键能达 711.76 kJ/mol,紧紧束缚原子沿层面方向(a 轴方向)的热振动,其振幅小。根据林德曼公式(Lindeman Formula),固体中原子的热振幅要达到晶胞线度的某一百分数时,固体才会熔

化。由于石墨 a 方向原子振动困难,故要振幅达到晶胞的某一线度就需要高温。另一方面,石墨层间距较大($d \geqslant 0.3354$ nm),以范德华键连接,键能为 16.7 kJ/mol,碳原子沿垂直于层面方向(c_0 方向)的热振动较容易,振幅大,对层面受切应力时的滑移变形起到阻碍作用。此外,在宏观方面,晶粒受热膨胀部分填充了它们之间的空隙,颗粒间的微裂纹因膨胀而愈合,制品在烧成过程中由于升温和降温作用而残留的内应力,因再次升温而释放等,都使材料的高温强度增大。

总之,炭石墨材料在非氧化性介质中具有很高的热稳定性,在耐高温工程中具有很高的应用价值。在冶炼金属上可作为炼铁高炉和电冶金炉内衬、电极、坩埚、连铸模具等,且它不会被熔融金属或炉渣"润湿"。而且,炭石墨材料可提炼至极高纯度(大于 99.999%),其氧化物为气体,适合作为高纯、高熔点物质(如半导体材料、核燃料等)的冶炼和铸型构件。

特别是高强、高密、高纯人造石墨可用于原子能反应堆、磁流体发电设备等的耐高温构件、火箭喷嘴、燃烧室、鼻锥等。

1.7.4 炭石墨材料的润滑性、抗磨性及其用途

根据计算,石墨碳原子层面上的弹性模量 $C_{11} = 1.3 \times 10^7$ N/cm², 而沿着碳原子层面方向的切变弹性模量 $C_{44} = 0.023 \times 10^7$ N/cm²。这是由于石墨层间距离大(0.3354 nm),以范德华键连接,因而 a 轴方向的切变模量特别低,只要施加很小的切应力就能使层面移动,故石墨表现出润滑性。但是,石墨的润滑性能还取决于其外界条件,它需要一定的水分子或气体分子进入层间(吸附)中和一部分层间引力,才具有良好的润滑性。在真空或高温条件下,石墨将失去其润滑性能,摩擦系数和磨损率将迅速增大。由于石墨层面上碳原子排列紧密,其机械强度高,它一旦附着在摩擦面上,就会形成一润滑层,使摩擦面上的抗磨性能提高。

利用石墨的润滑性、抗磨性和良好的导电性,炭石墨材料可制成电机用电刷、电力机车与无轨电车的受电弓滑板、透平机和高压泵的轴密封、空压机活塞环等。还适合忌油的高压泵,如高压氧、氢中汽缸油雾将引起爆炸;合成氨的压缩机中,油雾会减弱催化剂的活性,在制药或食品工业中压缩机中的油雾将污染产品等,在这些场合都可以使用石墨活塞环和石墨轴密封。此外,还有在造纸、纺织等许多机器上作为轴承和轴套。

1.7.5 炭石墨材料的化学稳定性及其用途

炭石墨材料在非氧化介质中是化学惰性的,在常温和一般大气条件下

不会发生任何化学变化,只有长期浸泡在硝酸、硫酸、氢氟酸或处在氟、溴以及其他强氧化性气氛中,才会缓慢形成层间化合物,它不受其他酸、碱、盐的腐蚀,不与任何有机化合物作用。

炭石墨材料在空气中450 ℃以内无显著的氧化现象,和水蒸气在700 ℃以上才开始反应,与一氧化碳和二氧化碳在900 ℃以上才起氧化反应。热解石墨在空气中开始氧化的温度达850 ℃(以每分钟失重0.3 mg/cm^{2}为标准),即使是表面疏松多孔的木炭也要在360 ℃开始燃烧。

炭石墨材料的化学惰性,是由于它的反应活化能较高(达167.5 ~ 251.2 kJ/mol),因而它和其他许多物质反应时需要高温。反应的温度和速度视材料的晶体结构、表面状态以及物质的扩散速度而定。

由于石墨具有化学稳定性好、耐腐蚀、线胀系数小、热导率高,在高温下强度不变、抗热冲击性能好,易于机械加工、质量轻、耐磨损、不老化、不易受其他物质沾污等优点,故广泛地用来作为化工设备的耐腐蚀部件,如容器、阀门、管道、反应塔、热交换器、耐酸泵等。

1.7.6 石墨的核物理性能

石墨材料是建造核反应堆的重要结构材料之一。核反应堆的裂变区主要由核燃料和减速材料两部分组成。减速材料应具有减速能力强,吸收中子小,化学稳定性好,耐大量中子及其他射线的长期作用的特点。减速材料必须是固体或液体。

核裂变时放出的中子速度为$2×10^7$ m/s,动能为200万eV数量级,它不易被核燃料俘获,因而反应不能继续下去。当中子能量低于1 eV时,铀同位素裂变几率迅速增加。当中子的能量在300 K时为0.025 eV时,铀同位素的裂变几率就变得相当大了。优异的减速材料同时也应是优异的反射材料,它们应具有对热中子俘获截面小,散射截面大,减速能力强等特性。

常用减速比来衡量减速材料的质量,即

$$\eta = \frac{\sigma_s \xi}{\sigma_a} \qquad (1.13)$$

式中,η为减速比;σ_s为原子核散射中子的截面;σ_a为原子对中子的俘获截面;ξ为快中子在每次碰撞时失去能量的对数平均值。

重水的减速比最大(5 000),重水反应堆可以用天然铀为核燃料,反应堆体积较小,但重水成本太高。石墨的减速比为201,仅次于重水,但成本比重水要低得多,用石墨做减速材料的反应堆可以用天然铀也可用浓缩铀为核燃料。中子吸收截面的大小与减速材料的杂质元素有关,如镉、硼、稀土元素等对中子吸收截面很大,所以反应堆使用的石墨必须是高纯度石墨。

石墨对高能中子的俘获截面小,而散射截面大。每个碳原子核对中子的俘获截面为 $0.003\ 7\times10^{-24}\ cm^2$,即快中子碰撞碳原子核时,被俘获的概率为 37%,而每个碳原子核对中子的散射截面为 $4.7\times10^{-24}\ cm^2$,散射截面大于俘获截面 1 270 倍,表示碳原子吸收中子少,因而在核反应堆中石墨可以作为减速层。

炭素材料具有多孔性,因而可以作为吸附材料、过滤材料、扩散材料、热绝缘材料。此外,炭素材料在航空航天、电池、生物、医疗、建筑、环保等许多方面都有广泛的应用。

1.8　石墨提纯方法

鳞片石墨浮选是石墨提纯方法之一,其工艺一般为多段磨矿、多段选别、中矿顺序(或集中)返回的闭路流程。多段流程有 3 种形式,即精矿再磨、中矿再磨和尾矿再磨。晶质石墨多采用精矿再磨流程,正常情况下选矿作业回收率可达 80% 左右。有些矿山也曾尝试中矿再磨流程,但效果不明显。

攀钢耐火材料公司科研所唐兴明曾以品位为 90% 的鳞片石墨粗精矿为原料,用碱酸提纯法获得了品位为 99.5% ~99.79% 的高纯石墨。研究表明,碱焙烧工艺中加入一定量的硼酸或偏硼酸钠作为助剂,与氢氧化钠协同分解石墨中的灰分,既能助熔,又可降低反应温度,该物质能溶于水,过滤时多余部分随废水排掉。北京化工大学李常清等人以中碳石墨为原料,利用该方法(碱熔过程中加入硼酸或偏硼酸钠作为助熔剂,酸解过程还使用了一定浓度的氢氟酸),获得了 99.82% 的高纯石墨。

郑明东提出当有盐酸或稀硝酸等存在时,难溶性的氟化物溶解度大大增加,可以起到类似于氟硅酸的作用,利用氢氟酸提纯法处理攀枝花鳞片石墨获得的高纯石墨固定碳含量可达到 99.95%(质量分数)。

夏云凯采用氯化焙烧法,在 1 000 ℃ 及 1 100 ℃ 反应温度下,将柳毛石墨矿含碳量为 88.75%(质量分数)的石墨精矿提纯至含碳量为 99.54%(质量分数)。

张向军等人以用浮选法及碱酸法提纯过的含碳量达 99%(质量分数)以上的高碳石墨为原料,采用高温法提纯石墨,得到 99.995%(质量分数)

以上的高纯石墨。由于高温法自身的缺点,工业上还无法推广。目前,石墨提纯主要有以下几种方法。

1.8.1 浮选法

浮选法是一种比较常用的提纯矿物方法,由于石墨表面不易被水浸润,因此具有良好的可浮性,容易使其与杂质矿物分离,国内基本上都是采用浮选方法对石墨进行提纯。

石墨原矿的浮选一般先使用正浮选法,然后再对正浮选精矿进行反浮选。采用浮选法就能得到品位较高的石墨精矿。浮选石墨精矿的纯度通常可达80%~90%,采用多段磨选的纯度可达98%左右。

使用浮选法提纯的石墨精矿,纯度只能达到一定的范围,因为部分杂质呈极细粒状浸染在石墨鳞片中,即使细磨也不能完全让单体解离,所以采用物理选矿方法难以彻底除去这部分杂质,一般只作为石墨提纯的第一步,进一步提纯石墨的方法通常有化学法或高温法。

1.8.2 碱酸法

碱酸法是石墨化学提纯的主要方法,也是目前比较成熟的工艺方法。该方法包括 $NaOH-HCl$, $NaOH-H_2SO_4$, $NaOH-HCl-HNO_3$ 等,其中 $NaOH-HCl$ 法最常见。

碱酸法提纯石墨的过程可分为碱熔和酸解两个过程。首先将 NaOH 与石墨按照一定的比例混合均匀进行煅烧,在 $500\sim700$ ℃的高温下石墨中的杂质如硅酸盐、硅铝酸盐、石英等成分与氢氧化钠发生化学反应,生成可溶性的硅酸钠或酸溶性的硅铝酸钠,然后用水洗将其除去以达到脱硅的目的。另一部分杂质如金属的氧化物等,经过碱熔后仍保留在石墨中,将脱硅后的产物用酸浸出,使其中的金属氧化物转化为可溶性的金属化合物,而石墨中的碳酸盐等杂质以及碱浸过程中形成的酸溶性化合物与酸反应后进入液相,再通过过滤、洗涤实现与石墨的分离。而石墨的化学惰性大,稳定性好,它不溶于有机溶剂和无机溶剂,不与碱液反应,除硝酸、浓硫酸等强氧化性的酸外,它与许多酸都不起反应,特别是能耐氢氟酸。在 6 000 ℃以下,不与水和水蒸气反应,因此,石墨在提纯过程中性质保持不变。

1.8.3 氢氟酸法

任何硅酸盐都可以被氢氟酸溶解,这一性质使氢氟酸成为处理石墨中难溶矿物的特效试剂。1979 年以来,国内外相继开发了气态氟化氢、液态氢氟酸体系以及氟化铵盐体系的净化方法,其中,液态氢氟酸法应用最为广泛,它利用石墨中的杂质和氢氟酸反应生成溶于水的氟化物及挥发物而达到提纯的目的。但氢氟酸与 CaO,MgO,Fe₂O₃ 等反应会得到沉淀,为解决沉淀问题,在氢氟酸中加入少量的氟硅酸、稀盐酸、硝酸或硫酸等,可以除去 Ca,Mg,Fe 等杂质元素的干扰。

氢氟酸法提纯时,把石墨与一定比例的氢氟酸在预热后一起加入到带搅拌器的反应器中,待充分润湿后计时搅拌,反应器温度由恒温器控制,到达指定时间后及时脱除多余的酸液,滤液循环使用,滤饼经热水冲洗至中性后脱水烘干即得产品。氢氟酸法是一种比较好的提纯方案,20 世纪 90 年代已实现工业化生产。

1.8.4　氯化焙烧法

氯化焙烧法是将石墨粉掺加一定量的还原剂,在一定温度和特定气氛下焙烧,再通入氯气进行化学反应,使物料中有价金属转变成熔点、沸点较低的气相或凝聚相的氯化物及络合物而逸出,从而与其余组分分离,达到提纯石墨的目的。石墨中的杂质经高温加热,在还原剂的作用下可分解成简单的氧化物如 SiO₂,Al₂O₃,Fe₂O₃,CaO,MgO 等,这些氧化物的熔点、沸点较高,而它们的氯化物或与其他三价金属氯化物所形成的金属络合物(如 CaFeCl₄,NaAlCl₄,KMgCl₃ 等)的熔点、沸点则较低,这些氯化物的汽化逸出,使石墨纯度得到提高。以气态排出的金属络合物很快因温度降低而变成凝聚相,利用此特性可以进行逸出废气的处理。

1.8.5　高温提纯法

石墨是自然界中熔点、沸点最高的物质之一,熔点为 3 850±50 ℃,沸点为 4 500 ℃,而硅酸盐矿物的沸点都在 2 750 ℃(石英沸点)以下,石墨的沸点远高于所含杂质硅酸盐的沸点。这一特性正是高温法提纯石墨的理论基础。高温提纯法是在高温石墨化技术的基础上发展而成的,是利用天然石墨中灰分大都能汽化逸出的特性,以及石墨耐高温的性质,而采取的一种纯化方法。

将石墨粉直接装入石墨坩埚,在通入惰性气体和氟利昂保护气体的纯化炉中加热到 2 300~3 000 ℃,保持一段时间,石墨中的杂质会溢出,从而实现石墨的提纯。高温提纯法一般采用经浮选或化学法提纯过的含碳99%(质量分数)以上的高碳石墨作为原材料,可将石墨提纯到 99.99%,如通过进一步改善工艺条件,提高坩埚质量,纯度可达到 99.995% 以上。

1.8.6 各种提纯法的优缺点

浮选法是矿物常规提纯方法中能耗和试剂消耗最少、成本最低的一种,这是浮选法提纯石墨的最大优点。但使用浮选法提纯石墨时只能使石墨的纯度达到有限的提高,对于鳞片状石墨,采用多段磨矿不但不能将其完全单体解离,而且不利于保护石墨的大鳞片。因此,采用浮选的方法进一步提高石墨纯度既不经济也不科学。若要获得含碳量99%(质量分数)以上的高碳石墨,必须用化学方法提纯石墨。

碱酸法提纯后的石墨含碳量可达99%(质量分数)以上,具有一次性投资少、产品纯度较高、工艺适应性强等特点,而且还具有设备常规、通用性强(除石墨外,许多非金属矿的提纯都可以采用碱酸法)等优点,碱酸法是现今国内应用最广泛的方法。其缺点则是能量消耗大、反应时间长、石墨流失量大以及废水污染严重。

氢氟酸法最主要的优点是除杂效率高,所得产品的纯度高,对石墨产品的性能影响小、能耗低。缺点是氟氢酸有剧毒和强腐蚀性,生产过程中必须有严格的安全防护措施,对于设备的严格要求也导致成本的升高。另外氢氟酸法产生的废水毒性和腐蚀性都很强,需要严格处理后才能排放,环保投入也使氢氟酸法的优点大打折扣。

氯化焙烧法的低焙烧温度和较小的氯气消耗量使石墨的生产成本有较大的降低,同时石墨产品的含碳量与用氢氟酸法处理后的相当,相比之下氯化焙烧法的回收率较高。但因氯气有毒,腐蚀性强,对设备操作要求较高,需要严格密封,对尾气必须妥善处理,所以在一定程度上限制了它的推广应用。

高温法的最大优点是产品的含碳量极高,可达99.995%(质量分数)以上,缺点是须专门设计建造高温炉,设备昂贵,一次性投资多,另外,能耗大,高额的电费增加了生产成本。而且苛刻的生产条件也使这种方法的应用范围极为有限,只有国防、航天等对石墨产品纯度有特殊要求的场合才考虑采用该方法进行石墨的小批量生产,工业上无法实现推广。

石墨提纯的几种方法各有千秋,也都存在一定缺陷。碱酸法易操作成本低,对生产要求也低,但是生产的石墨固定碳含量较低,从目前看纯度无法达到99.9%。氢氟酸法除杂效果好,但其有剧毒。高温法可生产较高纯度的石墨,但仅限于小范围应用。因此,要找到一种安全、高效的提纯鳞片石墨原料的好方法任重而道远。

第2章 炭及石墨的生成机理

天然炭包括石墨和金刚石,本章所讲述的对象不是有关天然的石墨和金刚石,而是用含有碳原子的原料,经过加热成为实际上仅含有碳原子的物质,即生成炭的过程与机理。

2.1 炭的生成与炭化的分类

2.1.1 工业上的炭的生成

在工业上可加热分解有机化合物而得到无定形炭,其转化过程称为炭化。表2.1列举了一些有代表性的炭化过程的例子。

表2.1 有代表性的炭化过程例子

起始原料(有机物)	中间物质(二次原料)	炭化状态	所产生炭的种类
石油	重质油	液相	石油焦
煤(沥青质炭)	—	液相	冶金焦
	煤焦油沥青	液相	沥青焦
植物(木材)	—	固相	活性炭、木炭
	纤维素	固相	纤维状的炭
天然气 低级碳氢化合物	—	气相	炭黑、热解炭、石墨须晶
合成高分子	—	固相	硬质炭、纤维状的炭

有机化合物加热分解时,随着温度的上升发生缩聚作用进行脱氢反应,不论所用的原材料为链状或者芳香族分子,都形成缩合苯环平面状分子交叉连接的聚合体。实验表明,在400~700 ℃的加热温度下,这个缩合苯环平面状分子周围的碳,因为还连有氢和烃类,因此严格地说不能看成是炭的范畴,称为缩合分子固体比较适当。加热到800~900 ℃时,氢和烃类气体分子排除,只有碳的六角环网平面的聚合体及与此相连的C—C链存在(酚醛树脂还残存有2%~3%(质量分数)的氧,在1 300~1 400 ℃才

转变成 100% 的碳),这种状态的物质仍称为无定形炭。

这种无定形炭经更高的温度处理,碳的六角网状平面的聚合体平行堆积,使结构由一维或二维向三维有序排列,逐渐地接近于石墨结构。工业上的这种过程俗称石墨化。这种高温处理的炭称为人造石墨,它是多晶体,并不具有完全的石墨结构。从无定形炭的结构到石墨结构的过程各种各样,而且因原料和加热条件不同,转变过程也不同。关于这个转变过程中碳的结构还有待于进一步的研究。

另外,有机物经放射线照射后发生交联或引起分解脱氢反应,有时也能促使炭化的进行,但要完成彻底炭化,仍需要热的作用。

另一方面与脱氢相反,石墨质的碳化物、氧化物还原后也能生成炭。

金属碳化物在其熔点附近可分解出游离石墨,以及溶解了碳的熔融体中因温度的变化引起的溶解度降低时析出的单质状的炭——石墨。总之,炭的生成是极为复杂的,由于初始原料、生成机构、炭化等条件的不同,而生成各种各样的炭。

2.1.2 炭化过程

炭化又称为干馏,是指固体燃料的热化学加工方法。即将煤、木材、油页岩等在隔绝空气下加热分解为气体(煤气)、液体(焦油)和固体(焦炭)产物,焦油蒸气随煤气从焦炉逸出,可以回收利用。有机化合物在隔绝空气下热分解为炭和其他产物,以及用强吸水剂(浓硫酸)将含碳、氢、氧的化合物(如糖类)脱水而成炭的作用也称为炭化。

含碳元素的有机物,从组成看,主体是碳和氢,此外还有氧、氮及其他不同的原子。而且由于碳的价电子可构成 sp,sp^2 和 sp^3 三种杂化轨道,键又可组成线状、平面状及三维结构,因此有机物的种类极其繁多。

石墨晶体在常压下是最稳定的,石墨晶体只含有碳,是碳原子由 sp^2 杂化轨道所构成的六角环状平面以层状重叠而成。因此,有机物进行炭化制备炭的过程中,主要由两个方面组成,一个是在碳化产物中不存在除碳以外的氢及其他原子,另一个是通过 sp^2 杂化轨道组成碳的平面分子,即进行伴有环化的缩聚反应。这种脱氢反应和缩聚反应,利用加热以外的化学方法也可以进行,但是不通过加热,使这些反应达到含碳量 100% (质量分数)是困难的。因此,加热成为最普遍的也是最主要的炭化方法。

碳化物可从各种角度评价其结构和物理性质,但其中在显微镜下观察到的对偏光的光学现象,被认为是与微晶取向性相关的重要因子。在 500 ~ 600 ℃ 制成的碳化物是由平均 1 nm 左右的六角网面类似于石墨的微晶堆积构成。这种微结晶的堆积取向在偏光显微镜下可用光学各向异性来识别。

　　微晶堆积取向的领域,即在整个碳化物范围内各向异性组织单位的尺寸和形状,从尺寸相当小的高密度炭、高炉焦炭,直至较大的针状焦、高强度碳纤维进行分类。炭材料的强度和热膨胀如果与微晶的面内和面外方向的结合力有关,则可容易地理解这种取向程度对炭材料的品质是十分重要的。

　　有机化合物或多种复杂有机化合物沥青等在常压下加热时,在 400 ℃左右产生部分分解,成为蒸汽压高的低分子物从炭化体系中逸散出。同时被活化的分子产生环化、芳构化,缩聚高分子残留在炭化体系中生成碳化物。在此过程中,生成中间体的结构以及反应速度影响碳化物,它是决定生成碳化物性质的重要因素。这种在从液相到固相变化系统中间生成的液晶称为中间相(Mesophase),这种中间相的行为决定了碳化物的取向性即各向异性组织。

　　各向异性组织的展开,作为现象论已由 Brooks 和 Taylor 阐明,它是通过多环芳烃分子堆叠的液晶小球体(球晶)的发生、生长、合并等各个阶段,最终形成全体各向异性的整体中间相。这一过程被称为各向异性组织展开的球晶机理。

　　图 2.1 为各阶段的偏光显微镜照片。在此过程中,出现各向异性后直至固化的中间状态为中间相。在热台偏光显微镜上设置录像机连续跟踪这种各向异性出现的状态,从而确认了上述的各个阶段。

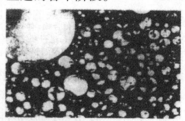

(a) 球晶的发生　　　　　　　　　　　　(b) 成长合并

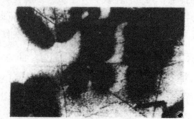

(c) 全面各向异性

图 2.1　各阶段的偏光显微镜照片

在化学分析上认为不再含有碳以外的其他原子,其温度必须为 1 000 ~ 1 500 ℃,这个温度范围阶段一般称为化学变化阶段,即炭化过程;温度在 1 800 ~2 000 ℃阶段,主要是碳原子的排列整理及晶体的成长期,这个阶段称为石墨化过程,如图 2.2 所示。

这样,炭化可以看成是氢和其他非碳原子的脱离及加热缩聚反应的过程。如前所述,有机物的种类确实很多,因此,用这些化合物作为原始材料,最后得到石墨晶体这一构造的全部过程决不是单一的,而是经过各种各样的步骤及各种不同的中间阶段。图 2.2 所示为有机物炭化和石墨化过程。

图 2.2 有机物炭化和石墨化过程

以木炭炭化过程为例进行简要说明,木炭炭化过程就是将木材通过合适的木炭生产炭化技术进行石墨化的过程。木材主要由纤维素、木质素和水组成。由于蒸发木材中的水分需要大量的能量,所以在烧制木炭前尽可能地将木材原料烘干,在整个炭化过程中,木材在木炭窑中维持约 100 ℃。在此温度下木材中的水分被蒸发完全,然后木材的燃烧温度提高到约 280 ℃,出现热解反应,分解为木炭、水蒸气、甲醇、醋酸和其他复杂的化学物质,主要由氢气组成的焦油和 CO,CO_2 及 N_2。木材在窑中持续燃烧,这个过程为放热反应,燃烧产生的黑色块状物就是木炭。

影响木炭产量和质量的因素很多,如炭化最终温度、炭化速度、压力、原料含水率、炭化方法、窑炉形式等。这里只介绍影响木炭产量和质量的主要因素。

1. 炭化温度

木炭的得率和质量与炭化的最终温度有很大关系,在炭化过程中,木炭中炭、氢、氧的含量随炭化温度的升高而变化,炭化温度越高,含碳量增加,氢和氧的含量降低。表 2.2 炭化温度与木炭得率的关系。

表 2.2　炭化温度与木炭得率的关系

炭化温度/℃	木炭得率/%	碳含量(质量分数)/%	氢含量(质量分数)/%	氧含量(质量分数)/%	最高发热量/kCal
100	100	47.41	6.54	46.06	4 750
200	92.6	59.4	6.12	34.48	4 985
300	53.6	72.36	5.38	22.26	6 390
400	39.2	76.1	4.9	19	7 820
500	33.2	87.7	3.9	8.4	8 172
600	28.6	93.8	2.65	3.55	8 240
700	27.2	95.15	2.15	2.7	8 330

从表 2.2 可以看出,木炭的产量随炭化温度的升高而逐渐降低,最终温度越高,木炭的得率越低,而木炭的含碳量越高。因此,应该很好地控制炭化最终温度。在保证木炭质量的前提下,尽可能地降低炭化温度,一般低温炭炭化温度保持在 450 ~ 500 ℃,中温炭炭化温度保持在 600 ~ 700 ℃,高温炭炭化温度保持在 800 ℃以上。

2. 炭化速度

炭化速度快时会降低木炭的得率和机械强度,但能提高炭化设备的生产能力。另外,炭化速度还和各种原料的质量、炭化方法、炭化炉的形式等有关。因此,应综合考虑这些因素,选择适宜的炭化速度。快速炭化的炭化时间一般为 24 ~ 36 h(适合铁窑),慢速炭化的炭化时间一般为 5 ~ 10 d,最慢的在 15 d 以上。

(1)炭化速度对木炭得率的影响。

试验的结果表明,快速炭化时,焦油的产量有明显的增加,而木炭的产量则大大降低。

在常压下炭化时间对炭化产品产量的影响见表 2.3。

表 2.3　在常压下炭化时间对炭化产品产量的影响

炭化时间/h	木炭/%	焦油/%
3	25.51	18
8	30.85	16.94
16	33.18	10.1
36	39.14	1.8

（2）炭化速度和炭化温度对木炭机械强度的影响。

研究表明木炭的机械强度随烧制的最终温度以及在干燥和炭化时加热速度（特别是在放热反应时的速度）的不同而不同。当烧制木炭的最终温度相同时，木炭的机械强度随烧制木炭时间的增加而增加。当温度为300 ℃时烧制的木炭，其机械强度最大，而在400 ℃时机械强度最小。当进一步提高烧制温度时木炭的机械强度不随着增加，实践证明700 ℃时跟300 ℃时的机械强度一样。

3. 炭化压力

通常的炭化过程是在常压下进行的，如果增加压力可以增加木炭的产量，那减压则降低木炭产量。但不论增压或减压，都对设备要求较高，操作也比较复杂。特别是在减压时，有发生爆炸的危险。因此，一般都是在常压下进行炭化。

4. 原料的含水率

木料自然含水量的多少直接影响木炭的炭化时间，一般来说，木料的含水率在15% ~20% 为宜。一般天然木料的含水率为20% ~30% ，机制棒的含水率为8% ~10% 。

5. 热解反应水

木材热解时排出的水分有两个来源，一是木材自然含有的水分，二是热解时产生的反应水。木材热解过程中所产生的反应水的多少，决定于木材的种类、热解方法、炭化最终温度、升温速度等。在正常的炭化速度下，反应水的质量占绝干木材质量的24% ~28% 。并且在不同的热解阶段，所产生的水量是不同的。热解速度越快，水分的产量越小。如果要提高木炭产量，应降低热解速度，提高反应水的产量。这是因为提高反应水的产量可降低木材中碳素的消耗，因而可提高木炭的产量。

2.1.3 炭化的分类

炭化，就其过程中碳化物的状态可分为气相炭化、液相炭化和固相炭化。

1. 气相炭化

所谓气相炭化，是指有机化合物在气态时热分解生成炭的过程。气相炭化一般是对碳原子数为15 ~20 的低分子烷烃、芳烃化合物的炭化。

气相炭化的反应有：

①无取代基烃化合物——苯的气相热分解。

②有取代基芳烃化合物——甲基萘的气相热分解。热解石墨和炭黑是典型的气相炭化的产物。

2. 液相炭化

所谓液相炭化,是指有机化合物(如石油重质油或沥青)在液相进行加热分解和缩聚反应,在馏出低沸点馏分的同时,进行环化和芳构化,最终经由中间相至固态的炭前驱体而形成固体炭的过程,一般生成易石墨化炭。

液相炭化反应有:

①无取代的芳烃化合物炭化反应。

②高分子化合物的炭化反应。石油焦、沥青焦都是液相炭化的产物。

3. 固相炭化

所谓固相炭化,是碳氢化合物在固相加热进行热分解生成炭的过程,一般生成难石墨化炭。固相炭化反应随原料中取代基种类的不同而有所不同。玻璃碳、碳纤维等都是典型的固相炭化的产物。

2.2　有机物炭化机理

2.2.1　有机物的炭化反应

不断加热有机物,生成芳香环,逐渐增加环的数目,成长为巨大的芳香族平面分子所聚集的石墨晶体。按这个步骤进行的基本理由在于:双键比单键键能大,为强键,构成芳香环,再进而使其环数增加,而使 π 电子的非定域能加大而稳定化。就是说,通过加热,弱键断裂,逐渐转变为对热稳定的多环结构。

作为原料的有机物种类很多,但在高温下缺乏选择性的变化,具体地说,此变化以怎样的过程进行是极其复杂的。因此,对于加热缩聚的主要反应,只能接触到一些有关系的因素。

1. 游离基反应

游离基反应,是指自由基参与的各种化学反应。自由基电子壳层的外层有一个不成对的电子,对增加第二个电子有很强的亲和力,故能起强氧化剂的作用。大气中较重要的自由基为 OH—,能与各种微量气体发生反应。在光化学烟雾形成的化学反应中,有许多自由基反应,在链反应中起引发、传递和终止过程的作用。有许多自由基是中间产物,如烷氧基自由基(RO^-)、过氧烷基自由基(RO^{2-})、酰基自由基(RCO^-)等。在降水酸化、臭氧层破坏和大气光化学反应过程中都与自由基反应有关,因此自由基反应已成为大气化学研究的重要内容。自由基反应有以下5种基本类型:

①受光照、辐射或过氧化等作用,使分子键断裂而产生自由基的反应。

②自由基和分子起反应产生新的自由基和分子的反应。

③自由基和分子起反应产生较大自由基的反应。

④自由基分解成小的自由基(和分子)的反应。

⑤自由基彼此之间的反应。

游离基反应是指通过化合物分子中的共价键均裂成自由基而进行的反应,大致分为以下3个阶段:

(1)引发。

通过热辐射、光照、单电子氧化还原法等手段使分子的共价键发生均裂,产生自由基的过程称为引发。

(2)链(式)反应。

引发阶段产生的自由基与反应体系中的分子作用,产生一个新的分子和一个新的自由基,新产生的自由基再与体系中的分子作用又产生一个新的分子和一个新的自由基,如此周而复始、反复进行的反应过程称为链(式)反应。例如

$$Cl \cdot + CH_4 \longrightarrow CH_3 + HCl \quad CH_3 \cdot + Cl_2 \longrightarrow Cl \cdot + CH_3Cl$$

(3)终止。

终止两个自由基互相结合形成分子的过程称为终止。例如

$$Cl \cdot + Cl \cdot \longrightarrow Cl_2 \quad Cl \cdot + CH_3 \cdot \longrightarrow CH_3Cl \quad CH_3 \cdot + CH_3 \longrightarrow CH_3 - CH_3$$

除上述外,自由基还可发生裂解、重排、氧化还原、歧化等反应。自由基反应一般都进行得很快。这类反应在实际生产中应用很广,如氯化氢的合成、汽油的燃烧、单体的自由基聚合等。

进行加热时,热能小的键断裂,A及B原子或原子团间的A—B键断裂可能存在两种方式,一种是A和B断裂时成键的电子对从属于A或B,这种断裂的方式称为异裂(hetoroigsis)。例如

$$\longrightarrow A - B \quad A^+ + B^- \text{ 或 } A^- + B^+$$

另一种可能是A和B断裂时,成键的两个电子各以一个电子从属A及B,成为未配对的单电子,具有未配对的单电子的A或B称为游离基。例如

$$\longrightarrow A - B \quad A \cdot + \cdot B$$

这种断裂方式称为均裂(honrlolysis)。

含异裂的反应称离子反应,含均裂的反应称为游离基反应。在溶液内容易进行离子反应,其原因是溶剂和离子进行溶剂化,生成的溶剂可以减低生成离子所需要的能量。在没有溶剂化的情况下,要开裂则必须有很大的能量,而均裂的方式却非常容易发生,因此,在无溶剂加热变化的情况下,主要的反应是游离基反应。

这些游离基发生反应的温度,是由键的离解能决定的。通常 200 ℃左右开始,400 ℃以上逐渐地发生激烈的反应。若在氮气中,碳的单键的均裂在 400 ~ 500 ℃。芳香族环上的碳和氢之间的 C—H 键在 700 ℃发生激烈的反应。

2. 加成反应

两个或多个分子互相作用,生成一个加成产物的反应称为加成反应。一般认为狄尔斯-阿德耳(Dieis-Alder)加成反应在加热变化中,特别是加热的初期阶段起重要作用。这个反应只需加热即可发生,不需要触媒。反应的详细机理似乎还不能确定,一般认为,共轭双烯是容易进行反应的,即所谓亲双烯物质间的电子异构效应。电子供予体的双烯与电子接受体的亲双烯物质一接触反应能力就增加。

近来,统称为苯炔的脱氢芳香族的存在引人注目,这种物质为很活泼的中间体,被看成强的亲双烯的物质,虽然尚未以稳定的形式分离出来,但从种种现象看可以确定它的存在。过去具有极性基的芳香族化合物,都是用强碱作用为主要的生成方法。

四面体的碳键即单键。因此,在三蝶烯中心的碳的单键,虽然到 350°还存在,但可设想在更高的温度时则断裂,需要加温到什么程度还不清楚。但是,假若在三蝶烯结构中,成键的芳香族进而同周围的结构成键并固定下来,那么三蝶烯的三度结构在碳的母体中仍旧保留着立体杂乱的结构成分。

这种分子间的加成反应、连续脱氢反应和游离基反应,都是进行炭化的主要反应。狄尔斯-阿德耳加成反应叙述了双烯和亲双烯上取代基的影响,与苯炔发生难易也是同样的,都是由于取代基的推电子或者吸电子的特性的不同。即使对于游离基的反应,这种电子的特性的差别也有影响,若存在键能小的取代基,便可进行游离基反应。因此,取代基的种类对其化合物的开始分解温度及反应速度有很大关系。

3. 多环芳香核的特征

由于碳是以巨大的芳香族平面为结构单位,必须认为在炭化的进行过程中一定要通过多环芳香族化的途径。

碳的最基本的特性是其平面结构及非定域化的 π 电子系的存在。由于 π 电子并不固定在每个碳原子上,而能够在整体中移动,非定域化能稳定。因此,在炭化过程中芳香核非常坚固,不会破裂。而且多环芳香核不管作为电子供体还是电子受体都容易构成 π-络合物。

分子要自由移动,须构成两个以上缩合多环芳香核相互平行而且形成面对面的层状结构。芳香核环数多、平面大的情况下,分子间的相互作用也大,容易构成层状结构。但是,这只是没有立体障碍的缩合多环的情况。缩合多环芳香族的分类如图 2.3 所示。有 4 个系列,属于第 Ⅳ 类的化合物由于附在核上的氢原子过分拥挤,如图 2.4 所示,可使平面容易移动,此外,即使以相同的芳香核为单位,但不是多环化合物,如联苯一类的环以单键相连,则 2 个芳香环所在平面相互以 45°交叉。

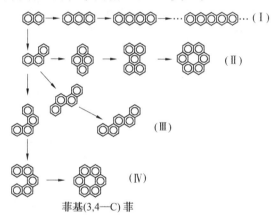

图 2.3 缩合多环芳香族的分类

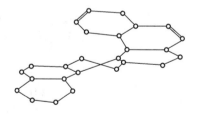

图 2.4 菲基(3,4-C)菲的结构

2.2.2 原料与石墨化性能的关系

通过加热所进行的变化,在 400 ~ 500 ℃ 附近,出现黑色的外表像碳,组成上却含有很多碳以外的不同元素固体,称为碳的母体。

　　这个碳的母体,经过加成反应及游离基反应,增大相对分子质量,同时逐步地增加芳香性的结果,反应生成平面的缩合多环结构,或者生成非平面的三维结构。因此,构成碳的母体的结构因素可能看成是缩合多环平面的重叠,生成所谓乱层结构及图 2.5 所示的类似的芳香族架桥键的三维结构。这种层状结构与所含的三维结构的比例,随原材料和加热条件而不同。

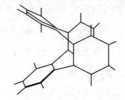

图 2.5　芳香族架桥键

　　表 2.4 为 4 种纯物质的结构,将其在 2 800 ℃加热得到的结果表示各个碳质的石墨化性能的大小。

表 2.4　芳香族化合物的石墨化性能

名称	符号	构造式	石墨化性
四苯吩	(P$_Z$)		A
紫蒽酮	(D1)		B
二甲氧基紫蒽酮	(D8)		C
酚酞	(Ph–Ph)		D

注:石墨化性能的顺序是 A>B>C>D

P_z 以完全平面分子在 485 ℃熔融成低黏度的液体,经过沥青状态在 600 ℃附近变成固体状态的碳的母体。D1 分子的平面性的程度不如 P_z,无明确熔融状态下生成碳的母体。D8 与 D1 有相同的骨架,由于存在 2 个甲氧基的立体障碍致使中心的大六角环存在大的弯扭。Ph-Ph 熔融状,由于 3 个芳香环的立体障碍而成为三维构型。

从表 2.3 的结果可知,分子的平面性大,在碳的母体到达前的温度,能使分子的移动保持可能的熔融状态下,则石墨化性能好。相反,没有明确的熔融状态,或者原料中芳香核处在非平面的构型,则石墨化程度小。

P_z 的加热变化初期过程如图 2.6 所示,在 550 ℃附近,过分拥挤状态的氢发生脱氢反应,开始形成如 B 那样的二聚体,再逐渐成为黑色的沥青状。因此,在 600 ℃左右固化时,形成了如 C、D、E 那样大的芳香族平面。所得碳的母体也无疑有着极好的定向性。可看成比图 2.7 具有更多的扩展了的重叠层的结构。相反,在 Ph-Ph 到达母体之前的过程中完全看不到像 P_z 那样情况的分子的定向性,如图 2.8 所示。从这些事实可以明白,碳的母体直接决定石墨结晶的成长难易。

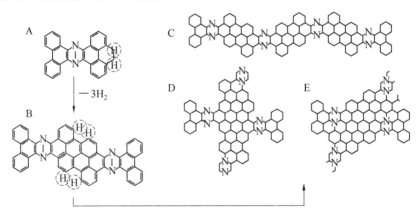

图 2.6　四苯吩嗪(A)的加热变化初期过程

2.2.3　沥青的炭化

沥青作为炭素原料占有重要的地位。但是,统称为沥青类的物质是复杂的分子的集合体。从 $n(H)/n(C)$ 原子比看,地沥青类为 1.0 以上,煤焦油沥青为 0.5 ~ 0.6。因此,沥青在炭化初期的反应,严格地说是随沥青种类而异。以聚氯乙烯(PVC)在氯气流中 400 ℃加热所得沥青状物质为例,PVC 沥青 $n(H)/n(C)$ 为 0.68,己烷不溶而二硫化碳可溶的成分占 95%

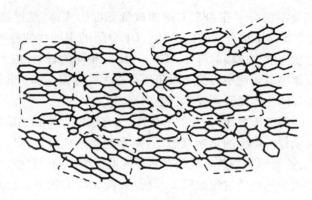

图 2.7　表示定向性很好的易于石墨化的碳的母体的模型

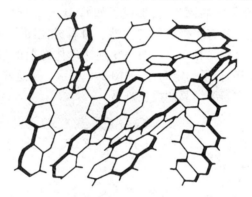

图 2.8　三维无秩序的结构表示难于石墨化的碳的母体模型

(质量分数)以上。

在氮气流中加热这种沥青,从 400 ℃附近开始,用偏光显微镜观察到如图 2.9 所示的液滴在熔融的沥青中产生,随着加热时间的延长,温度上升,这种液滴逐渐地汇合增大。在沥青的分子里面发生了如前所述的各种反应,以更多的缩合环为单位聚集成多核多环化合物,多环芳香族的面在分子间相互重叠,导致如图 2.10 所示定向的结果。在液滴周围的沥青以及达不到定向程度的分子集合体则不显示偏光(对它的作用),用这种成长的多核多环芳香族构成的液滴,溶解度小,熔融黏度高。到 430 ℃附近继续产生脱氢及脱烷基的反应,黏度及定向性高的液滴也产生了气体生成物。随着这种气体的流动,并在增大的液滴中发生流动,构成如焦炭一样的条纹式样并固化成碳的母体。这个过程不限 PVC 沥青,显然液滴的大小、液滴内定向性等,严格地说有所不同,但这种现象在沥青类中被认为是普遍的。因此,所得到的炭质在更高的温度下加热表现出易于石墨化。但是在沥青类中加入百分之几的脱氢作用很强的硫磺,在边吹入氯气边加热的情况下,则只生成极小的液滴或者完全不生成。在这样的加热条件下,三维结构的键的生成比平面的成长更多,由此所得的碳质则难于石墨化。

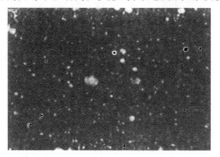

图2.9　PVC沥青被加热生成液滴

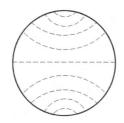

图2.10　球状液滴中分子的排列(虚线表示层面方向)

2.2.4　高分子有机化合物的加热变化

从加热变化的角度考虑,高分子有机化合物可分成以下三类。

第一类:聚苯乙烯、聚乙烯和聚乙烯醇,由于加热,单体或挥发性的低相对分子质量的物质分解,残留下少量的炭质。

第二类:以PVC为代表,由于熔融和分解,加热过程中经过沥青状态,在氯气流中,PVC在200 ℃左右除去HCl,出现聚烯烃结构,经过狄尔斯–阿德耳加成反应及其他途径达到芳香族化。

300 ℃以上多环的芳香核被饱和的碳链联结成三维结构,这个碳链在400 ℃断开成低分子,进而变成如图2.9所示的沥青状物质。

PVC若在空气中加热,400 ℃不会熔融,所得的炭质难于石墨化。这种情况可属于第三类高分子。

第三类高分子是纤维素、酚甲醛等加热不熔融的天然高分子物质及热固化树脂。用碱触媒固化的甲醛树脂(P·F),如图2.11所示具有三维结构,加热至300 ℃以上,经过脱水反应而生成醚键,400 ℃以上生成氢、甲烷和二氧化碳。这些反应都是在固体状态下进行,所得的碳的母体为三维结构,很少有层状结构,因此石墨化性能较差。此外,纤维状、丙烯腈或者沥青等纤维,用拉伸的方法,一边加热,一边改善分子的定向性,则所得碳的定向性增大。

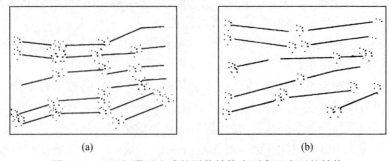

图2.11　甲醛树脂的结构模型

从相应的 X 射线的结构变化指出,由于碳质的不同,层的厚度在800 ℃附近中心部分稍有减少的倾向,然后增加。面间距也在 1 200 ℃左右经过复杂变化后,同样也有减少的倾向。

在500 ~ 1 000 ℃范围内,氢、甲烷、乙烷等低相对分子质量的烃、一氧化碳、二氧化碳的发生反应是显著的,这些反应从游离基的机理考虑,在固体状态中有部分的键断裂,产生可移动的自由度,同时生成新的键,再慢慢地增大芳香族的环数和整个的致密化。500 ℃附近所生成的层状结构(图2.12(a)),通过这个变化,重新组合(图2.12(b)),面间距和层厚度都起着明显的变化。

(a)　　　　　　　　　　　　(b)

图2.12　500 ℃附近生成的层状结构在更高温度下的结构

2.3 沥青类中间相的生成与结构

煤系和石油系渣油具有合适的 $n(C)/n(H)$ 原子比,它们是生产高级炭素材料(如高功率电极用针状焦和碳纤维)的优质原料。沥青类残渣要获得石墨晶体结构必须经过多层次的有序化,热处理温度为 300 ~ 500 ℃时,沥青类物质能排列成中间相状态,液晶相就是在此阶段形成的。随着中间相阶段分子的预定向,形成明显的各向异性,这种有序化结构为产生尽可能规整的石墨晶格奠定了基础,因此中间相的形成对炭素材料石墨化的难易有决定性作用。前一节对炭化过程与机理的基本理论进行了阐述,本节主要讨论中间相的形成对生产炭素材料起的重要作用。

2.3.1 中间相的生成机理

1. 中间相的定义

自从 1888 年 Reiniter 发现液晶后,便逐步形成了液晶材料体系。1961年 Rrooks 和 Raylor 首先从热变质煤中发现中间相小球体,1965 年又在沥青液相炭化过程中发现存在中间相液晶。中间相液晶的发现是炭素材料发展史上的一次革命,它们为针状焦、沥青系碳纤维等优质新型炭素材料的研制奠定了理论基础和技术途径。

液晶由刚性的棒状或平面分子组成,具有不同于液体分子不规则运动的高度远程有序化程度,然而与固态晶体相比它还保留着平移自由度,这样形成了一个处于固体和液体之间的中间相。严格地讲,液晶与中间相既具有相似的方面,例如两者都具有塑性流动性,光学和磁学各向异性,以及两相之间有明显的界面等;同时两者也具有相异的方面,例如中间相的生成过程主要是化学变化,在一定温度下中间相的层间距随时间而变化等。中间相也称为假过渡液晶相,是沥青等有机物质在液相炭化过程中转化为固态炭之间所存在的各向异性中间产物。沥青中间相属于向列液晶系。

2. 中间相生成机理

沥青是由相对分子质量为 400 ~ 600 的多种芳烃组成的混合物,当热处理至 350 ℃以上时,经过热分解、脱氢缩聚等一系列反应,其逐步形成相对分子质量大且热力学稳定的稠环芳烃平面状大分子,它们借助热运动而互相靠近,分子间范德华力促使其互相平行有序叠合,若干分子缔合(均相成核)并按向列液晶状态排列,显示出取向性。核一旦形成,就开始吸附分散在各向同性母相中的芳烃分子,由于分子尽量使其表面能最小而成为球形,如图 2.13 所示。但是小球体表面张力仍大于形成它的各向同性母相沥青,因而它们进一步融并,成长为较大的复球,即当两个小球体相遇时,扁平的大分子层面彼此插入使其融并,如图 2.14 所示。小球体经多次融并后,复球越来越大,当其球径大到表面张力难以维持其球形时,发生形变,在析出气体的剪切力作用下,其成为流线状结构,最终固化成焦。

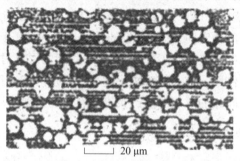

图 2.13　中间相小球体形貌(410 ℃,8 h 热处理)

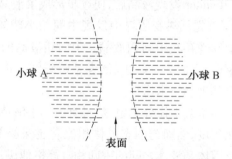

图 2.14　中间相小球开始融并时的示意图

　　小球经过初生、成长和融并等一系列化学和物理变化过程,其演变过程如图 2.15 所示。一般认为,中间相含量超过 40%(质量分数)的容易发生相变。整个炭化过程是由初期的快速部分和后期的慢速部分组成的,初期是中间相的前驱体 β 树脂(沥青中不溶于苯但溶于喹啉的组分)的生成阶段,后期则被认为是中间相生成阶段。

　　影响沥青中间相形成的主要因素有分子的几何构形和布局、中间相形成的化学过程及流变性,同时热处理条件(温度、压力、时间和升温速度)的选择也是重要的外部因素。

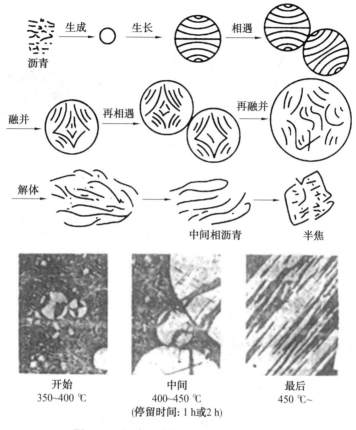

图 2.15 沥青经中间相生成半焦的示意图

2.3.2 中间相小球的结构和性质

Brooks 和 Taylor 根据中间相单个小球体薄片试样的限定区电子衍射解析确认,中间相小球体具有层状结构,其层间距为(0.347±0.001)nm,并提出了中间相小球的结构模型,如图 2.16 所示。球体的两极类似于地球的南北极,处于赤道的层片呈现出平面状,其他层面在其内部彼此大体平行。但接近于球体表面逐渐弯曲,使接触处的层面垂直于球面。

1. 中间相小球中分子的排列

在碳质中间相小球中,分子沿 y 轴方向的排列比较整齐,沿 x、z 轴方向的排列并不十分规整。分子的取向排列形式将受到原料沥青种类、组成和生成条件等因素的影响,现已发现有 4 种排列方式,如图 2.17 所示。图 2.17(a)是最基本和最稳定的形式,虚线表示一个横向的芳香环片;图

65

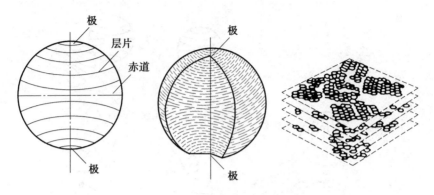

图 2.16 中间相小球的结构模型

2.17(b)是沥青里含有百分之几的炭黑或石墨粉时形成的中间相,分子平行于圆周排列;图 2.17(c)是在 300 ℃低温下长时间处理沥青生成的中间相小球,分子取向排列为辐射状;图 2.17(d)为热处理+环烯生成的小球,分子取向为同心圆状的。

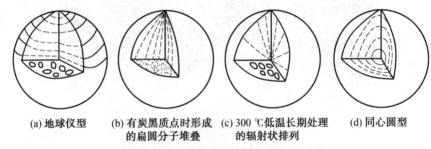

(a)地球仪型　(b)有炭黑质点时形成　(c)300 ℃低温长期处理　(d)同心圆型
　　　　　 的扁圆分子堆叠　　 的辐射状排列

图 2.17 中间相小球中分子排列的 4 种类型

2. 中间相的分子结构

中间相由层片构成,而这种层片是由扁平的大面积芳香缩合环构成的。典型的小球体的组分分子结构一般都采用 Zimmer-White 所提出的模型(图 2.18)。这个模型的特征是整个分子为平面状,但存在把平面扰乱的甲基以及缺碳原子和空穴、断键等情况。图 2.19 为石油系沥青中间相的平面芳族骨架模型,中间相芳香环部分具有比较小的芳香骨架,这样小的芳香环在分子内由亚甲基链连接,各个分子在同一平面上具有一定的择优取向而互相结合起来。并非所有中间相都是由这样小的芳香簇团构成,实际上芳香簇团可能是介于图 2.18 和图 2.19 情况之间。总之,构成中间相分子的必要条件是分子的平面性,但各种分子不一定需要一样大小,而且不同种分子的相互叠层也是可能的。

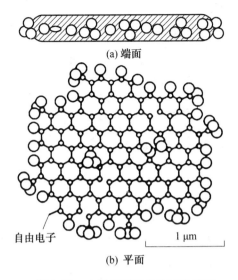

(a) 端面

自由电子

1 μm

(b) 平面

图 2.18 中间相平面状分子的模型

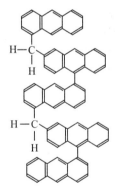

图 2.19 石油系沥青中间相的平面芳族骨架模型

持田勋提出了中间相分子结构的蜘蛛网模型,如图 2.20 所示,其构成要素是多核稠环芳烃,相对分子质量约为 800,也就是大约 20 环的缩合稠环结构以及约 10 环的芳核,它们之间通过亚甲基等以各种方式组合起来,形成相对分子质量为 400~4 000 的多核稠环芳族结构的大分子。根据此模型,整个系统平均骨架(相当于图 2.20 中的圆圈)虽小,但若有少量大芳香环存在就可形成核,它们因 π-π 键作用而凝聚,这时比较小的分子也被拉进去生成球晶。

3. 中间相小球体的性质

中间相属于向列型液晶,也就是说它所具有的热、电、光、磁等物理性

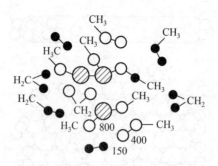

图 2.20　球晶构成分子的模型(蜘蛛网模型)

质是晶体的属性,而流动性、黏度、形变等又是液体的特性。

中间相小球体具有如下性质:

①分子形状各向异性,即层片状,某些分子带有偶极矩。

②中间相球体在光学上属于一轴晶负光性液晶,仅有一个光轴,也就是小球的球轴,它具有直线消光特性,随着显微镜载物台的旋转,在不同的方位中呈现出不同干涉色,并明确地交替变化,球体上的消光纹理随着不同的旋转角度周而复始连续变化。

③小球体具有可塑性,是一种密度比基质更高的新液相。

④分子的定向以分子的法线为量度标准,小球体中层片分子的法线倾向于平行,它是液晶的对称轴。因此中间相小球具有高度的各向异性。

⑤层片分子在磁场中沿磁场方向平行排列,层片平面和磁力线方向相平行。

⑥当中间相小球体与固体平面相接触时,层片状分子平行于表面而定向排列。

⑦由绝大多数纯芳烃经热解而生成的中间相液晶,具有热变性的特性,小球体的隐现随着温度的升降而呈现可逆现象。

2.3.3　沥青-中间相-焦炭相变

沥青是一种复杂大分子体系,其中含有不同比例的脂肪直链烃和环烷烃,并在有机化学键上连接着微量金属和非金属杂原子(对石油系沥青而言),或者在大分子中含有上述原子的各种芳香烃和稠环芳烃(对煤系沥青而言),因此完全可以把沥青看作多相体系。

对于沥青多相体系来说,应该使用一个多元相图,但这难以得到。作为一个替代方法,可以采用二元相图来定性地描述中间相的形成和焦化过程,如图 2.21 所示。此相图不含有固相线,而存在一条玻璃化温度线。在冷却过程中,各向同性沥青和中间相都不发生结晶,因此冷却后的中间相似乎应该称为各向异性玻璃。图 2.21 横坐标为不可形成液晶物的含量,其随热解反应的进行而减少。由图 2.21 可见,中间相可逆特征随热解反应的进行(即随可形成液晶的分子含量增加)而消失。

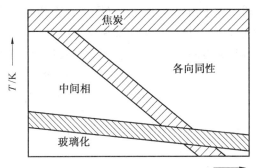

图 2.21　沥青的假相图

下面举几个实例来说明沥青-中间相-焦炭的相变过程。

1. 沥青的中间相变化

B. Rand 利用热台显微镜观察相变类型,采用热分析法测定相变温度,提出了如图 2.22 所示的沥青-中间相-焦炭相图。宏观分析相图,图面上出现固态区、各向同性液态区、中间相区、气态区以及玻璃点转化线 HJ、中间相转化线 DG 和气液分界线 AF。

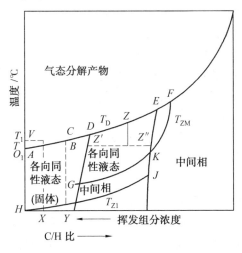

图 2.22　沥青-中间相-焦炭相图

相图上 HJ 线代表玻璃点转化温度 T_g,达到此温度,沥青由固体玻璃态转变成黏弹性态和各向同性液态;DG 线代表中间相转化温度 T_e,达到此温度,由各向同性液中析出中间相液晶态;AF 线代表分解温度 T_θ,达到此温度,热解产物开始失重。相图中 $DGKE$ 代表中间相和各向同性液相共轭存在区,可以利用相平衡原理中杠杆规则来计算共轭体系中的中间相和各向同性液相所占百分含量(如图 2.22 中 Z' 和 Z'' 所示)。

由该相图可知,随着温度升高,沥青相态将发生如下变化:

$$固态 \xrightarrow[转化]{玻璃态} 各向同性液态 \xrightarrow[转化]{中间相} 中间相液晶态 \xrightarrow{焦化} 半焦(或焦炭)$$

汽化 → 轻馏分挥发物

下面结合相图详细讨论沥青中间相变化规律:

①该相图清楚表明沥青在热处理过程中,其化学组成向高 $n(C)/n(H)$ 方向移动,其玻璃化温度 T_g 和蒸发温度 T_θ 呈逐渐升高的趋势。以组分为 X 的沥青为例,当热处理温度升至 T_g,通过玻璃态转变区,其形成一黏度减小的液体,一直到温度升至 T_θ,沥青中轻组分开始蒸发,液态组分的 $n(C)/n(H)$ 变得较高为止。温度为 T_1 时,蒸汽组成由点 V 给出,液相将移向组分 Y 的 B 点,当此组分的沥青冷却时,具有较高的玻璃化温度,因此当继续进行热处理时,其将比开始阶段更高的温度进行蒸发。由相图可见,热处理过程中沥青的玻璃化温度和蒸发温度逐渐提高,各向同性液相继续向高 $n(C)/n(H)$ 的方向移动。

②该相图表明沥青中间相具有可逆性。相图中 GF 线是沥青中间相和各向同性液相共存线,当热处理温度稍高于 GF 线,沥青中间相立即重新溶于各向同性液相中;当冷却至 GF 线以下时,各向同性液相中立即析出中间相,因此沥青中间相具有可逆行为。

③该相图表明不同沥青具有不同的热分解条件。煤沥青含有较多的芳香族组分,其芳香度和残炭率高,$n(C)/n(H)$ 也比较高。由相图可见,煤沥青不需经历很深的热分解,就可以生成中间相;而石油沥青需经历玻璃态转变成各向同性液体,再经中间相转变,由各向同性液体中析出中间相液晶。

2. 沥青的玻璃态、液晶态转变过程

B. Rand 等人对 A_{240} 石油沥青进行了研究,提出图 2.23 所示的 A_{240} 石油沥青相变图。由相图可确定不同组分沥青的确切玻璃化温度。由相图可见 A_{240} 沥青基本上是单相区,其工艺流动性好,从理论上说明其适合作为沥青系碳纤维的原料。

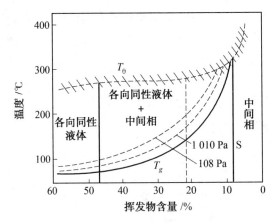

图 2.23 A$_{240}$石油沥青相变图

沥青热解时,经历玻璃态和液晶态转化,最终生成焦炭,其中最重要的是液晶态变化。沥青流体的流动性和维持时间完全取决于沥青的相变温度($\Delta T = T_\theta - T_g$),$\Delta T$越大,流体流动性越好,维持时间越长,中间相结构越完善。下面分别讨论沥青玻璃态和液晶态转变过程。

(1)沥青的玻璃态转变过程。

T_g标志着沥青由固态(玻璃态)转变成具有一定黏度的液态,由于沥青的玻璃态转变是中间相液晶相变的前奏,对其中间相转变和微观结构影响很大。T_g主要取决于沥青的$n(C)/n(H)$,也在一定程度上受到热解条件的影响。

各种沥青的T_g值均随$n(C)/n(H)$值升高而增大,此增大速度缓慢,则沥青炭化产物易呈各向异性流线状结构。沥青组分相对分子质量分布的变化也可影响T_g,B. Band 等人测得某纯沥青的T_g为 146 ℃,其中间相的T_g为 211 ℃,而对应的各向同性相的T_g为 143 ℃。

(2)沥青的液晶态转变过程。

沥青的液晶态转变是沥青热解过程中最重要的相变过程,其起着承前启后的作用。玻璃态转变后,沥青成为各向同性液体,由于沥青中富含芳烃和稠环芳烃,为中间相小球体的形成提供"原料"。随着热处理温度提高,借助缩聚反应的动力,中间相小球体成长、融并和长大,形成石墨晶体的"雏形"。在液晶态转变过程中,最重要的是沥青组分影响和流体为中间相发育所提供的条件。

如果沥青各组分芳核构型十分规则,在芳香度和相对分子质量较高的同时,其具有较低的缩合度,这样在中间相转化过程中热解缩聚缓慢进行,从而生成没有或较少层面内缺陷的完善平面网状分子,有利于中间相液晶发育,即原料分子结构在一定程度上决定了炭化初期中间相形貌特征。沥青炭化时体系流动性好,稠环芳烃易于扩散迁移,有利于中间相小球吸收基质和有序堆叠,从而最终获得较好流线状结构。反之,流动性差的体系下炭化产物具有各种程度的镶嵌组织(图2.24)。

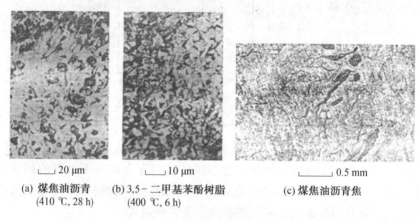

(a) 煤焦油沥青 (b) 3,5-二甲基苯酚树脂 (c) 煤焦油沥青焦
 (410 ℃, 28 h)   (400 ℃, 6 h)

图2.24 镶嵌状焦炭的生成

2.4 无定形炭向石墨转化的机理

石墨化就是使六角碳原子平面网格从二维空间的无序重叠转变为三维空间的有序重叠,并具有石墨结构的高温热处理过程(一般需要2 300 ℃以上),用化学或者结晶学解释,是由于碳的结构发生了改变(图2.25)。图2.26为石墨与乱层结构的积层状态的比较图。

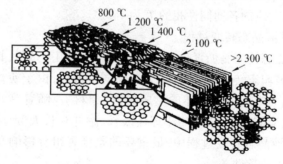

图2.25 石墨化晶格转变示意图

炭经过热处理,逐渐地形成了石墨结构,晶格常数 C_0 减少,接近于天

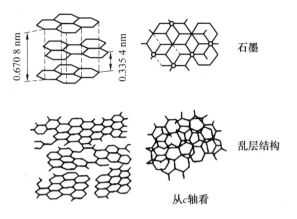

图 2.26　石墨与乱层结构的积层状态的比较

然石墨的数值(为 0.770 8 nm),a 轴及 c 轴的微晶也随之增大。要定量地表征石墨化的程度,可由 C_0 求出 R·E·弗兰克林 (Franklin) 的 P 值、沃伦 (Warrew) 的 P 值,以及梅灵和梅尔 (Meting 和 Maire) 的 g 值,以表示石墨化程度。

至于石墨化进行的方式,根据所处理的炭的种类及处理条件的不同,差别很大,关于石墨化的速度及机理的论述很多,这里只概要地介绍。

2.4.1　石墨化理论

人造石墨生产一百多年来,石墨化的转化机理一直是人们不断研究的课题之一。通过研究人们提出了各种假说,其中有影响的有以下 3 个理论假说:

1. 碳化物转化理论

碳化物转化理论是美国人艾其逊在合成碳化硅时,发现了结晶粗大的人造石墨为依据而提出来的。他认为炭质材料的石墨化首先是通过与各种矿物质(如 SiO_2,Fe_2O_3,Al_2O_3)形成碳化物,然后在高温下分解为金属蒸气和石墨,这些矿物质在石墨化过程中起催化作用。由于石墨化炉的加热是由炉芯逐渐向外扩展,因此焦炭中所含的矿物质与碳的化合首先在炉芯进行。下面以生成碳化硅为例,发生的化学反应为

$$SiO_2 + 3C \xrightarrow{\text{1 700} \sim \text{2 200 ℃}} SiC + 2CO$$

$$SiC \xrightarrow{\text{2 235} \sim \text{2 245 ℃}} Si(蒸气) + C(石墨)$$

高温分解产生的金属汽化物又与炉芯靠外侧的炭化合形成碳化物,然

后又在高温下分解。这样一来,少量的矿物质可以使大量的碳化物转化为石墨。在石墨化炉中,确实可以发现一些碳化硅晶体,在人造石墨制品表面也常发现有分解石墨和尚未分解的碳化硅。但已有研究表明,这种由碳化物分解形成的石墨与焦炭经过结构重排,转化而成的石墨在性质上是不同的。少灰的石油焦比多灰的无烟煤可以达到更高的石墨化度。如预先对石油焦或无烟煤进行降低灰分处理,则它们更易于石墨化。事实上,当石墨化度较低时,某些矿物杂质对石墨化有催化作用,但催化机理不局限于生成碳化物这种形式。当石墨化度较高时,矿物杂质的存在往往会使石墨晶格形成某种缺陷,妨碍石墨化度的进一步提高。因此,碳化物转化理论对分解石墨来说是正确的,但对多数炭质材料的石墨化来说,就不符合实际了。

2. 再结晶理论

塔曼根据金属再结晶理论引申而提出石墨化再结晶理论。

再结晶理论假定炭素原材料中原来就存在极小的石墨晶体,它们借碳原子的位移而“焊接”在一起成为大的晶体,另一方面,再结晶理论还提出了石墨化时有新晶生成,新晶是在原晶体的接触界面上吸收碳原子而成长的。石墨化的难易与炭质材料的结构性质有关。对于多孔和松散的原料,由于碳原子的热运动受到阻碍,使晶体连接的机会减少,所以就难于石墨化。反之,结构致密的原料,由于碳原子热运动受到空间阻碍小,便于互相接触和晶体连接,所以就易于石墨化。同时该理论还认为,石墨化程度与晶格的成长有关,但它主要取决于石墨化温度,高温下的持续时间也有一定影响。此外,该理论认为,只有当第二次结晶的温度高于第一次结晶的温度时,二次结晶才能发生。

显然,再结晶理论比碳化物转化结论前进了一步。但是再结晶结论没有说明炭质原料中存在的微小石墨晶体形成的过程和条件。根据 X 射线衍射对晶体分析,在大多数原始炭中并没有石墨晶体的存在,所以,所谓的“热焊接”或新晶生成也就缺乏根据,用该理论解释石墨晶体的转化过程也就难以使人信服。

3. 微晶成长理论

1917 年,德拜和谢乐在研究无定形炭的 X 射线衍射图谱时,发现它与石墨谱线有相似之处,有些谱线两者可以重合。因此他们认为无定形炭是由石墨微晶组成的,无定形炭与石墨的不同,主要在于晶体大小的不同。在此基础上,德拜和谢乐提出了石墨化微晶成长理论,这一理论已为较多的研究者所接受。该理论认为:炭质材料的初始物质,都是稠环芳香烃化合物,这些多环化合物由于热的作用,经过连续不断的分解与聚合等一系列反应,最终生成含碳量很高的炭青质,炭青质的结构单元是二维平面原子网格的堆积体。网格的边缘有各种侧链,如机能团、异类原子等,由于它们之间原子力的相互作用,使得平面网格作一定角度的扭转,这是一种特殊的物质,既不是树脂或玻璃体一样的非晶体,也不是晶体,微晶成长理论中把它称为"微晶"。这种微晶可以视为一些大原子团,它们有正六角形规则排列的结构,具有转化成石墨结构的基础。由于含碳物质原来的化学组成、分子结构的不同,炭化后这些原子团的聚集状态也不一样,可石墨化性也大不相同,一般以平行定向堆积和杂乱交错堆积来区分原料石墨化的难易程度。无定形炭在高温下通过"微晶"增长而转化为石墨。在 1 600 ℃ 以前,其变化并不明显,但当温度升至 1 600 ~ 2 100 ℃ 时,"微晶"的变化明显加快,此时"微晶"边缘上的侧链开始断裂或汽化,或是进入碳原子的平面网格,进而使"微晶"的结构发生变动,即一些大致平面定向的"微晶"在高温的作用下逐渐结合成更大的平面体。与此同时,随着过程的进行,"微晶"将在 a 轴上增长,并在 c 轴上也进行重新排列,从而使有序排列的厚度增加,这一过程可一直延续到 2 700 ℃,即当"微晶"从二维空间的无序排列逐渐转化为三维空间的有序排列,并最终形成石墨晶体时才基本结束。

总之,石墨化机理比较复杂,有许多问题还在研究之中。

2.4.2 有关石墨化的因素

1. 原料

根据原料的种类区分为易石墨化的炭及难石墨化的炭,这对石墨结构的形成有很大的差异。如图 2.27 所示,因原料的不同,层面间隔的变化也不同,这种不同,因碳的成长而造成结构上的差异。

由于含碳物质原来的化学组成、分子结构的不同,炭化后这些原子团的聚集状态也不一样,易石墨化的程度也就不同。一般以内部结构是平行定向堆积,还是杂乱交错堆积来区分原料石墨化的难易程度,如图 2.28 所示。如无烟煤、石油焦、针状焦、利用中间相小球体制造成的定向焦等,由于在它们内部大原子团的堆积大致都是平行定向的,交叉联结很少,所以它们属易于石墨化焦。相反,像糖炭、炭黑等,由于它们内部结构的聚集是杂乱的,取向不定,而且这些材料多微孔,含有大量的氧及氢氧团,所以它们就难于石墨化。介于以上两种情况之间的有沥青焦、冶金焦等。沥青焦的原材料是经过氧化的高温沥青,含氧较多,故内部结构中交叉联结也比较多,冶金焦是含有多种有机物的烟煤的产物,微孔特别发达,交叉联结很

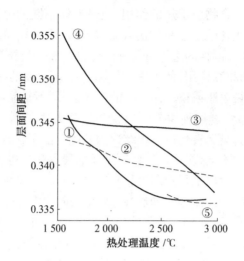

图 2.27　5 种炭的石墨化过程
①—石油焦；②—热裂法炭黑；③—槽法炭黑；
④—糖酮醛树脂；⑤—热解炭

多。沥青焦比石油焦难石墨化，但比冶金焦要易石墨化，所以有的人将沥青焦也列为易石墨化炭的行列中。

(a) 易石墨化炭　　　(b) 难石墨化炭　　　(c) 介于两者之间

图 2.28　微观结构示意图

　　在石墨制品生产中，选择易石墨化的原料是生产好制品的先决条件，在同样的热处理温度下，易石墨化炭更容易转变成为石墨晶体。因此，高功率和超高功率电极都加入一定比例或全部采用针状焦来生产，必须指出的是，由于各种原料的石墨化难易程度不同，他们的石墨化温度以及在一定温度下所能达到的石墨化度也是不同的。

　　经过进一步研究发现，就是同属于一个系列的易石墨化炭，如石油焦系列或针状焦系列，由于产地等因素的不同，造成其组分有差异，易石墨化的程度也就略有不同，主要是受硫等杂质含量的影响。硫是对石墨化影响最大的杂质。一方面，硫在石墨化过程中以硫化物的形式溢出，使制品产生气涨现象,易使制品产生裂纹。另一方面,硫等这些杂质在石墨化过程中,元素中的原子会不同程度地侵入碳原子的点阵中,并在碳原子的点阵中占据位置,造成石墨晶格缺陷,使制品的石墨化程度降低。

2. 压力

野田等人发现,石油焦、玻璃炭、炭黑或酚醛树脂、氯乙烯树脂的碳化物在 100 ~ 1 000 MPa 的压力下加热时,在 1 400 ~ 1 500 ℃ 这样低的温度下也能进行石墨化。并且,在急剧进行石墨化的条件下所得试样的(001)衍射线为复合图形,这是由 C_0 分离成 0.685 nm 及 0.672 nm 两种成分的图形。后者的量随着处理温度上升而提高,随着时间延长而增加。更为引人注目的是,难石墨化的炭也和易石墨化的炭一样,以同等程度进行石墨化。这种情况表示,由于炭的塑性变形速度比石墨还要快,在加压下,即使在这样的低温下也因蠕变而进行了结晶的再排列。此外,多相石墨化的现象,可能是由于成核作用所发生的一种石墨化过程。

在热分解炭素时,外力可以促进石墨化,摩尔(Moore)等人在 30 MPa、2 800 ℃ 的热压机的作用下,发现变成和天然石墨一样的结晶性。费茨巴哈(Fischbaeh)根据在高温下的塑性变形(加压石墨化)所得结果是石墨化度(g 值)变大(图 2.29)测定点,在 2 600 ℃ 时用 △ 表示 35 MPa 张力及用 ▽ 表示 7 MPa 的张力产生的变形和急速变形(○),以及与基体表面垂直的方向(▲)和与平行的方向(•)压缩变形。箭头表示变形后在 2 700 ℃ 退火时的 g 值变化走向。在这里,虚线上的•符号表示没有促进效应。

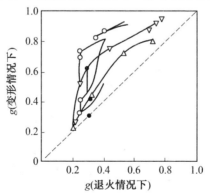

图 2.29　炭的塑性变形对石墨化的促进效应

因为这种试样在压力下没有变形。他从这些结果认为石墨化的促进效应不是靠压力和张力,而是由于变形产生的,因此提出了塑性变形和石墨化机理相联系的理论。

3. 气氛

野田等人发现,因炭在热处理时的气氛不同而使石墨化进行的方式有所不同。就是说,在空气的气氛中加热比在惰性气氛中进行热处理,石墨化容易进行些,并且在二氧化碳的气氛中也有一定的效果。他们进一步比较了这种情况下的石墨化速度,从石油焦在4.2 Torr 及 0.1 Torr(1 Torr = 133.322 4 Pa)的空气中进行热处理,其结果指出,在 4 Torr 及 2 Torr 的情况下,C_0对处理时间的变化如图2.30所示。根据阿累尼乌斯(Arrhenius)曲线及费茨巴哈的叠加法所得第1阶段的活化能只有 75 kcal/mol。可是,在 0.1 Torr 的情况下,并不表现为直线,活化能为 180 kcal/mol。其理由正如大家所知,由于石墨质部分有进行选择性氧化的倾向,使架桥键被氧化断裂,从而有助于微晶的再排列,因而活化能也有所降低。

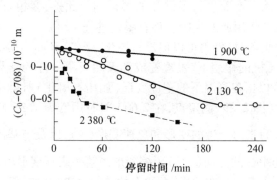

图2.30 2 Torr 空气压力下的石油焦的晶格常数与热处理时间的依存性

4. 催化剂

在一定条件下,添加一定数量相应的催化剂,可以促进石墨化的进行,如硼、铁、硅、钛、镍、镁及其某些化合物等。催化剂的添加一般是以极细的粉末加入,由于它们的性质不同,对石墨化的促进机理和效果也不同,大致分为以下两类。

(1)不溶-淀析机理

无定形炭融解于有催化作用的添加物中,如铁、钴、镍等,形成这些金属和碳的熔合物,通过化合物内部的原子重排,使碳作为石墨的结晶而析出。如溶铁的碳析出时,可得到单晶石墨。

(2)碳化物的形成-分解机理

无定形炭与有催化作用的添加物形成碳化物,碳化物在高温下分解即生成石墨和金属蒸气。这种机理与碳化物的转化理论是类似的。

作为碳的催化剂,在元素周期表上有一定的规律,研究表明第ⅠB、Ⅱ

B 族金属元素对碳的石墨化没有催化作用,而其他过渡元素则有催化作用,见表2.5。

表2.5 各种金属的催化效应

能促进均质石墨化的	硼
能催化形成石墨的	镁、钙、硅、锗
能催化形成石墨和乱层结构的	钛、矾、铬、锰、铁、钴、镍、铝、锆、铌、钼、铪、钽、钨
没有催化作用的	铜、锌、银、镉、锡、锑、金、汞、铅、铋

催化剂的添加有其最佳的加入量。过多的添加不仅使得催化作用不明显,而且会成为妨碍石墨晶体生成的杂质,当石墨化度较低时,某些矿物杂质对石墨化有催化作用,但催化机理不局限于生成碳化物这种形式。当石墨化度较高时,矿物杂质的存在往往会使石墨晶格形成某种缺陷,妨碍石墨化度的进一步提高。

目前,石墨电极中常以铁粉或铁的氧化物作为添加剂,如图2.31所示。在同一温度下随着三氧化二铁含量的提高,石墨化度提高,但到3%以上,则曲线趋于水平。

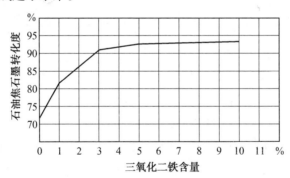

图2.31 同一温度下三氧化二铁粉的加入量与石油焦石墨转化度的关系示意图

在实际生产中,经常分析的主要是原料和温度,至于压力和催化剂,虽然理论上对石墨化有影响,但未到能应用于实际分析的程度。

5. 温度及高温下的停留时间

高温是炭转变成石墨的主要外界条件。同种炭材料,温度越高,石墨化程度越好。不同种炭材料,开始石墨化的温度不同。石墨化程度与高温下的停留时间也有一定的关系,但效果远没有提高石墨化温度明显。图2.32是石油焦在一定温度和时间下的层间距示意图。

石油焦一般在 1 700 ℃就开始石墨化,而沥青焦则要在 2 000 ℃左右才能进入石墨化的转化阶段。石油焦在石墨化过程中,晶体增长和温度的关系及层间距与温度的关系如图 2.33 所示。

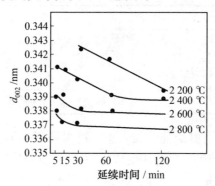

图 2.32　石油焦在一定温度和时间下的层间距示意图

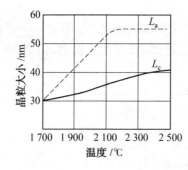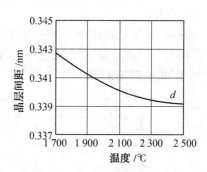

图 2.33　晶体增长及层间距与温度的关系图

L_a—晶粒密度;L_c—晶粒厚度;d—相邻晶层距离

从图 2.33 可以看出,石油焦在石墨化过程中,一直到 2 300 ℃以上才接近于理想石墨结构。制品的石墨化程度和温度的关系见表 2.6。

表 2.6　石墨化程度与温度的关系

温度/℃	在该温度下停留时间/min	电阻率/(Ω·m)	相邻晶层距离/nm
2 000	68	35.2	0.342 33
2 250	63	23.5	0.339 89
2 530	67	13.0	0.337 43
2 780	60	10.5	0.336 74
3 000	68	8.5	0.336 44

在实际生产过程中,当达到最高温度时,往往还要保持一段时间。这是因为石墨化炉芯是由不同规格的炭制品和电阻料构成,工艺操作、原料性质、接触好坏、绝缘效果等原因,会造成各部位炉阻的不同,常常会使电流密度不均,从而造成炉内各部位温度的不一致。所以,同一石墨化炉内,炉芯中央部位和边缘部位也存在数百度的温差。因此为了保证整个炉芯的最高温度基本一致,在达到最高温度后,保持一段时间是必要的。

6. 共存物质

众所周知,溶于铁中的炭碳出时可以得到近似单晶的石墨,相反,在碳中加入 Fe,Ni,Co,通过热处理也能得到很好的石墨结构。

此外,SiC 在 2 200 ℃ 以上分解可以生成结晶性好的石墨,将 Si 加入到碳中进行热处理也能促进石墨化。巴兰尼克(Baranieeki)等人用 50 ~ 75 μm 的硅铁合金颗粒加到石油焦中,将制成的压型体进行热处理,从比较比电阻的变化结果指出,1 400 ℃ 就开始了石墨化。用显微镜观察到在所添加的金属周围和内部都有石墨结晶。

斯瓦兹(Schwanz)等人将甲烷和 TiC$_{14}$ 混合气体热分解与在流化床中析出的热解炭比较其性质,结果指出:

①析出的热解炭的层面间隔为 0.340 nm 以上,如果和碳共存的 Ti 的含量在 5% ~7%(质量分数)以上,在 2 200 ℃ 进行 4 h 热处理,层面间距可以和石墨结晶相同,为 0.335 4 nm。

②2 000 ℃ 以上进行充分的共沉淀,然后不用退火也能生成层面间隔为 0.335 4 nm 的炭。

③在生成的炭中 Ti 的含量在 5% ~7%(质量分数)以下的共沉淀条件下,①和②的(002)衍射线呈现为复合图形,这样生成的热解炭因含有 TiC,热处理时颗粒变大。

欧文(Irving)等人研究了在 1 000 ℃ 加热下的 W,Ta,Ti,Pt,Mo 的薄片表面上真空沉积的炭膜时,指出这些金属都具有促进石墨化结构的效应。

野田等人在谈到加压石墨化时,发现与 Ca(OH)$_2$ 共存,从 6 000 ℃ 开始就可以观察到有石墨结晶,用 CaO 及 CaCO$_3$ 等含钙的化合物,1 100 ℃ 以上也有同样的效果。此外,石川等人将添加有绢云母、高岭石的石油焦的压型体进行石墨化,在 1 800 ~2 000 ℃ 时具有促进作用。

对以上的共存物质对石墨化的促进效应的机理,可用下面任何一种解释来说明,即

①碳溶解在添加物中,因添加物的蒸发致使碳作为石墨结晶而析出。

②与共存物质生成碳化物,碳化物分解时形成石墨结晶。

③由于动相平衡的关系,碳原子在输送析出的时候形成石墨结构。

对于碳中溶解硼的情况,由于原子半径的差异所生成的晶格变形也能促进石墨化。此外,在石油焦中共存一定的比例的 Cr,O,S 于 1 400 ℃加热 20 h,有 75%转变成石墨结构。这一实验结果认为是因添加物消除了晶格缺陷所带来的结构变化。

2.4.3　石墨化速度

处理时间对石墨化进行的影响,最初由 R·E·弗兰克林提出,他指出处理时间在 15 min 以上时,石墨化度依存于最高处理温度。杉山提出了处理温度固然是影响石墨化的主要因素,但也不能忽视处理时间的影响。尽管用弗兰克林数据说明处理时间的影响并不充分,仍然有很多人相信。

近年来,随着对炭的积极研究,对时间的依存性这一看法有必要提出修正,这是很多研究公认的。

塔平尼安(Tarpinian)等人研究了沥青焦的傅里叶分析所求出的 L_c 与处理时间依存性的关系指出,在短时间的范围内,L_c 的成长速度的阿累尼乌斯曲线近似于直线,所得活化能为 376. 81 kJ/mol(90 kcal/mol)或 460. 55 kJ(110 kcal/mol)。

费尔(Fair)和柯林斯(Collins)用石油焦粉和煤沥青做原料按常规方法所得的压型体,从研究面间距及比电阻与处理时间的依存性指出,处理时间在 1 h 以上变化极小,而且在 2 000 ~ 3 000 ℃的处理温度范围内不可能求出一定的活化能。

水岛(Mizuslima)也曾用类似的试样,测定比电阻及热导率,提出石墨化的活化能因处理温度而不同,具有 418. 68 kJ/mol(100 kcal/mol)及 837. 36 kJ/mol(200 kcal/mol)的极大值。

马沙(Mazza)将某一处理温度的石墨化度作为这一处理温度下固有的临界值的收敛,反应速度表现为受温度决定的速度常数的一次关系式。

费茨巴哈从对石油焦及几种热解炭的晶格常数与处理时间的依存性的研究得到如图 2.34 所示的曲线。这个曲线虽然不可能用一个简单的速度公式表示,但是根据曲线在时间轴的方向上错开,有可能出现如图 2.35 所示的叠合。再者,在叠合所必要的时间轴(对数)的方向上的移动量 $\lg(t_o/t_i)$ 同处理温度 T_i 的倒数的曲线要呈直线关系。用阿累尼乌斯的公式得到下列关系式

$$\lg(t_o/t_i) \propto \frac{-\Delta H}{2.303R}\left(\frac{1}{T_i}-\frac{1}{T_o}\right) \tag{2.1}$$

这里求得的 ΔH 称为有效活化能。对于所有试样都是一个定值为 1 088.57 kJ/mol能叠合的事实,否定了对处理温度的固有的临界石墨化度。此外,他还说明了因温度使石墨化速度差别大的原因,是由于频率因子有很大的差异。

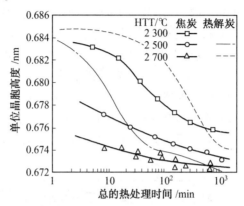

图 2.34 石油焦及热解炭的晶格常数与热处理时间的依存性

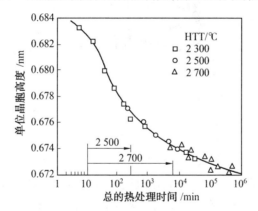

图 2.35 热处理温度在 2 500 ℃ 及 2 700 ℃ 的线
叠合的曲线(沿时间轴并按箭头的量错开)

穆蒂(Marty)等人将三种石油焦在 2 300 ~ 2 700 ℃ 的各种温度下处理,其石墨化指数 $g_0(g_0 = 1 - g, g$ 为梅灵的石墨化度)与处理时间的依存性可表示为

$$g_0 = \alpha t^{-n} \qquad (2.2)$$

式中, t 为时间; n 为实数; α 一般表示为

$$\alpha = \alpha_0 \exp(Q/RT) \qquad (2.3)$$

这里, Q 不是真正的活化能 E_α ,从阿累尼乌斯公式寻得到下列关系式

$$Q = nE_\alpha \tag{2.4}$$

阿累尼乌斯公式中的频率因子 R_0 为

$$R_0 = \frac{ng_0(1+1/n)}{\alpha^{1/n}} \tag{2.5}$$

在实验的温度范围内,三种石油焦的真正的活化能 E_0 都为一定值,为 (962.96 ± 62.8) kJ/mol,因此不存在对处理温度的固有的临界石墨化度,假定用时间表示的话,应该是无限地接近 $g_0 = 0$,处理温度和 g_0 变化时,频率因子 R_0 也有很大的变化,从而支持了费茨巴哈的看法。

柏卡尔特(Paeauh)等人研究了反磁性受磁率和 L_a 与处理时间的依存性,并用费茨巴哈的方法进行分析,g 值在 0.3 以下时,可得到 686.64 kJ/mol 这一低的活化能。柏卡尔特研究的各种炭材料的 g 值相对于热处理时间的分阶段变化,分析如图 2.36 所示。

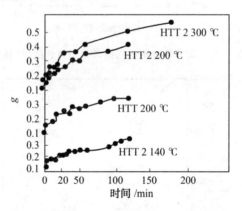

图 2.36 蒽油碳化物的 g 值相对于热处理时间的分阶段变化

另一方面,野田(Noda)等人在改变气氛的情况下研究了与处理时间的依存性,采用与费茨巴哈相同的方法求得活化能,在减压下为 753.62 kJ/mol (180 kcal/mol),而在空气气流中约为 314.01 kJ/mol (75 kcal/mol)。

稻坦等人还测定了热预处理前的时间和温度不同时,试样的晶格常数与热处理时间的依存性,用与费茨巴哈相同的方法求出有效活化能,指出预处理温度越高,所得活化能也越大,分布范围在 586.15 ~ 1 088.57 kJ/mol 之间。

综上所述,尽管做过许多的研究,但结果很不一致,相互矛盾而无法得到解释。

2.4.4　石墨化的过程

按三维空间排列的碳的六角网平面,要转变成石墨结晶的聚集体还要经过几个成长阶段。

由烃分解得到的碳,尽管生成的程度有差异,但都是由两部分组成,即由芳香族多环化合物组成的规则化(组织化)的部分与 X 射线分析气体相同作用的不规则(未组织)部分(主要是小的芳香族环、脂肪族键及 C—H、C—C 等组成的部分)。将这样的碳加热,化合力弱的不规则部分的键断裂,一部分变成气体,一部分芳香族化。但是这个反应仍被看成是有机化学反应的继续,此时不稳定的原子和分子结合成大的分子,获得的能量增加,同时,因微晶边界面缩合所获得的界面能,致使碳的不规则部分转变成规则化的部分,因而网平面成长起来。这个阶段的成长和碳的生成几乎没有关系,L_a 达 2.5 nm 时不规则的碳仍无法检验出来。但应该想象到在已变成规则化的碳的周围尚有异类原子的残留。如果用原子理论说明,则是由以上缺陷为主要构成因素的大倾角边界的垂直移动,向 n 轴方向缓慢成长的结果。

其次,热处理温度在 1 800 ~ 1 900 ℃ 可以观察到 L_a 值的迅速增大。多数认为在这个阶段成长时,有少数的网平面重叠成网平面体的合体。在这个阶段由于不规则部分极少,加之网平面体边界的位垒(位错壁),因此错位的移动和合体都同时表现出来。

L_a 成长至 10 ~ 15 nm 以上时,网平面彼此间的堆积排列加快,k 值增大。这时 L_c 的成长与 L_a 有密切关系,但与炭的种类无关。关于这个范围内的石墨化,做了许多动力学上的研究,意见尚不一致。

弗兰克林得到了提高温度结晶成长的实验结果,这是在一个特定的温度下,但并没有观察到石墨化的起始至结束的现象。他用这个实验结果说明结晶的合体及成长的机理,提出结晶越大,合体所需要的活化能也越大,这就是所谓活化能增大的原因。

与此相反,穆鲁索夫斯基(Mrozowski)根据这一定温度下的石墨化速度在短时间内迅速变小的事实,认为作为结晶成长的推动因素除了热运动外,还应考虑使结晶的成长变小的其他因素。在这里,他指出多晶石墨的线膨胀率比单晶石墨要小,结晶的各向异性的线膨胀应发生很大的内部应力,但这个应力又因蠕变所发生的结晶再排列及成长得到了缓和。黑田(kuroda)等人观察的炭黑在热处理时所发生的颗粒破坏,也可以说明其内部的应力很大。此外,野田等人在一系列有关加压石墨化的实验也看出了应力的效应。

可是,这种看法是以某种结构的网平面或聚集体原封不动的移动作为出发点,水岛(Mizushima)和都竹(Tsuauku)提出因位错和缺陷的移动而使结晶的排列和成长容易得到所需的活化能。

费茨巴哈进一步根据塑性变形的促进效应,论证了架桥键妨碍结晶的成长,但因(架桥)结构变形而被破坏,同时由于发生大量的可移动缺陷,从而提高了自身的扩散速度,有助于结晶的排列化。其根据是他和穆蒂所求的活化能为一定值,而且塑性变形的活化能也一致,因此石墨化和塑性变形的能量位垒是相同的。

2.5 石墨向金刚石转化的机理

2.5.1 碳的相图分析

关于石墨向金刚石转化的机理,可从前面已讲到碳的相图来分析,但是因碳的熔点和升华温度都非常高,所以绘制碳相图比较困难,至今实验验证的只是相图的一部分。根据若干实验结果加上一定的计算和外推得到的是碳经验相图(图2.37)。图中横坐标表示温度(K),纵坐标为压力。图中Ⅰ区是石墨稳定区,金刚石形成以后,也可以在这个区域所表示的温度压力条件下存在,但不如石墨在此条件下那么稳定,故称为金刚石亚稳区。Ⅱ区是金刚石稳定区和石墨亚稳区。在第Ⅳ区中只有石墨能存在。在第Ⅴ区中只有金刚石存在。第Ⅵ区是碳的固Ⅲ相,被认为比金刚石致密15%~20%,具有金属性质。由于这里提出的"碳Ⅲ"相的密度较液体大,故其熔融温度随着压力增大而增大。第Ⅲ区是触媒反应区,石墨在触媒的作用下,在此区域所示的温度、压力条件下可转变成金刚石。图中直立三角形(△)表示石墨转化为金刚石反应开始的压力和温度。圆圈表示在给定压力值下达到的最高温度。反三角形(▽)表示金刚石迅速实现石墨化的条件。直立三角形群十分明显地确定了起始线或带,这时石墨很快地转化成金刚石。

在金刚石稳定区与石墨稳定区之间的分界线有时也称为石墨-金刚石相平衡曲线。在这个曲线上的温度压力边界值见表2.7。

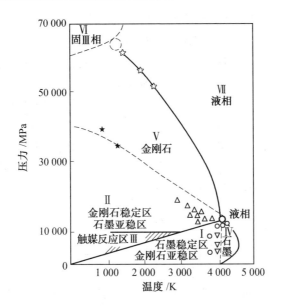

图 2.37 碳的相图

○无反应;△在千分之几秒内石墨转变成金刚石;▽
在千分之几秒内金刚石转变为石墨;★在万分之几
秒内石墨转变为金刚石;☆在百万分之几秒内金刚
石转变为液相或碳的第Ⅲ相图

表 2.7 石墨-金刚石相平衡曲线上的温度

温度/K	边界压力(平衡压力)/MPa	温度/K	边界压力(平衡压力)/MPa
298	1 610	1 100	3 600
400	1 820	1 500	4 700
500	2 050	2 000	6 200
700	2 555	2 500	7 600
900	3 100	3 000	9 300

在一定的温度范围内,这个边界线可近似地视为一直线,并有如下关系式

$$P = a + bT \qquad (2.6)$$

其中,当 $T = 1\ 400 \sim 2\ 200\ K$,$a = 650$,$b = 2.7$;

当 $T = 2\ 200 \sim 4\ 400\ K$ 时,$a = 1\ 000$,$b = 2.5$。

伯曼(Berman)和西蒙(Somon)也计算了金刚石-石墨的相平衡线,在

1 200K 以上，其外插表现为

$$P(\mathrm{MPa}) = 700.0 + 2.7T(\mathrm{K}) \qquad (2.7)$$

第二个三相点，即石墨-金刚石-液相的三相点大致在伯曼与西蒙外插线的延长线上，即约为 12 000 MPa，4 100 K。

石墨稳定范围与低压下气相之间的界限已经精确确定。"石墨-气相"的平衡曲线表明，碳的蒸气压力能由（3 640±25）K 时 1 个大气压（1 个标准大气压 = 101 235 Pa）迅速增加到 4 000 K 时的 105 个大气压。随着压力的增大，蒸发温度也就迅速上升。第一个三相点（石墨-液相-气相）约在（125±5）大气压和（4 020±50）K 处。

2.5.2　金刚石的合成条件

从碳的相图可以看出，石墨转化成金刚石，必须在高温、高压下进行。目前绝大部分人造金刚石是利用压机的静压法生产的。静压下合成金刚石，只是在创造了能保持 5 ~ 10 万大气压的压力和 1 000 ~ 2 000 ℃ 的温度装置，并在金属触媒的帮助下，才获得成功。

金刚石合成的温度和压力条件因触媒金属的种类不同而异。图 2.38 是几种触媒金属在间接加热时合成金刚石的温度和压力范围。由图 2.38 可以看出，V 字形合成区的高温侧界线与石墨-金刚石分界线的走向一致。低温侧界线则因触媒种类不同而不同，它是触媒金属与石墨原料的共晶温度。例如用 Ni 时，可能合成的温度下限与 Ni-石墨的共晶温度曲线 AB 是一致的。V 字形区域的下端表示合成金刚石所必需的最低温度和压力条件。

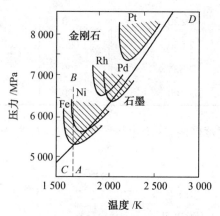

图 2.38　金刚石可能合成的区域

2.5.3 石墨-金刚石结构转化的机理

1. 直接转化机理

从 ABCA 型石墨的结构图可以看出,在高压下各石墨层沿 c 轴(垂直于石墨层的方向)方向相互接近,即层间距 0.335 4 nm 被压缩。在高温下,碳原子的振动加剧,由于层间碳原子错开半个格子,当层间相邻原子的振动方向相反时,就使得层与层间相对应的原子有规律地上下靠近,并相互吸引而缩短距离。图 2.39 为石墨转变成金刚石前后的晶体结构。从图 2.39 看出,原来处在平面六边形格子结点上的原子,有一半产生向上的垂直位移,另一半相邻的原子则产生向下的垂直位移,使平面六边形格子有规律地扭曲起来,就成为扭曲的六边形格子。同时由于上下靠近的各对原子的吸引,要使原来自由的 2Pz 电子分别向这些原子对的连线(即图中的虚线)上集中,最后在层与层之间的这些连线上建立起垂直于层平面方向的共价键。结果,原来在六边形格子上形成金属键的自由电子(即 2Pz 电子)都转移到垂直方向上形成共价键,联结上下靠近的一对原子,在扭曲的六边形格子上只剩下由共价键来联结,使每个碳原子都以共价键与四个相邻的原子联结。这样,在高温、高压的作用下,石墨就直接转变成了金刚石。

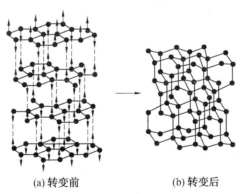

(a) 转变前   (b) 转变后

图 2.39 石墨转变成金刚石前后的晶体结构

比较转变前后的结构变化,可以看出石墨层间距缩小了 0.131 nm。石墨层中的相邻原子分别相对于层平面垂直向上和向下位移了 0.025 nm 的双层。双层中原子间的共价键联结形成了扭曲的六边形格子,原子间距伸长为 0.154 nm。这样,上双层的下次层与下双层的上次层,其中的原子完全相对应,且相距 0.154 nm。只要原来自由的 2Pz 电子成对地集中到这些相对应的原子对间形成键长为 0.154 nm 的垂直共价键,最后就变成了金刚石的结构。

　　必须注意,石墨层间距的缩短和原子的垂直位移以及金刚石的形成,不是主要靠增加压力与增加温度,而是主要靠内部原子间的相互作用力。因为当增加压力、温度使石墨层间距缩小到一定程度,同时使层间相对应的原子对靠近一定程度后,它们就要相互吸引,自动使石墨层间距与原子间距继续缩小。并使原来自由的 2Pz 电子向相对应的原子对之间集中,逐渐形成垂直的共价键,直到使石墨层间距缩小为 0.204 nm,相对应的原子对间的距离靠近到 0.154 nm 时为止,形成如图 2.40 所示的结构。这样,最后就使晶格由石墨结构转变成金刚石结构了。显然,这种转化主要是靠内部原子之间相互作用力的发展变化而形成的,这是内因,温度与压力不过是促成这种转化的外界条件。假若石墨层上没有自由电子能向石墨层间相对应的原子对之间集中而形成垂直的共价键,即使增加压力、温度使石墨层间距缩小,并使平面六边形格子歪扭成扭曲的六边形格子,也不能变成金刚石结构。

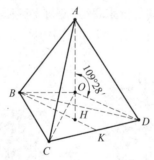

图 2.40　金刚石的结构

　　增加压力、温度使石墨结构转化成金刚石结构,其实质就是促使石墨中各碳原子的价电子从以 3 个 sp^2 杂化轨道及一个 2Pz 轨道相互作用转化成 4 个 sp^3 杂化轨道。只要增加压力、温度到一定程度后,原先自由的电子 2Pz 由于受上下靠近的原子吸引,就可自动使 sp^2 和 2Pz 轨道结合起来转化成 sp^3 杂化轨道,并以此来形成金刚石。这时平面六边形网状格子之所以变成扭曲的六边形网状格子,是由于 sp^2 与 2Pz 轨道结合起来转化成 sp^3 杂化轨道后自动形成的,并不需要很大的外力来歪扭它。这种转变方式显然要比把石墨中的碳原子拆散重新组成金刚石那种转变要容易得多。因此石墨不需要经过原子拆散就可以直接转变成金刚石。这种转变在实验上已经实现,所需的压力与温度分别约为 12.67 GPa 及 2 700 ℃。

只有 ABCA 型石墨才能直接转变为金刚石,ABA 型石墨要先转变为 ABCA 型后,才能转变为立方金刚石。一般来说,六方晶系石墨在高压下将发生变形,ABCA 顺序排列的菱面体石墨成分将增加。

金刚石在高温、低压下也能产生相反的转化,当温度大约达到 2 000 ℃ 时,由 2Pz 电子形成的垂直方向上的共价键又可断裂,即金刚石结构还原为石墨结构,这就是所谓金刚石的石墨化。

上述只是对立方金刚石而言,应用同样道理可以证明,当石墨由 ABA 型转变成 ABCA 型,同时在瞬间增加温度、压力就可变成六方金刚石。实验已证明,用结晶良好的石墨作为原料,对它的 c 轴方向给予强的压缩,在 13.12 GPa 和 1 000 ℃ 以上的温度下,就可生成六方金刚石。

2. 触媒作用机理

当 ABCA 型石墨层上相邻原子沿相反方向做垂直振动时,石墨层上的六边形格子将做有规律的扭曲。为了便于说明,把向上振动的原子编为单号,称为 1'、3'、5'…号原子,把向下振动的原子编号为双号,称为 2'、4'、6'…号原子,如图 2.41(a) 所示。如果在石墨层的上方有一层金刚石结构的键,垂直向下对准石墨层上的单号原子而相互作用,即如图 2.41(b) 所示,金刚石结构的 1、3、5…号原子与石墨层结构的 1'、3'、5'…号原子对准相互作用,则可使石墨层中单号原子的 2Pz 电子集中向上跑到垂直方向去与金刚石表面上的原子成键,从而促使石墨层扭曲成金刚石结构,因而可以较低的压力和温度下使石墨向金刚石转化。由图 2.41 可以看出,已具有金刚石结构的第一层原子,将使其下方对准的第二层碳原子变为金刚石结构,而这一层又影响下一层。这样一层层地作用下去,就能使一定的石墨结构转变为金刚石结构,转变的速度非常快。

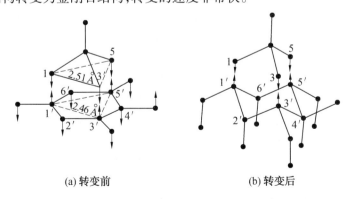

(a) 转变前　　　　　　　　　(b) 转变后

图 2.41　石墨在金刚石作用下的转变

根据上述分析,用金刚石与石墨表面接触加以一定的压力和温度,是可以产生这样的转变的。但因在一千多度的温度下金刚石不熔化,接触面很小,故在这种温度条件下增加压力来生产金刚石,效果是不会显著的。

是否能找到接触面较大,而又能在较低的温度和压力下促使石墨转变为金刚石的物质呢?这样的物质是有的。只要该物质在密排面上的原子与金刚石(111)面上的原子能对准或与石墨层表面接触时,密排面上的原子能与石墨层上的单号原子对得较准,且能吸引单号原子上的2Pz电子集中到垂直方向上去成键,就能促进石墨层扭曲成金刚石结构,因而可以在较低的压力和温度下使石墨转变为金刚石,我们把这样的物质称为"触媒"。熔融态的触媒与石墨的接触面很大,可产生大面积的转变,所以作为触媒的物质应选择低熔点的。

第Ⅷ族过渡元素中的许多元素都可以作为触媒,这些金属原子外层有6～10个d电子,碳在其熔解后金属本身的化学势不会显著提高,不会和碳生成稳定的碳化物,而是形成容易分解的络合物。以Ni为例,在一定的高压下,开始时Ni受热微熔,在压力下微熔的Ni浸入石墨的气孔和层间,形成络合物。在金属熔点附近和高压下,金属的晶体结构不会完全解体,至少是近程有序没有破坏。此时,进入石墨层间的金属使一片或几片叠合的碳原子层面从块体中分离出来,石墨和金属接触界面上发生相互扩散作用,这种原来已是有序排列的片状碳原子团,进入金属内部,由于它本身的表面张力和金属压力的作用而成为球晶。在金刚石稳定区域又在触媒的作用下,其可能成为金刚石的晶核,在球晶周围金属相中,还有不少被溶解了的碳,它们可以有秩序地排列到晶核表面,长大成为金刚石晶体。

从结构上来看,Ni呈现面心立方结构,其(111)面上的原子排列如图2.42所示。相邻三个原子中心连成的正三角形的边长(0.249 nm)与石墨六方格子内接正三角形的边长(0.246 nm)十分相近。因此它的原子与石墨层中相对应的单号原子对得较准,且可以相互作用成键。在金刚石稳定或亚稳的温度、压力条件下,Ni原子d壳层的空轨道将接受碳原子的π电子而结成σ-π配位键,形成Ni-C络合物,使石墨层面上碳原子间的共轭π键破坏,键能降低,键长增加。络合后的六角环网面已被活化,六角环中其余三个碳原子则各有一个π电子指向c轴方向,使石墨的六角碳原子平面发生皱褶。碳原子也就从sp^2杂化变成sp^3杂化,结构重排。由于sp^2杂化的键能较其他杂化态键能低,故对碳原子来说,由sp^2杂化变成sp^3杂化在能量上是有利的。由此产生的反应中心原子再与下一层碳原子的π电子作用,一层一层地推广下去,互相键合,其大小达到晶核的临界尺寸以上时,就形成金刚石晶核。

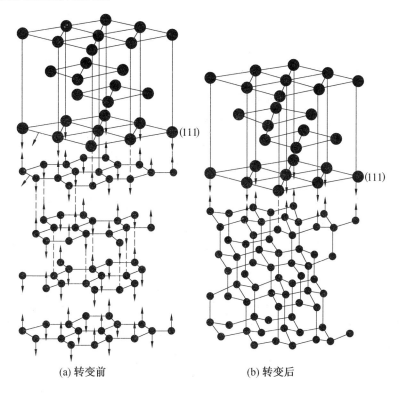

(a) 转变前　　　　　　　　　　　(b) 转变后

图 2.42　石墨在触媒作用下的转变

　　Fe 与 Cr 也是触媒金属。Fe 在 910 ℃ 以上由体心变成面心。Cr 在常温、常压下是体心立方,但在高温、高压下可以变成面心立方。它们与石墨接触后的行为与前述的 Ni 情形相近。

　　相对应的原子要能对准和能垂直成键这两个条件,对于用作触媒物质来说,是缺一不可的,此外还要求熔点低一些。例如铜,它也是面心立方结构,晶格常数也与 Ni 的基本相同,与石墨层接触时,相对的原子能对得较准。但铜原子的 3d 壳层是填满了的,不缺 3d 电子,且其外壳层只有一个具有球形对称轨道的 4s 电子,在铜中是自由电子,不能集中在垂直方向上与石墨层上的碳原子产生定向成键的作用,而是分散的,在垂直联线上的键力很弱,故基本上不起触媒作用。

　　要生产出质量好的金刚石,除应要尽量选取石墨化好、晶形完整、晶粒大的石墨做原料外,还应选取适合的触媒。如何来选择和使用触媒呢? 触媒的优选原则为

①结构对应原则。触媒晶格的密集面或熔融后的密集面的原子与金刚石(111)面上的原子能对准,或与石墨层面上的单号原子对得较准。当金刚石型结构的(111)面、面心立方结构的(111)面以及密排六方结构的(001)面上的原子间距等于或接近于 0.251 nm 时,都符合这条原则。

②定向成键原则。触媒面上的原子要能使石墨层上的单号原子与它垂直成键,而成键能力强的要好一些。

③低熔点原则。触媒应选择熔点低一些的。

总之,炭源石墨和触媒合金作为合成金刚石的物质基础,是合成的内因,起主导作用,而温度、压力和合成时间则是外因。静压触媒法的各种机理都承认碳溶入金属是形成金刚石的必经途径。在一定的温度、压力条件下,碳溶于金属的速度和溶入量会影响到金刚石的析出速度和析出量,从而影响金刚石的产量、颗粒大小和强度。

2.5.4　金刚石晶粒的形成和长大

1. 晶粒的临界半径

在高温、高压和触媒的作用下,由石墨变成金刚石时,是一个受很多因素影响的晶体结构转变过程。为了掌握人造金刚石晶体的生长规律和获得晶粒尺寸大、抗压强度高的人造金刚石晶体,就必须控制晶粒的形成数目和生长速度。

任何新相的产生,都包含两个性质完全不同的阶段,一是晶粒的形成,二是晶粒的长大。全面分析这个问题是比较复杂的,以下只作一些很粗略的定性分析。

晶粒的形成可能有多种途径,不管何种途径,晶粒形成后,若不考虑应变能,系统自由能的变化可表示为

$$\Delta E = \Delta E' + \Delta E'' = \frac{V\rho}{M}(g_{II} + g_I) + A\sigma \tag{2.8}$$

为了便于计算和讨论,假定晶粒为球形,则式(2.8)可写为

$$\Delta E = n\left(\frac{4}{3}\pi r^3\right)\frac{\rho}{M}(g_{II} - g_I) + n(4\pi r^2)\sigma \tag{2.9}$$

式中,$\Delta E'$ 为石墨转变为金刚石后体积自由能之差;$\Delta E''$ 为石墨转变为金刚石后表面自由能之差;g_{II} 为金刚石的摩尔自由能;g_I 为石墨的摩尔自由能;ρ 为晶粒密度;n 为晶粒数目;r 为晶粒半径;σ 为形成金刚石后增加的表面张力;M 为摩尔量;V 为晶粒的总体积;A 为晶粒的总面积。

当石墨变成金刚石之后,自由能降低,晶粒越大,自由能减少的越多。

如图 2.43 中曲线 a 所示,但同时也产生了表面能,晶粒越大形成的表面积越大,表面能增大也越多,如曲线 b 所示。所以石墨形成金刚石晶粒时,晶粒半径 r 与体系自由能的变化 ΔE 之间有如图 2.43 中曲线 c 所示的关系。

从图 2.43 可以看出,不是所有瞬间出现的晶粒都能稳定存在和长大,只有那些 $\Delta E \leqslant 0$,即 $r \geqslant r_k$ 的晶粒才有可能稳定存在和继续长大。把 $r = r_k$,$\Delta E = 0$ 的晶粒称为"临界晶粒",其半径称为"临界半径"。

当 $r = r_k$ 时,$\Delta E = 0$,由式(2.9)可得

$$r_k = \frac{3M\sigma}{(g_{\mathrm{II}} - g_{\mathrm{I}})\rho} = -\frac{3M\sigma}{\Delta g\rho} \tag{2.10}$$

在相边界线上 $\Delta g = g_{\mathrm{II}} - g_{\mathrm{I}} = 0$,这时由式(2.10)可知,$r_k$ 非常大。由此可知靠近相边界线附近的情况下生长金刚石,临界半径 r_k 比较大,生长的金刚石也就可能比较大,比它小的金刚石就不能出现。对石墨转变为金刚石来说,并不是所有晶粒大小的石墨晶粒都能转变,只有那些转变后半径能超过 r_k 的石墨晶粒才能转变,比它小的石墨晶粒就不能转变。但在远离相边界线的情况下生长金刚石,Δg 比较大,由式(2.12)知临界半径 r_k 就比较小,很多比较小的石墨晶粒就可转变为金刚石,因此在这种情况下生长的金刚石,小的就比较多。

当形成的晶粒半径还未达到 Δg 之前的不稳定的晶粒称为晶核,当晶核的半径长大到 ΔE 时,才能形成稳定的晶粒。由图 2.43 中的曲线 c 可见,只有当 $r > r^*$ 时,晶核的长大会使 ΔE 降低,这个晶核就有可能长大;当 $r = r^*$ 时,这个晶核可能长大,也可能重新退回去;当 $r < r^*$ 时,晶核长大的概率极小。故常把 r^* 称为晶核的临界半径,也就是说当 $r \geqslant r^*$ 时,这个晶核可能长大,直到它的 $r \geqslant r_k$ 以后,才能形成稳定的晶粒。

由图 2.43 可以看出,$r = r^*$ 时,$\dfrac{\partial(\Delta E)}{\partial r} = 0$,由式(2.10)可以算出

$$r^* = -\frac{2M\sigma}{\Delta g\rho} \tag{2.11}$$

在一定温度条件下,自由能随压力的变化可表示为

$$\left(\frac{\partial \Delta E}{\partial P}\right)_T = \Delta V \tag{2.12}$$

对 1 mol 而言

$$\left(\frac{\partial \Delta g}{\partial P}\right)_T = \Delta V \tag{2.13}$$

ΔV 表示金刚石与石墨的摩尔体积之差。当 T 固定时,有

$$\mathrm{d}(\Delta g) = \Delta V \mathrm{d}P \tag{2.14}$$

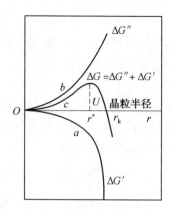

图 2.43 晶粒半径与 ΔG 的关系

当压力由相分界线上的压力 P_n 增加到 P 时,式(2.16) 积分,得

$$\Delta g T(P) - \Delta g T(P_n) = \Delta V(P - P_n) \tag{2.15}$$

在相分界线上 $\Delta g T(P_n) = 0$,故上式可写成为

$$\Delta g T(P) = \Delta V(P - P_n) \tag{2.16}$$

在一定温度范围内,石墨 - 金刚石的相分界线可近似为一直线,故 P_n 与 T 的关系可写为

$$P_n = a + bT \tag{2.17}$$

式中,a 与 b 为常数,如把式(2.16)、(2.17) 代入式(2.10) 中,得

$$r_k = \frac{3M\sigma}{\Delta V(P - a - bT)\rho} \tag{2.18}$$

从式(2.20) 可以看出,r_k 是温度与压力的函数。在金刚石稳定区,r_k 随压力的增大而减小,随温度的增大而增大。

2. 晶粒的形成率或生长速度

临界晶粒的形成率随温度、压力变化的关系,可近似用以下热力学统计规律来表示:

$$W = ce^{-U/K_BT} \tag{2.19}$$

式中,W 表示临界晶粒的形成率;K_B 为玻耳兹曼常数;c 为一常数;T 为试验温度;U 为形成临界晶粒时系统自由能变化过程中经历的极大值。将式(2.11) 中的 r^* 值代入式(2.9),经整理后得

$$U = \Delta E(r^*) = \frac{16\pi M^2 \sigma^2}{3(\Delta g\rho)^2} \tag{2.20}$$

或

$$U = \frac{16\pi M^2 \sigma^2}{3[\Delta V(P - a - bT)\rho]^2} \tag{2.21}$$

从上式可以看出,U 是温度与压力的函数,当温度比较高,压力比较低的情况下,U 比较大,这时金刚石形成的过程中要越过比较大的 U 值,W 值就比较小,生成速度就慢。

把式(2.21)代入式(2.19),则得

$$W = ce^{-\frac{16\pi M^2 \sigma^2}{3K_B T[\Delta v(P-a-bT)\rho]^2}} \qquad (2.22)$$

由上式可知,在固定压力条件下,当 $T = 0$ 时,$W = 0$;当 $P - a - bT = 0$,即当 $T = (P-a)/b$ 时,W 也等于零。可见当绝对温度 T 由0变到$(P-a)/b$ 时,W 由 0 变大,然后又变到 0。

3. 三种生长区的比较

如图 2.44 所示,若把温度分为三个区域 I,II,III,即分别称为高温区、中温区和低温区。由图 2.44 可见,在 I 区(高温区)及 III 区(低温区),临界晶粒的形成率比较小,生长速度慢。在 II 区(中温区),临界晶粒的形成率比较大,生长速度比较快。因此,可以对各种触媒在金刚石稳定区内所划定的金刚石晶体实际生长范围,粗略地分成 I 区、II 区和 III 区,如图2.45所示。

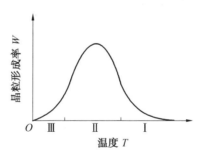

图 2.44   粒形成率与温度的关系

I 区(高温区):生长速度慢,形成的晶粒少。由于靠近相分界线,Δg 小,r_k 大,可产生大晶粒。由于温度高,杂质易排除,晶形好,抗压强度高,可称为"优晶区"。

II 区(中温区):生长速度快,形成的晶粒多。由于远离相分界线,Δg 大,r_k 小,晶粒细的多。由于石墨转变成金刚石太快,大石墨也不易全部转变,粗颗粒就少。由于细晶粒多,且转变快,容易产生速生现象,一般强度不会高,故这一区称为"富晶区"。

III 区(低温度):生长速度慢,形成的晶粒少,容易长大,但由于温度低,杂质不易排除,晶体容易夹杂杂质,抗压强度就会很低,故这一区称为"劣晶区"。

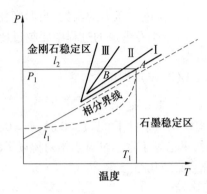

图2.45　晶粒形成率随温度、压力变化的分区图

　　根据以上的比较,可以看出,要想获得晶形完整、晶粒尺寸大、抗压强度高的金刚石晶体,就要尽可能利用 I 区(优晶区)的条件来合成金刚石。因为这一区靠近相边界线,晶粒形成的速度慢,临界半径 r_k 也比较大,只有晶粒半径大的石墨才有可能转变成金刚石,晶粒小的石墨就不能转变为金刚石,故生成的金刚石粒度较大。如果再延长时间,则溶解了的游离碳原子或未转化的小石墨晶片可沉淀在已形成的晶粒上,使晶粒长大,同时晶粒与晶粒还可相互合并成大晶粒。由于这一区的温度比较高,容易排除杂质,故生成的金刚石杂质少,比较透明,易生成晶形完整的晶粒,强度自然会高一些。

2.6　碳纳米管的生成机理

2.6.1　碳纳米管合成的原料

　　要合成碳纳米管,首先必须要解决原料,即碳源。合成碳纳米管的原料有:
　　①天然石墨、人造石墨及含碳量高的煤。
　　②分子中主要含碳和氧的 CO 气体。
　　③含碳和氢的烃类。
　　④主要含碳和氢,有时也混杂有氧、氮、硫等其他杂质原子的低分子有机化合物。
　　⑤低沸点的有机金属化合物(如各种金属茂、金属酞化菁等)。
　　⑥高分聚合物以及碳化硅之类的无机物。

天然石墨和人造石墨是最容易获得的较纯净的碳源。然而,石墨是稳定性极好的材料之一。在石墨晶体的层面内,碳原子结合得十分牢固,而且碳的相对原子质量又小,其晶格受热激发振动较困难。石墨在常压下,即使加热至 3 000 ℃ 也不会熔化和变形,在 2 000 ℃ 时,蒸气压仅为 1.01 kPa;在 2 600 ℃ 时,为 1.01 kPa。当蒸气压达到 0.1 MPa 时,升华点为 3 530 ℃±20 ℃。但要形成单个碳原子或碳原子簇蒸气,其升华热高达 710 kJ/mol。

如图 2.46 所示,不同碳同素异形体中碳原子所具有的能量各不相同,石墨中碳原子的能量为零,为最稳定的状态,C_{60} 中碳原子的能量高达 0.45 eV,而碳纳米管中碳原子的能量接近金刚石。纳米石墨烯片的边缘处有较多断键,在消除断键形成碳纳米管时,也要克服管弯曲的应力能,因而是两者平衡的结果。从不同碳同素异性体的生成热的差别,也可看出各自的稳定程度。最稳定的石墨,其生成热 H_f 为零,而金刚石、C_{60}、C_{70} 则分别为 1.67 kJ/mol,42.51 kJ/mol 和 40.38 kJ/mol。因此,要使石墨变成碳纳米管就必须从外部施加更高能量,使之在受激状态下形成能量更高的单个碳原子或碳原子簇。这些能量的供给,可通过高温电弧或激光、等离子体来得到。

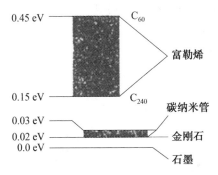

图 2.46 不同碳同素异性体中碳原子所具有的能量示意图

形成碳纳米管的碳源也可从各种含碳物质的热解或转化来获得。在加热,特别是催化加热过程中,都会分别通过歧化以及气相、液相或固相炭化转化为高碳或纯碳质材料,条件合适时能部分形成或完全转化成碳纳米管。碳纳米管甚至还可在电化学作用下通过凝缩相合成。

2.6.2 碳纳米管的合成方法

碳纳米管自 1991 年被饭岛发现以来,其独特的性质和制备工艺得到了广泛的研究,碳纳米管管径大小为纳米级,管壁结构类似于石墨,具有优异的力学、电学和热学性能。目前,人们已经在多个领域展开了对碳纳米管的研究,例如高传导和高强度的复合材料、纳米镊子、半导体器件、催化剂和场发射显示器等。同时,碳纳米管的制备工艺也得到了广泛研究,如石墨电弧放电、激光蒸发、化学气相沉积等方法。已有数十种合成碳纳米管的方法问世,也发现一些新的转化途径。下面根据各方法的碳源来源的不同大致分为如下几类。

①碳蒸发法:包括容易形成高温的电弧法、激光烧蚀法、等离子体法、太阳能法等。这些方法的共同特点是,用人造或天然石墨或者是含碳量高的各种牌号的煤或其产物,如腐殖酸等做原料,通过不同的方法在极高温度下使原料中碳原子蒸发,在不同惰性或非氧化气氛中,在不同的环境气压以及有无不同类型的金属催化剂的存在下,使蒸发后的碳原子簇合成碳纳米管。

②含碳气体及烃类或有机金属化合物的催化热解法:包括 CO 的歧化,C_2H_2,CH_4、丁烯、苯和2-甲基萘酮之类的气态及液态烃的气相热解转化;某些有机金属化合物,如二茂铁之类的金属茂,Ni—,Co—,Fe—的金属酞菁等的热解。在这类方法中可使用铁、钴、镍以及稀土金属等不同的金属催化剂、固体酸催化剂或溶胶-凝胶法合成液态催化剂。根据不同衬底中催化剂的影响,不同于电阻外热的特殊热源(等离子体喷射分解沉积、增强等离子热流体化学气相沉积法、微波等离子化学蒸发等),不同的沉积空间和位置,有基板法、浮游法(或称为流动催化法)、原位催化法、微孔模板法(即所谓铸型法)、沸腾床及纳米团聚流化床等,可衍生出许多不同的方法。

③固相热解法:如本体聚合物空气中热解法、混合微囊纺丝法、乙酰丙酮催化转化、高密度聚乙烯水热转化法、低密度聚乙烯热解法以及 C_{60} 热解法等。

④电化学法:如炭电极融熔盐电解、氟聚合物电化学还原、乙炔的液氨溶液电化学合成等。

⑤含碳无机物转化法:如碳化硅表面热分解法。

⑥环芳构化形成筒状齐聚物等新的合成方法。

⑦扩散火焰法和低压烃火焰法等。

2.6.3 碳纳米管的生长机理

碳纳米管的生长机理主要有两种模型:开口生长模型和闭口生长模

型。开口模型认为碳纳米管在生长过程中,其顶端总是开着口;当生长条件不适应时,则倾向于迅速封闭;只要碳管口开着,它就可继续生长直至封闭。闭口生长模型则认为碳纳米管在生长过程中,其顶端总是封闭的,管的径向生长是由于小的碳原子簇(C_2)不断沉积而发生,C_2吸附过程在管端存在的五元环缺陷协助下完成,这一模型可用于解释碳纳米管的低温(约 1 100 ℃)生长机理,因为开口生长时所需悬键在如此低温下极不稳定。下面根据催化热解法、电弧法及激光蒸发法的制备方法进行介绍,重点介绍单壁碳纳米管的生长机制。

1. 催化热解法

催化热解法的实验结果表明,碳纳米管的生长过程可分为两个阶段,首先在基片上受金属催化剂作用而形成初级管,初级管是由完整的石墨片层绕金属催化剂卷曲而成,可在管的尖端,有时在管壁上观察到金属催化剂。初期碳纳米管的生长机理本质上遵从气-液-固机制,即催化剂颗粒表面热解析出的碳在催化剂颗粒中有溶解-扩散-析出的过程,热解析出的碳在催化剂与气体接触的表面被熔解,在内部扩散,而在另一侧析出,并保持碳纳米管继续生长。催化剂颗粒大小受许多因素影响,如温度、气氛、压力等。形成催化剂颗粒的熔点与其大小有关。第二阶段是炭沉积在初期管上,使管变粗,为了得到结构更完整的碳管,须设法避免这一过程。

尚无直接的实验证据表明催化剂粒子或晶体结构在碳纳米管的生长过程中发生变化。碳源的选择(甲烷、乙炔、苯等)一般不影响产物的性质,但对生长速率有影响。碳管的结构主要依赖于催化剂的种类、生长温度和催化剂尺寸。这些事实表明控制碳纳米管形成的主要因素是碳原子的密度、热传导速度和催化剂的尺寸。图 2.47 所示是用不同催化剂先体制备的碳纳米管的透射电镜照片。观察发现,催化剂先体种类的不同对燃烧产物的内部结构也有影响。当催化剂先体为氯化钴时,观察视场内只有少量碳纳米管,并且缺陷较多,管壁不规则,其外径主要分布为 100 ~ 200 nm,长度可达数微米,如图 2.47(a)所示。当催化剂先体为硝酸钴时,所制备的碳纳米管结构比较一致,都具有曲率较大的波浪形结构,但直径分布很不均匀,图 2.47(b)所示是一根直径为 50 nm 的碳纳米管。而当催化剂先体为硫酸钴时,产物中主要是实心的碳纳米纤维,如图 2.47(c)所示,样品中碳纳米纤维的直径分布均匀,形貌比较一致,同时在该样品中也发现少量直径较小的碳纳米管。透射电镜观察的样品形貌与扫描电镜中观察到的结果相一致。

一般认为决定多壁碳纳米管直径的过程与 G. G. Tibbetts 提出的气相

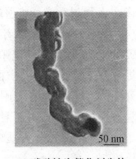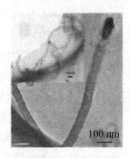

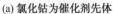

(a) 氯化钴为催化剂先体　　　(b) 硝酸钴为催化剂先体　　　(c) 硫酸钴为催化剂先体

图 2.47　不同催化剂先体制备的碳纳米管透射电镜照片

生长碳纤维模型基本一致。在碳纳米管生长时,金属颗粒细小,表面活性大,易吸附碳原子,碳原子又通过金属表面扩散进入金属颗粒内部。由于金属(如 Fe,Co,Ni)的催化作用及碳原子的扩散,使得碳在颗粒底部析出并形成石墨片。新到的碳原子在其壳层边缘沿金属粒子的外表面方向以石墨柱体的形式沉积,形成碳纳米管的新固相表面,导致碳原子的化学势变化。当形成的柱体壳层长度为 dl,外径为 r_0,内径为 r_i 时,其化学势 $\Delta\mu$ 的变化为

$$\Delta\mu = -\delta G/dn; dn = dv/\Omega = \pi(r_0{}^2 - r_i{}^2) dl/\Omega \qquad (2.23)$$

式中,δG 是吉布斯自由能的变化;Ω 为常数;dv, dn 分别是相应生长碳纳米管的体积变化和碳原子数变化。化学势的变化可用下式更精确地表示为

$$\Delta\mu = \Delta\mu_0 - (\Delta E_{surface}/dn) - (\Delta E_{strain}/dn) \qquad (2.24)$$

式中,$\Delta\mu_0$ 是碳原子从气相沉积到固体表面时的化学势变化,可认为是沿管轴方向碳原子断键缝合状态的恢复能;式中第二项是表面能的变化,和形成单位表面积的固相面以及气相平衡所需的能量成比例。石墨表面能具有高度各向异性,在 970 ℃平行于基面的表面能约为 77×10^{-7} J/cm^2,而垂直于基面时要超过 4×10^{-4} J/cm^2,所以当碳纳米管柱体表面是石墨基面时,这部分自由能最小。最后一项对应着将石墨基面弯曲成嵌套柱体时所需的应变能。根据公式(2.26)可对碳纳米管的一些特性进行模拟。表面能和应变能可简单地与管的外层和内层相关联。

$$\Delta E_{surface} = 2\pi(r_0 + r_i)\sigma dl$$

$$\Delta E_{strain} = (\pi/12)\times[\varepsilon(r_0 - r_i)^2 \ln(r_o/r_i)] dl \qquad (2.25)$$

式中,ε 是石墨的弹性模量;r_0 由催化剂的尺寸决定,碳纳米管的内径可根据 $\partial\Delta\mu/\partial r_i)r_0 = 0$ 来调整。根据能量平衡可计算碳纳米管的最小直径,考虑到碳纳米管在能量上要比碳带更不稳定,故其直径不能小于一定值,这

一定值可根据下述条件估计:储存于碳带弯曲的应变能与其悬键的缝合恢复能应相平衡,故该值与 C_{60} 之类的富勒烯的直径相当。应用相同的理论可得出在 1.5 nm 内时将长成单壁碳纳米管;当外径大于 2 nm 时,将长成多壁碳纳米管。

2.电弧法和激光蒸发法

在观察电弧法制备的碳纳米管结构时发现,很难用闭口模型生长机理来解释其结构的形成。例如闭口生长模型不可能解释为什么在多壁管的生长过程中内层的长度与外层的不同。另外,在如此高温下,碳纳米管沿径向和轴向同时生长,所有的同轴碳纳米管将瞬间形成,表明这种生长更倾向于开口生长。开口生长模型认为碳纳米管在生长过程中是开口的。碳原子加入到其开口端而导致其生长,如果碳纳米管是手性的,则在活性悬键边缘会吸附 C_2 原子簇,并将在开口端增加一个六元环,如图 2.48 所示,连续增加 C_2 原子簇将导致手性碳管的不断生长。然而,在非手性边缘,要形成六元环而不是五元环,必须加入 C_3 原子簇。五元环的引入将导致碳纳米管弯曲活性的升高,这样就会形成一帽,从而使碳纳米管停止生长。然而七元环的引入,将导致碳纳米管在尺寸及方向上的改变;而五元环/七元环对的引入将导致一个不同管结构的产生,这些均与实验观察一致。

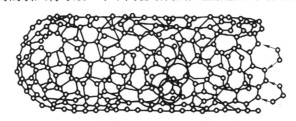

图 2.48　碳纳米管生长机理示意图

(吸入 C_2 原子簇、C_3 原子簇)

这一生长模型可用另一种方式较为简单地描述,若管的所有生长层在生长过程中都保持开口,碳原子簇沿轴向增加到开口端,可形成六元环。层的闭合是由五元环的形成导致局部生长条件变化,或是两种不同稳定结构竞争的结果。管的轴向生长发生在层数已固定的内层模板上,层数进一步增加,这种轴向生长的各向异性导致在悬键的高能开口表面和非活性基团上的生长过程有很大不同。开口管是开始成核的起始点,而六元环的不断供应则导致管的生长,当引入 6 个五元环而形成一个多边形时,这根管就被封闭,一旦碳纳米管被封闭,就不再生长。第二根管可在第一根管的侧壁上成核,并最终覆盖住第一根管,甚至于远超过它。如果在管周围有一个独立的五元环,就将促使管的形状由筒状变圆锥状,后来的生长有可能被另一种形式取代,这是因为扩大的界面将消耗更大的能量来稳定悬键。应强调指出的是,控制五元环和七元环是控制碳纳米管结构的关键。

尽管开口管仅仅在电弧法得到的产物中偶尔被发现,但被认为是开口生长的有利证据。在端口区,经常发现一些可能是薄的无定形炭的粒状物。观察结果表明,在碳纳米管的开口端,周围碳原子的断键可被一重组的碳原子稳定。这种开口很少被观察到,表明在正常的生长条件下,管端能迅速封闭。

为了完善开口生长模型,人们引进了边缘-边缘机制:一个碳原子将一个具有多层结构的两层间的悬键连接起来,以稳定多壁碳纳米管的开口生长边缘(图2.49)。对于多壁碳纳米管,外层的出现是为稳定内层,以保持其开口,从而促进连续生长,如图2.49所示,静态紧束缚键计算表明,多壁碳纳米管生长边缘由于键桥原子的存在而稳定。这一生长机理说明开口结构能延长碳纳米管的生长期。

图2.49　一边缘生长模型示意简图

实验表明单壁碳纳米管与多壁碳纳米管生长的最主要区别在于其生长必须有催化剂。但单壁碳纳米管的生长过程不同于传统催化生长纳米碳纤维的过程,这是因为在单壁碳纳米管的顶端并未观察到催化剂粒子的存在,通常其顶端被半个富勒烯球封闭。

单壁碳纳米管生长机理的研究较为深入,其中包括用经典的、半实验的和量子分子动力学模拟等方法来阐述其生长过程。量子分子动力学模拟也被用来计算多壁碳纳米管的生长过程。

3. 浮动催化化学气相沉积法生长定向碳纳米管机理分析

目前普遍认为,在用化学气相沉积法制备碳纳米管过程中,碳纳米管的生长分为两个步骤:首先吸附在催化剂上的碳氢分子裂解产生碳原子,然后碳原子在扩散作用下在催化剂另一侧不断沉积形成碳纳米管。根据具体的生长方式,又主要有顶部生长机理和底部生长机理等。相对而言,浮动催化化学气相沉积法生长碳纳米管的机理则较为特殊,因为在碳纳米管生长的整个过程,催化剂是不断进入到反应体系中的,这使得对其机理的理解更为困难。为了探索在此条件下定向碳纳米管的生长机理,我们将其从基片上剥离,获得了大量根部伴有絮状物的碳纳米管束(图2.50(a)、(b))的放大照片,清楚地显示絮状物与碳纳米管束的根部紧密相连。这些絮状物主要成分为碳和少量的铁,因而可以初步判断,基片上定向碳纳米管的生长遵从底部生长机理。Aniayan课题组证实,催化剂能够穿透较厚的定向碳纳米管到达基片,并重新催化新的碳纳米管的生长,从而进一步证明了定向碳纳米管遵从底部生长机理,如图2.50(c)所示。若增大碳源的供给量或升高反应温度,碳纳米管再次生长的速度加快,从而产生巨大的推动力,这种推动力有时会使两层出现分裂(图2.50(d)),说明两层之间结合力不是很强。

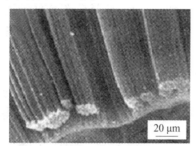

(a) 碳纳米管根部的放大照片

(b) 碳纳米管根部的放大照片

(c) 碳纳米管再生长得到两层定向碳纳米管

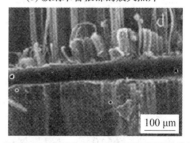

(d) 碳纳米管再生长得到两层定向碳纳米管

图 2.50 碳纳米管束的根部

第3章 炭石墨材料的分类与生产工艺流程

3.1 炭石墨材料及制品的分类和炭素厂设计原则

3.1.1 炭石墨材料及制品的分类

关于对炭素产品是称为炭石墨"材料"还是称为炭石墨"制品"的问题,还没有明确的界定,称"材料"广义一些,笼统一些是就产品材质而言,对于同类型而非具体某种产品,称"材料"为宜。称"制品"则面窄一些、具体一些,商品化些,如对某具体产品,则称制品较好。

对于炭石墨材料及制品的分类,目前还没有严格的、权威的明确划分标准。依材料或制品中碳原子的排列结构是晶质还是非晶质,可分为炭材料及制品和石墨材料及制品。依材料或制品的用途可分为通用炭石墨材料及制品和特种炭石墨材料及制品。

依组成材料的颗粒度可分为:

①粗颗粒结构炭石墨材料。一般其固体原料最大粒度大于 1 mm(16 目),如石墨化电极、预焙阳极、炭块等。

②细颗粒结构炭石墨材料。一般其固体原料最大粒度为 1~0.25 mm(16~60 目),如小炭棒。

③细结构或超细结构炭石墨材料。这类材料的固体原料均为细粉,一般粒度不大于 75 μm(200 目),而生产高强、高密炭石墨材料时,采用超细粉,其粉末粒度在 10 μm 左右,甚至小于 2 μm 或纳米材料。

一般按功能与用途分为以下几类:

①电热化学、冶金用炭石墨材料及制品。由于炭石墨材料的熔点高、高温强度好,且导热、导电性能优良,因而在冶金工业中得到广泛地应用,如电炉炼钢用的电极和非炼钢的其他矿热炉(铁合金炉、电石炉和黄磷炉)用的电极、高炉及其他矿热炉用的炭块,电解铝、镁预焙阳极和阴极,石墨坩埚、石墨皿、石墨舟、黏土石墨坩埚,连铸石墨、炉衬、铸模、导槽、堵头、轧辊、炼钢增炭剂和脱氧剂等。

②电工、机械用炭石墨材料及制品。这类材料主要利用炭石墨材料的

导电性、自润滑性、耐磨等性能,如电刷与电机车导电滑板及电触点,各种高压泵与汽轮机或燃气轮机的轴封、空压机活塞环、密封环,纺织机与印刷机轴承和轴套,汽车刹车块(片)等。

③电化学用炭石墨材料及制品。这类材料主要有电池炭棒与锂离子电池阴极,燃料电池石墨双极板,铝、镁和钠及稀有金属电解电极与氟电解电极、电火花加工电极等。

④化工用不透性石墨材料及制品。这类材料主要有热交换器,反应釜与吸收塔内衬及涂层、化学阳极板、泵、管道、阀门、滤器的构件与密封环等,还可作为脱色剂与吸附剂等。

⑤半导体、通信、电子器件用炭石墨材料及制品。这类材料主要有炼硅炉与硅单晶外延炉用石墨,电子元器件及制造电子元器件装备用石墨,电子封装及焊接用石墨,光导纤维石墨,液晶、显像管石墨乳、麦克风炭粒等。

⑥宇航军工用炭石墨材料及制品。这类材料主要有火箭发动机喷嘴、喉衬、航天飞机及导弹鼻锥、飞机刹车片及宇航结构材料与隐形材料。

⑦核石墨材料及制品。这类材料主要有核反应堆中子减速材料及反射体、核反应堆结构材料及外层保护材料、核燃料包覆材料与废核燃料处理用炭石墨制品、医疗用低能量反射体以及减速材料等。

⑧工业炉用炭石墨材料及制品。这类材料主要有高温真空炉发热体及支架石墨制品、隔热材料,炉子结构用石墨、托板、坩埚、测温管、保护管等。

⑨计量和测量用炭素材料及制品。这类材料主要有生物用微电极、光谱分析用石墨电极、辐射分析用炭精棒、气相色谱与液相色谱用吸收柱填充剂、氧与氮分析用坩埚、CT 扫描仪支架、透射电子显微镜试样支持炭膜、计算机用炭素制品等。

⑩环保、体育用品及生活用品。这类材料主要有活性炭、碳纤维体育用品、钓竿、高尔夫球杆、羽毛球拍与网球拍、心脏瓣膜、牙齿、骨骼等生理用石墨,铅笔芯、空气净化器、衣柜与鞋箱脱臭片及手杖等。

此外,还有建筑材料、电波吸收体、各种碳纤维、C/C 复合材料、热解石墨、玻璃炭、柔性石墨、氟化石墨、胶体石墨、石墨层间化合物和碳纳米材料等。

3.1.2　炭素厂设计的原则

炭素厂在设计时,应考虑以下原则:

①充分论证其可行性。应充分论证其可行性、先进性和发展前景。

②以投资定规模的原则。建设现代化工厂,不但要求具有一定的生产能力,而且要求工艺与设备的先进性,这二者相比,更应考虑工艺与设备的先进性。它不只是单一设备的先进性,而是整体设备的先进性及其相互的匹配。只有有了先进的设备,加上先进的技术和先进的管理及高素质的职工队伍,才能生产出优质的产品。因为产品的质量才是企业的生命线,是企业的立足点。所以在设计时应充分地注意这一点,还应注意建厂前后的资金平衡。此外应考虑有足够的流动资金(一般可向银行贷款)。

③一次性设计的原则。工厂设计的步骤是:首先进行可行性研究,然后立项,再进行初步设计,即在确定投资额、产品品种与规格及产量后进行车间、各工序的计算和设备选型,最后是施工设计。设计和施工建设与设备安装应是一次性完成,即所谓的一次性设计建设原则。一个工厂设计与施工建设期应远远小于正式生产的生产期,设计、施工建设期越短越好,以创造最佳的经济效益。若多次设计、多次施工,或边设计、边施工、边生产,不但施工受限制,而且影响正常生产,另一方面,虽然局部进行生产,若整体不能正常生产,它不能发挥整体的作用。若即使因故资金不能及时到位,需分二期施工,也应一次同时设计。

④炭素厂设计应以压机为核心的原则。通常说炭素生产"三炉一机",应以机为核心,特别是采用挤压成形和等静压成形。这是因为压机的吨位大小直接影响到产品的规格和产量。另一方面,压机是重型机器,投资大,是炭素厂单机(台)设备投资最大的。所以炭素厂设计时,应首先考虑压机。即使对于预焙阳极生产,采用振动成形机成形,其投资不如焙烧炉,但设计时,还是首先考虑振动成形机。

对其他工段的设备大小,主要不是产品规格的要求,而主要是产量的要求,这时可采用多台(套)设备即可。即使是石墨化变压器与石墨化炉,它的大小与产品的大小有一定关系,但仍然不及压机对产品规格的影响。

⑤防止出现瓶颈现象,整个生产流程中,各工序的生产能力应相匹配,防止出现瓶颈车间与设备。因为某个车间,或工段及主要设备,若生产能力小,它将制约整个生产系统或整个工厂的生产。

⑥设计时应满足产品品种和规格的要求,还应满足生产工艺的要求,尽量采用新工艺、新设备。

⑦设计应考虑环境保护,尽量把工厂设计成园林式、花园式工厂。它不但美化工厂,标志文明,而且有树木和植物能吸收或吸附烟气与粉尘,起到洁净环境与空气的作用。

⑧应具有较好的经济效益和社会效益。

其他要求不一一列举。

3.2 炭石墨材料的生产工艺流程

在炭石墨材料与制品的大规模生产中,最常用的是所谓常规(或称为传统)产品,如石墨化电极、电解铝用预焙阳极和阴极、高强高密石墨、黑色电刷等,其生产工艺称为常规工艺。炭石墨材料与制品常规生产工艺流程如图3.1所示。

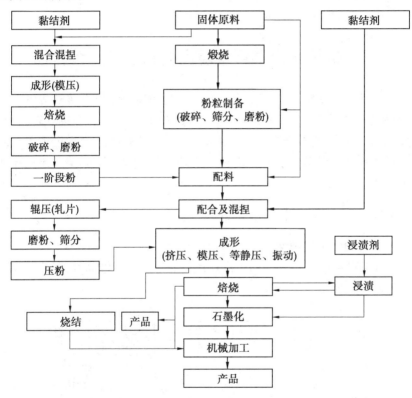

图3.1 炭石墨材料与制品常规生产工艺流程

图中粗线与箭头所指流程为主要生产工艺流程,如石墨化电极的生产工艺流程。它是将石油焦、沥青焦预碎后进行煅烧,然后经破碎、筛分、磨粉制备粉粒料,根据不同规格产品进行配比,添加一定比例的黏结剂后进行混合与混捏、成形、焙烧(电极接头及高功率或超高功率电极需经过浸渍后再焙烧),焙烧后经石墨化、机械加工成所需尺寸与表面光洁度(粗糙

109

度),即为产品。

图中细线与箭头所指流程为附加流程,如一阶段粉的制备,主要用于生产电刷和耐磨材料及制品时需要配炭黑的处理。原料不经煅烧就进行破碎磨粉或配料的有沥青焦、冶金焦及天然石墨。轧片至磨粉、压粉主要用于细结构石墨、耐磨材料、黑色电刷等制品的生产,并且还须进行多次浸渍和焙烧。成形后经烧结就进行机械加工的产品为有色电刷。焙烧后不经过石墨化的产品有预焙阳极、炭电极、炭块等。而糊类产品只须混捏后成形即可。

采用模压、挤压及振动成形生产的为各向异性产品;采用等静压成形的产品为各向同性产品。

3.3　碳纤维及碳纤维复合材料生产工艺流程

碳纤维具有高比强度、高比模量、耐高温、耐腐蚀、导电传热等众多优点,使其在高技术行业,尤其是在生产中得到广泛的应用。目前,按照原材料分类,碳纤维主要有纤维素基碳纤维、聚丙烯腈基碳纤维和沥青基碳纤维。纤维素基碳纤维由于生产技术复杂,生产成本高,这类碳纤维已基本淘汰。

3.3.1　碳纤维生产工艺流程

1. 聚丙烯腈基碳纤维

聚丙烯腈基碳纤维是当前生产和使用的主要碳纤维品种,其生产工艺流程如图 3.2 所示。

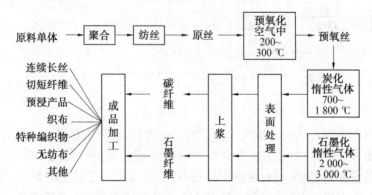

图 3.2　聚丙烯腈基碳纤维生产工艺流程

（1）对原丝的要求。

①共聚物中丙烯腈的含量不小于90%（质量分数）。

②要求共聚单体有利于预氧化和环化架桥。

③纤维不含或尽量少含添加剂和纺丝油剂。

④高强度、高取向。

⑤纺丝过程无尘化。

⑥细纤化。

（2）原丝的预氧化。

其目的在于使聚丙烯腈纤维的线性分子结构转化成为耐热的梯形结构，以保证纤维在炭化过程中不溶不燃，保持纤维状态。预氧化过程是一个复杂的放热过程，在这一过程中不但要考虑如何缓和剧烈的放热和减少热分解等副反应，同时，还要通过拉伸使纤维中分子链伸直，沿纤维轴取向，并提高生产效率。影响预氧化的主要因素有温度、处理时间、预氧化气氛和拉伸倍数等。因为氰基的环化反应遵循一级反应动力学，因此升高预氧化温度会导致环化反应的剧烈进行并释放大量的反应热，使反应失控，导致 PAN 大分子解取向和裂解，因此在预氧化时不但要提高预氧化温度以提高生产效率，还要防止反应失控，及时排除反应发热。

预氧化过程主要发生以下化学反应：相邻重复单元的氰基之间发生环化反应；分子中的氢原子被氧化成水放出；氧化反应，除了氧化脱氢外，还有氧化裂解和氧原子被结合到纤维结构中的反应；另外还有脱 HCN，H_2，NH_3 等气体。

预氧化温度一般为 200～300 ℃，并采取多段梯度升温的方式。预氧化时间受多种因素的影响，包括原丝的化学组成、纤度、预氧化温度、预氧化气氛以及传热方式等。预氧化时间是碳纤维生产效率的制约因素，缩短预氧化时间就等于提高碳纤维生产速度。通过改变预氧化炉内的传热方式、实施催化预氧化等手段能大大缩短预氧化时间，甚至可以缩短到 10 min 左右。预氧化时，为了保持 PAN 纤维的分子链取向，以获得高性能碳纤维，对预氧化过程中的纤维施加张力给予适当的拉伸是非常有必要的。但是过度的拉伸会造成纤维裂纹和孔隙，甚至出现毛丝、断丝，导致纤维强度下降。一般认为，考虑到纤维在预氧化过程中还有 14%～35% 的环化反应收缩，在此阶段维持少量收缩或一定程度的牵伸，使纤维保持原长的 80%～110%。

（3）预氧化丝的炭化与石墨化

炭化过程就是在高纯度的保护气体（N_2，Ar，He）保护下将预氧化丝加热到 1 000 ~ 1 800 ℃，以除去纤维中的非碳原子（如 H，O，N 等）生成含碳量约为 95%（质量分数）的碳纤维。惰性气体的作用一是防止纤维软化；二是排除炭化反应的产物；三是作为能量传递的介质。

炭化过程首先缓慢升温 600 ~ 700 ℃，这时主要是纤维在预氧化基础上进一步分解，伴随有大量的 CO_2，H_2O，CO，CH_4 等气体释放，并发生部分主链与侧链的断裂，这是炭化工艺的第一阶段，然后快速升温至 1 000 ~ 1 800 ℃，进入炭化第二阶段，这时主要发生分子间的反应，并相互连接成为网状结构，并伴随有 HCN 和 N_2 释放。

为了提高碳纤维的性能，炭化工艺采用了多段炭化的工艺，并在各段分别施加不同程度的拉伸。这种工艺方法是温度由高到低，形成了温度梯度，有利于炭化反应循序渐进地进行；相应的多段拉伸不仅使纤维的取向度提高，而且使纤维致密化，可得到结构均匀的碳纤维。

炭化工艺的关键是丝束的出入口应严密密封，使炉内压力高于外压，避免空气中的氧气带入炉内并在高温下与碳发生氧化反应使纤维产生缺陷，甚至断裂。因此，和预氧化工艺一样，炭化炉的结构、温度分布、密封程度、保护性气体的成分以及工艺参数的选择等对碳纤维的性能都有着重要影响。

由于 N_2 在 2 000 ℃ 以上会与炭反应生成氰，因此石墨化过程采用 Ar 气体作为保护气体。石墨化温度一般为 2 500 ~ 3 000 ℃，石墨化温度越高，碳纤维的模量越高。由于经过炭化后的纤维结构已经比较完整，在石墨化时，所需时间很短，一般为几十秒甚至几分钟。在石墨化过程中仍需拉伸，以进一步改善纤维晶粒的取向，提高纤维的强度和模量。但拉伸时一般只需施加很小的张力，以保持纤维不收缩或略有伸长为原则。经石墨化处理后，碳纤维进一步择优取向，晶粒尺寸增大，晶体晶面与纤维轴之间的夹角减小，纤维力学行能，尤其是模量得到大幅度提高。

2. 沥青基碳纤维

沥青基碳纤维主要有两种类型：一是力学性能较低的通用级沥青碳纤维，也称为各向同性沥青基碳纤维；二是力学性能较高的中间相沥青基碳纤维，又称为各向异性沥青基碳纤维。它们的差别主要是由纺丝原料沥青的性能所决定的，因此沥青原料的调制是控制所得纤维性能的关键。图3.3 是不同性能沥青基碳纤维和石墨纤维的生产流程。

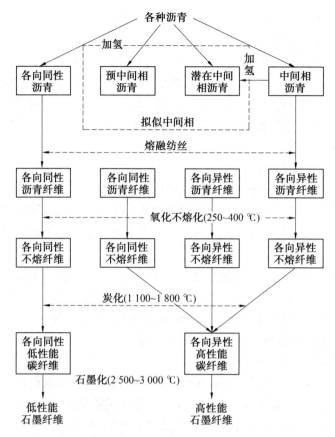

图3.3 不同性能沥青基碳纤维和石墨纤维的生产流程

(1)沥青原料的调制。

①各向同性沥青。为了改善沥青的可纺性,通常要求沥青的熔点在180 ℃以上,最好在250~300 ℃。用缩聚方法调制的沥青油与各向同性和各向异性并存,使其可纺性变差。因此在沥青调制过程中既要提高其软化点,又要防治中间相沥青的生成。因此,各向同性沥青的软化点提高方法有如下几类:薄膜蒸发器蒸发除去低沸点组分,这种方法造成的喹啉不熔物(QI)很少;加入硝基化合物、醌以及氮杂环化合物等,抑制沥青缩合,使沥青能在较高温度下加热除去低沸点组分;加入炭黑吸附二次QI,然后滤除固体,切割适当馏分,再加入硝基苯、马来酸酐等促进剂进行二次热处理。

②高性能沥青。作为高性能碳纤维的原料的沥青要求不含一次QI,含尽可能多的高度缩合的芳烃平面大分子,这类分子在纺丝或炭化时能沿

纤维轴向取向。但是,这类中间相含量高的沥青的软化点高,纺丝温度高,纺丝成形困难,沥青纤维质量差,因此调制可纺性好的中间相沥青是制备高性能沥青碳纤维的关键,其方法主要包括热缩聚,同时辅以剧烈搅拌和惰性气体吹扫,使沥青中相对分子质量的分布更均匀狭窄,沥青中的均相和非均相形成均质乳液,甚至均相体系,加氢预处理也是降低中间相沥青的有效方法,拟中间相沥青实际上就是沥青高度加氢还原处理形成的可溶中间相沥青。

(2)沥青纤维的成形。

高性能沥青碳纤维一般以长丝形式出现,而通用沥青碳纤维则主要以短纤维形式出现。沥青长丝熔融纺丝基本工艺过程及需要控制的主要工艺参数与普通熔融纺丝相似。沥青短纤维主要采用离心法和熔喷法生产。

(3)沥青纤维的不熔化处理。

不熔化处理的目的是使纤维在高温炭化时不熔融。不熔化处理通常是在空气之类的氧化性气氛中、高温下进行,其起始温度低于软化点。随着氧化反应的进行,在不超过其软化点的范围内逐渐升温。不熔化处理的主要工艺参数有温度、时间、氧化剂种类等。

(4)炭化与石墨化。

经过不熔化处理的纤维在惰性气体中进行石墨化与炭化,以提高纤维的最终力学性能,其炭化与石墨化工艺与聚丙烯腈基碳纤维相似。炭化处理通常 1 700 ℃ 以下进行,而石墨化在 3 000 ℃ 左右进行,在此过程中主要发生了大分子之间的脱氢、脱水、缩合和交联等化学反应。实践表明,沥青基碳纤维比聚丙烯腈基碳纤维更容易石墨化。

3. 其他碳纤维

活性碳纤维工业生产是在预氧化处理(稳定化或不融化处理)后,立即在含有水蒸气、空气、二氧化碳等活化气氛中加热,同时进行炭化和活化。为提高其吸附性,在调制前驱体和预氧化工序处理方面与其他碳纤维不同,有许多诀窍。

气相生成碳纤维的生产法有固定催化法和流动催化法两种。将催化剂放在基板上,以此为基核热分解烃气体,使之析出的碳成长制成碳纤维的方法称为固定催化法。往烃气体中混入催化剂,以此为基核在流动中成长制成碳纤维的方法称为流动催化法。无论哪种方法制成的气相碳纤维,断面组织均为中空同心圆状,结晶性远好于其他碳纤维。高温热处理后,外圆周的石墨结构成长显著,断面为多角形。

3.3.2 碳纤维复合材料生产工艺流程

复合材料的定义:在自然界不单独存在,是用两种以上原材料以某种方法搭配组合在一起的材料。因为是一种材料就应有必要的功能,单一原料很难显示所希望的功能,而复合化后的复合材料能显示出所希望的功能,因此可以说,复合材料是用户所希望的或材料设计可采用的材料。

说到复合材料,大家就会想到纤维增强塑料(Fiber Reinforced Plastic, FRP),FRP 作为结构材料已被广泛使用,而作为各种功能材料也正处于研究之中。

本节着重介绍作为结构材料的碳纤维增强复合材料中的碳纤维和碳纤维增强碳(C/C)。对于其他复合材料或其他特性,请参考其他著作。

1. 碳纤维增强塑料

作为增强材料的纤维原材料的形态,按照玻璃纤维分类有粗纱、布、垫、短切丝、纱、粉末等。

作为基体树脂,采用热固化树脂或热塑性树脂。热固化树脂的代表物有不饱和聚酯、环氧树脂、酚醛树脂等。热塑性树脂有聚醚醚酮(PEEK)和聚酰亚胺。用玻璃纤维增强塑料(GFRP)主要是考虑其经济性,而用碳纤维增强塑料(碳纤维)是注重其性能,正因为如此,基体往往也采用高性能树脂。

不仅是碳纤维,只要是长纤维增强的复合材料就受纤维取向较大的影响,如图 3.4 所示。因此,作为结构材料使用时,以下过程是不可缺少的:

①对使用部件的应力解析。

②进行适应目标的材料设计。

③成形、制作。

虽然①、②也很重要,但本节只重点介绍③。

碳纤维的成形有很多种方法,现对其中特别重要的方法作简单说明。

(1)纤丝缠绕法。

如图 3.5 所示,纤丝缠绕法是可以有效显示增强用纤维强度的方法,可以制成以管、罐等圆筒形为代表的各种形状。纤维束用树脂浸渍,在模型中卷制,固化后离模成形。对基体树脂要求有:浸渍速度快、黏性适度、固化收缩小、固化温度低、固化时间短等。

(2)拉拔成形法。

将增强纤维拉齐、树脂浸入纤维中的同时,把成形品放入与产品相同形状的铸模中,加热树脂,使之呈现凝胶化状态而固定形状,从铸模中取出

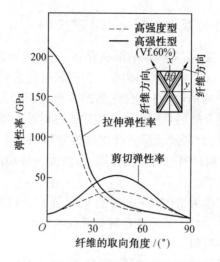

图 3.4　弹性率与纤维取向角的关系

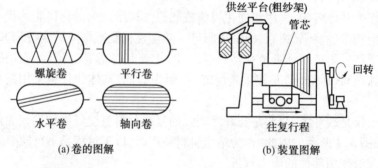

(a) 卷的图解　　　　　　　(b) 装置图解

图 3.5　纤丝缠绕法

后要固化到能保持形状的程度,再送入最终固化炉。将上述工序连续进行就可达到批量生产(湿式法)。与此相对应的是采用预先浸好树脂的预浸带纤维的方法,称为干式法,此法由于受到成形品形状、纤维取向等的制约,目前正在进行大的改进。

(3)挤出成形法。

该法是树脂加工成形中生产率最高的方法之一。这种方法具有循环周期短,不需要精加工,可自动化,尺寸精度高,可加工复杂形状等优点。其缺点是这种方法仅限于短纤维,不易充分显示发挥纤维的力学特性。

(4)手敷法。

此法是 FRP 成形的最基本的形态。特点是可充分应用浸渍、定形、固化等各种成形技术,以原材料的最佳组合来制作具有最理想特性的 FRP,

但生产率和经济性不高。

（5）袋式法。

袋式法大致分减压袋式法和加压袋式法。但不管哪种方法都是在模具和柔软的膜袋之间进行成形。加压袋式法需加热时采用加热流体（油或水）的方法。

（6）高压釜法。

在成形模上用积层玻璃布覆盖纤维预浸带，然后将成形模送入高压釜，袋内减压的同时加压、加热成形。从成形物的性能观点讲它是一种可靠性高的成形法，因此此在宇航领域广泛采用。

2. C/C 复合材料生产工艺流程

虽然炭材料有多种良好的力学特性，但通常其绝对强度低，与金属相比易脆性破坏。作为解决这些问题的手段，开展了碳纤维增强炭的应用研究。碳纤维的特性对 C/C 复合材料的特性有很大的影响，但基体对界面所起的作用更大。

C/C 复合材料根据其基体的不同制造方法有很大的不同，在此以基体为中心介绍其制作方法，如图 3.6 所示。一般基体炭是将有机物（树脂、沥青）炭化后而得到或以化学气相沉积（CVD）法热分解烃类气体制得，也还有其他方法，但这两种方法为主要方法。

（1）有机物炭化法。

碳纤维或其纺织成形物用有机物浸渍之后炭化以至石墨化。由于炭化，其质量或体积减小，在 C/C 复合材料中产生气孔或龟裂，将气孔再次用有机物浸渍充填，再炭化，操作反复数次使密度增加。为使浸渍操作容易进行，必须设法抑制闭孔的产生。平织炭布的种类也是重要的因素。为减少浸渍次数，采用高残炭率的树脂（聚苯撑或聚酰亚胺）以及使用高压釜也都是必要的。

基体组织很大程度受热处理温度的影响。热固性树脂即使经 3 000 ℃热处理也不会呈石墨结构，而成为所谓玻璃状炭。但其如果与纤维共存就会显出石墨结构，这可以解释为是因应力石墨化机理所致。最近，有研究者认为下述情况也应称为应力炭化现象，即炭化时树脂与纤维相互作用阻碍其收缩而使前驱体结构发生变化。碳纤维的表面处理也对组织有影响，如果采用没进行表面处理的纤维，会呈现较大的广域结构。

在以沥青为基体的 C/C 复合材料中，如果采用的沥青平均相对分子质量越大，组织结构就会从流线状转为镶嵌状，以至向各向同性微细化。作为控制基体组织微细化的方法是向基体内添加炭黑或微粒石墨。

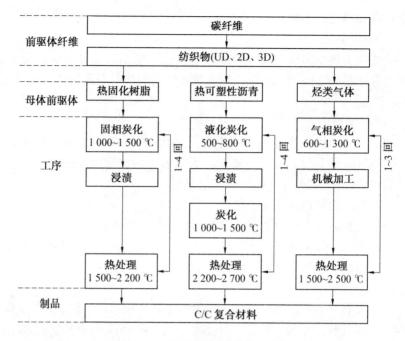

图 3.6　C/C 复合材料的制作方法

（2）气相生成（VCD）法。

此法是将气体原料（甲烷、丙烷、苯、二氯乙烯）通入到加热至 700～
2 000 ℃高温的纤维编织成形物中，使碳沉积在纤维上的方法。CVD 法碳
的沉积速度根据条件不同有很大区别，但 50 m/h 的沉积速度还是可以实
现的。

基体组织根据沉积条件可以以各向同性组织或柱状组织围绕纤维沉
积。虽然也有报告说存在分层组织，但其光学组织都与柱状组织相似。上
述组织即使热处理之后其光学组织也无大的变化。

3.4　碳纤维的表面处理方法及上浆工艺

碳纤维的综合性能不仅与增强相、基体相有关，更与两相的界面结合
质量有关。结合良好的界面能有效地传递载荷，充分发挥碳纤维高强度、
高模量的特性，提高碳纤维制品的力学性能。

众所周知，纤维的表面活性在很大程度上取决于其表面的表面能、活
性官能团的种类和数量、酸碱交互作用和表面微晶结构等因素。从表面形
态上看，碳纤维的表面有很多孔隙、凹槽、杂质及结晶，这些对复合材料的

黏结性能有很大影响。从化学组成来看,碳纤维整体主要是碳、氧、氮、氢等元素,未经表面处理的碳纤维表面羟基、羧基等极性基团的含量较少,不利于其与基体树脂的黏结。碳纤维的表面性质也受到其制备工艺的影响,A. Fjeldly 等人采用相同的表面处理方法,处理了不同牌号的碳纤维,发现其表面性质有很大差异。碳纤维的类石墨结构决定了其表面呈化学惰性,不易被基体树脂浸润以及发生化学反应,与基体树脂的黏结性能较差,表现为碳纤维的偏轴强度较低。因此,要改善碳纤维的界面性能,必须改善碳纤维的表面性能。

近年来对碳纤维表面进行改性处理,改善碳纤维与基体树脂之间的黏结强度,以充分发挥碳纤维的优异力学性能,一直是人们关注的问题。目前常用的表面处理方法,都是在碳纤维表面发生一系列物理化学反应,增加其表面形貌的复杂性和极性基团的含量,从而提高碳纤维与基体树脂的界面性能,实现提高复合材料整体力学性能的最终目的。

3.4.1 常用的表面处理方法

1. 气相氧化法

气相氧化法是将碳纤维暴露在气相氧化剂(如空气、O_3 等)中,在加温、加催化剂等特殊条件下使其表面氧化生成一些活性基团(如羟基和羧基)。经气相氧化法处理的碳纤维所制成的碳纤维,弯曲强度、弯曲模量、界面剪切强度(IFSS)和层间剪切强度(层间剪切强度)等力学性能均可得到有效提高,但材料的冲击强度降低较大。此法按氧化剂的不同,通常分为空气氧化法和臭氧氧化法。

采用空气氧化时,氧化温度对处理效果有显著影响。王玉果等对碳纤维在 400 ℃空气氧化处理 1 h 和 450 ℃空气氧化处理 1 h 后制成的三维编织碳纤维/环氧复合材料进行研究,发现其力学性能除冲击强度外均随处理温度的升高而增加,碳纤维的整体力学性能得到了明显的改善。

臭氧氧化法由于具有时间短、设备工艺简单、氧化缓和等特点,也得到了广泛的应用。贺福等人用臭氧氧化处理 PAN 基碳纤维,发现复合材料的界面黏结紧密,断裂形貌由多剪转变为抗剪。冀克俭等人采用臭氧氧化法对碳纤维进行了表面处理,发现碳纤维表面羟基或醚基官能团的含量提高,其与环氧树脂制成复合材料后的层间剪切强度提高 35%。

近年来,利用惰性气体氧化法进行表面处理,也得到了研究人员的关注。西北工业大学的卢锦花等人,将碳纤维在氩气保护、2 200 ℃的高温下处理 2 h,发现 C/C 复合材料的弯曲强度提高 75%,断口扫描表明断裂以脆性断裂为主,纤维与基体的结合强度较高。

2. 液相氧化法

液相氧化法是采用液相介质对碳纤维表面进行氧化的方法。常用的液相介质有浓硝酸、混合酸和强氧化剂等。

最常见的液相氧化剂是浓硝酸,浓度一般在 60% ~ 70%(质量分数),浓度过高,则纤维在氧化过程中被强酸腐蚀,强度损失较大,导致碳纤维的层间剪切强度提高不显著。葡萄牙的 Ph. Serp 等人用 70%(质量分数)的硝酸在 80 ℃下处理碳纤维,极大地增加了碳纤维表面的氧含量,改善了其表面的黏结性。万怡灶等人用 65% 的浓硝酸在煮沸下处理 PAN 基碳纤维,制得的 C/PLA 复合材料的宏观力学性能均有一定提高。杜慧玲等人用 65%(质量分数)的浓硝酸在煮沸(8 h)下处理 PAN 基碳纤维,制得的 C/PLA 复合材料的弯曲强度提高 12.9%,横向剪切强度提高 63.4%,平面剪切强度提高 15.6%,并由 X-射线电子能谱(XPS)分析发现,复合材料界面黏结性能得到改善的根本原因是在界面区域发生了某种酯化反应。研究表明,用强氧化剂溶液氧化,对纤维本身强度损伤不大,但氧化效果不显著。液相氧化的处理时间和氧化温度也会对处理效果产生显著影响。

液相氧化法相比气相氧化法较为温和,一般不使纤维产生过多的起坑和裂解,但是其处理时间较长,与碳纤维生产线匹配难,多用于间歇表面处理。

3. 阳极氧化法

阳极氧化法,又称为电化学氧化表面处理,是把碳纤维作为电解池的阳极、石墨作为阴极,在电解水的过程中利用阳极生成的"氧",氧化碳纤维表面的碳及其含氧官能团,将其先氧化成羟基,之后逐步氧化成酮基、羧基和 CO_2 的过程。要求水的纯度高,如果水中有杂质,其负离子电极位低于氢氧根负离子的电极位,则阳极得不到氧气;还要求正离子电极位低于氢正离子电极位,以保证阴极只有放氢反应;此外电极必须是惰性的,不参加电化反应。

刘鸿鹏等人以石墨板为阴极、PAN 基碳纤维为阳极,通过改变电解条件进行连续阳极氧化处理。该法使碳纤维表面含氧官能团的摩尔分数达 8.54%,表面吸附水的摩尔分数增加了 5.34%,极大地提高了碳纤维的表面浸润性能。

阳极氧化法对碳纤维的处理效果不仅与电解质的种类密切相关,并且增加电流密度与延长氧化时间是等效的。

常用的电解质是胺类化合物。杨小平等人以 5%（质量分数）的 NH_4NO_3 为电解液，在电流强度为 0.8 A 和氧化时间为 120 s 的条件下处理碳纤维，CF/ABS 复合材料的力学性能达到最好。庄毅等人采用碳酸氢铵为电解质，对 PAN 基碳纤维进行阳极氧化处理后，按 GB/T 3357—1982 制样，测试发现复合材料的层间剪切断裂转变为张力断裂，使其层间剪切强度达 85.5 MPa，提高了 49%。韩国的 Soo-Jin Park 采用复合胺类电解质对 PAN 基碳纤维进行表面胺化处理，其界面剪切强度和层间剪切强度分别达到 117 GPa，87 GPa 和 107 GPa，103 GPa。

4. 等离子体氧化法

等离子体是具有足够数量而电荷数近似相等的正负带电粒子的物质聚集态。用等离子体氧化法对纤维表面进行改性处理，通常是指利用非聚合性气体对材料表面进行物理和化学作用的过程。非聚合性气体可以是活性气体（如 O_2，NH_3，SO_2，CO 等），也可以是惰性气体（如 He，N_2，Ar 等）。常用的是等离子体氧，它具有高能、高氧化性，当它撞击碳纤维表面时，能将晶角、晶边等缺陷或双键结构氧化成含氧活性基团（如羧基、羰基和羟基等）。黄玉东等人将碳纤维经等离子体空气处理后制成碳纤维/酚醛复合材料，当处理时间为 20 min 时，层间剪切强度及单纤维与基体树脂间界面微脱黏力分别提高了 52.8% 和 56.5%，其最终制品的界面结合性能提高 40% 以上。熊杰等人用冷等离子体氧处理碳纤维，其碳纤维-水泥砂浆最大断裂荷载和韧性指数提高的幅度都十分显著。

除等离子体氧外，台湾的 Wen Huachiang 等人用等离子体氨处理碳纤维，发现高能氨等离子体不仅有蚀刻效应，而且同样能够吸附在碳纤维表面，引入氨基官能团，提高碳纤维的表面浸润性能。

5. 表面涂层改性法

表面涂层改性法的原理，是将某种聚合物涂覆在碳纤维表面，改变复合材料界面层的结构与性能，使界面极性等相适应以提高界面黏结强度，同时提供一个可消除界面内应力的可塑界面层。

曹峰等人采用溶胶-凝胶（sol-gel）技术，以正硅酸乙酯、三氯化铝和硝酸铝为基本原料，按 $3Al_2O_3 \cdot 2SiO_2$ 组成配制成溶胶，将此溶胶对碳纤维进行涂覆并无机化，得到纤维单丝表面均匀致密的氧化物涂层。该涂层对碳纤维的高温抗氧化性有显著提高，能增强碳纤维与铝基体和碳化硅陶瓷基体的复合性能。曾金芳等人采用活性涂层、刚性涂层和柔性涂层，分别对 HTA-P30 碳纤维进行表面处理，研究了不同涂层对 HTA-P30/AE4 环氧复合材料剪切强度的影响。试验结果表明，活性涂层可显著改善复合材料的剪切性能,而且涂层浓度对性能的影响非常敏感,当浓度为 1% ~ 2% (质量分数)时,剪切强度可以提高 20%。

3.4.2 复合表面处理法

复合表面处理是指通过几种普通表面处理法先后处理碳纤维,集各处理方法优点于一体的处理方法。1999 年大连理工大学的康勇等人采用硝酸-钛酸酯复合处理沥青基碳纤维,在硝酸氧化碳纤维表面生成酚羟基、羧基、内酯基等含氧基团的同时,钛酸酯再与生成的活性官能团发生反应,极大地改善了碳纤维表面的浸润性。同年,中国纺织大学的余木火等人先用 0.5 mol/L 碳酸氢铵溶液为电解质,对碳纤维表面进行阳极氧化处理,再用 PCl_3 和胺处理,发现碳纤维表面生成了能与环氧树脂反应的活性基团 —NH_2。研究表明,用对,对'-二氨基-二苯甲烷进行胺处理的碳纤维的界面剪切强度最高,与电氧化处理相比可提高一倍以上。

目前最常见的复合表面处理法是气液双效法(GLBE)。该法将补强和氧化相结合,先用液相涂层后用气相氧化,使碳纤维的自身抗拉强度和复合材料的层间剪切强度均得到提高。其实质是使涂层达到填充纤维表面空隙裂纹的效果,从而提高碳纤维抗拉强度;同时涂层液在纤维表面干燥除去溶剂后生成薄膜,氧化在涂层薄膜表面进行,达到引入极性基团的效果。

王大鹏等人将溶有沥青的四氢呋喃作为液相涂层剂,将碳纤维在其中浸泡 20 min 后,在 500 ℃的高温炉中烘干 10 min,测得碳纤维的拉伸强度提高 19%;将其与水泥、外加剂等混合制成碳纤维混凝土后,其层间剪切强度提高了 35.4%,且纤维的分散性得到了改善,实现了双效。张秀莲等人采用液相氧化和气相氧化相结合的方法,研究 PAN 基碳纤维,单向 C/C 复合材料强度测定表明,材料的强度得到了明显的改善。

除气液双效法外,还有其他一些复合表面处理法。雷雨等人利用空气氧化与酸酐酯偶联剂复合处理,使碳纤维复合材料有较高的剪切强度。西班牙的 C. Marieta 等人采用 PAN 基碳纤维,先在 HNO_3 中 80 ℃液相氧化处理 2 h,然后在 7 ~ 8 Pa 下用等离子体氧处理 5 min,用复合处理过的碳纤维与双酚 A 二氰酸酯(DCBA)/PET90/10 制成复合材料,其界面剪切强度在 108 MPa 左右,但由于双酚 A 二氰酸酯的极性低,其层间剪切强度没有得到明显的改善。刘丽等人研究表明,先以 5% (质量分数)的碳酸氢氨为电解质对碳纤维进行阳极氧化处理,增加表面的极性官能团,然后放入 5% (质量分数)丙烯酸水溶液中进行接枝处理 30 min,在碳纤维表面引入与聚芳基乙炔(PAA)相似的双键结构,其制成的 CF/PAA 复合材料的层间剪切强度可以达到 39.40 MPa,与未处理的碳纤维/PAA 复合材料相比提高了65.2%。

随着碳纤维增强树脂基复合材料在许多高科技领域应用的增加,必然对复合材料的整体性能提出更高的要求。通过改善增强纤维的表面性能,提高纤维和基体树脂的界面黏结质量,以提高复合材料的力学性能,必然会得到更高的重视。

综合国内外的研究报道发现,通常的单一处理方法由于优缺点共存,常常是在提高某方面性能的同时,牺牲材料另一方面性能,对复合材料的综合力学性能改善并不理想。复合表面处理法则可适当调和所采用的几种表面处理方法的优缺点,必将成为今后碳纤维表面处理的主要研究方向。

3.4.3 碳纤维的上浆技术

由于 PAN 基碳纤维的伸长变性能力小(小于2%),在织机上进行交织时,由于受到反复的拉伸、摩擦和弯曲等作用,造成碳纤维起毛、松散或劈丝,并使织造时开口不清晰,从而导致碳纤维交织难以顺利进行,同时严重影响了碳纤维织物的质量。选择合适的上浆剂能使碳纤维在卷绕、织造等操作工艺中起到保护作用,防止起毛、劈丝现象的发生。

1. 浆液配方的研究

黏着剂是浆料的主要成分,选择的原则是要求黏着剂对所浆纤维具有良好的黏着性,并能形成良好的浆膜,同时要求浆液的物理、化学性质稳定,浆料来源充足,配方简单。根据相似相溶原理,当纤维与黏着剂之间的化学结构,主要基团的极性相似时,则有良好的黏着性,因此选择了以氨基酸为主要成分的工业用明胶做主浆料。碳纤维表面由于有 C—O 和 C =O 结构存在,这些含氧结构具有较高的活性和润湿能力,与明胶水溶液中的氨基、羟基等极性基团作用,和碳纤维表面产生物理吸附力,正是上浆所需要的。通过以上分析,选择工业用明胶作为碳纤维的黏着剂符合上述条件,也与传统的经纱上浆习惯相符合。

2. 碳纤维的上浆原理

碳纤维与明胶之间的界面结合是一个复杂的物理和化学过程,两相之间界面结合主要靠三种力,即化学键力、范德瓦耳斯力和机械嵌合力。碳纤维表面的活性官能团及活性点与工业用明胶的活性基团生成化学键,其键力是两相界面黏结的主要力。两界面层的范德华力比化学键小得多,属次价键力。两相界面的机械嵌合基于明胶浆液流入和填充碳纤维表面存在的微细孔隙。两相界面的结合是一个复杂过程,仍需进一步研究。

3. 助剂选择

明胶黏着剂对碳纤维黏着性好,但浆膜粗硬缺乏弹性而易脆裂,为了改善明胶液的性能,增进上浆效果,浆液中还要加入一些助剂,使碳纤维的浆膜达到理想效果。

(1)增韧剂。

选用与明胶液良好相溶的非活性增韧剂邻苯二甲酸二正辛酯。试验证明提高了碳纤维的弯曲性能和耐磨性。

(2)浸透剂。

碳纤维是疏水性纤维,纤维间隙中有空气,不利于浆液浸透纱线内部,所以必须加入浸透剂。一般选用 JFC 渗透剂,它的浸透性较好。

(3)柔软剂。

使用油脂作为柔软剂,降低明胶黏结剂分子间的结合力,使碳纤维浆膜柔软而又富有弹性。

(4)吸湿剂。

吸湿剂用来使已浆过的碳纤维吸收空气中的水分,提高碳纤维的含湿量,使其柔软而富有弹性。选用甘油作为吸湿剂,起到柔软和防腐作用。

(5)溶剂。

选择水作为碳纤维调浆剂。

碳纤维表面含氧结构的存在是碳纤维上浆的基础,因此浆料黏着剂选择主要考虑到其含氧结构的特点,选用工业用明胶。这种上浆方法属于低温上浆,能极大改善可织性,以明胶水溶液为黏着剂配制浆液,符合纺织厂传统习惯,既安全、卫生,又节约成本。用明胶对 PAN 基碳纤维进行上浆处理能使纤维的耐磨性能以及其他物理性能得到改善,其抱合力良好。

3.5 石墨层间化合物的合成方法

石墨晶体具有很强的各向异性层状结构,层面内碳原子间距为 0.142 nm,层间距为 0.335 nm。这种强各向异性在其反应过程中很好地得到反映,即层平面内结合的那些反应难以进行,而层面间使反应物质进入的反应(插层)容易进行。这种层间反应生成物称为石墨层间化合物(graphite intercalation compounds,GIC),被插入的化学物质称为插入物(Intercalate)。

有非常多的化学物质可生成 GIC,而且其合成方法也多种多样,在此不可能将其全部网罗,因此本节仅介绍有代表性的合成方法。

3.5.1 气相恒压反应法

在气相恒压反应法中,石墨试样和要插层的物质分别放在反应管中不同的部位,分别保持一定的温度(石墨的温度为 T_g,反应物的温度为 T_i),使石墨和反应物气体接触并发生反应。T_g 一般常比 T_i 高,以防止反应物从石墨试样中析出。T_i 由反应物的蒸气压决定,适当选择 T_g 和 T_i 之差,可确定生成的 GIC 的组成和阶结构。

合成 K–石墨层间化合物时,实际上使用如图 3.7 所示玻璃制反应管,在反应管的两个样品室内分别放置石墨和精制的金属 K,在真空下封闭管口后放入设定在一定温度的电炉中保温。金属加热汽化,经数小时至 24 h,金属蒸气被石墨吸收。例如,C_8K(一阶化合物)的合成是在石墨为 400 ℃,钾为 360 ℃时进行的,而 $C_{24}K$(二阶化合物)则石墨为 400 ℃,钾为 285 ℃。钾和石墨保持一定的温度差是必要的,若是石墨粉,则可一边加热一边振荡搅拌,以加速反应,这样可以得到均匀的化合物。合成后在室温下保存,使用时将玻璃管的端部切断将制品取出,若是合成二阶以上化合物,则金属和石墨均须准确称量。

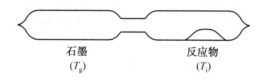

石墨
(T_g)   反应物
(T_i)

图 3.7 双室法的反应管

图 3.8 是向石墨插入 K 的等温图,温度差(T_g-T_K)小时获得具有饱和组成的一阶化合物,随着温度差的增加,阶数也增大。另外,由于阶数变大,其温度范围变窄。一般而言,高阶化合物的合成比较困难。氯化物的 GIC 也多采用此法来合成,$FeCl_3$ 等化合物能单独插层,但 $AlCl_3$ 等在许多情况下单独完全不能反应,需要定量的 Cl_2,Br_2 等与之共存才开始生成 GIC。

3.5.2 粉末冶金法

将定量的金属和石墨粉末在真空条件下混合均匀,模压成形,然后在惰性气氛中热处理,可以合成 1~4 阶化合物,用这种方法合成 C_6L_1 一阶化合物。同样的方法也可以合成 1~6 阶比较稳定的石墨–钡 GIC。将钠和石墨粉混合物在 400 ℃加热 1 h,即得深紫色的 $C_{64}Na$ 的 GIC。

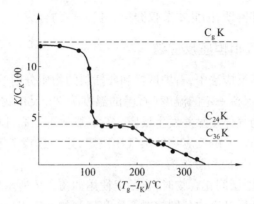

图 3.8 石墨-K 系的等温图

3.5.3 浸渍法

浸渍有两种方法,方法一:是将石墨浸入熔融盐中的方法,原理与粉末冶金法相似,在反应物的蒸气压低或希望在温和条件下发生反应等场合较为有效。该方法反应速度快,在较短的时间内可获得目的化合物,但一般未反应物的除去较难,是其缺点。有文献将石墨浸渍到两种或三种金属氯化物的熔融盐中,在较低的温度下短时间内可合成大量样品。使用混合熔融盐能够控制想插层的化合物的活性,使反应在低温下进行成为可能。而且氯化物的 GIC 经过水洗也几乎不分解,从而未反应的氯化物也比较容易除去,因此作为大量合成方法非常有用。

方法二:是在碱金属和芳香烃(萘、联苯、菲等)的络合物的四氢呋喃溶液中放入定量的石墨粉,可以生成碱金属-石墨-有机物二元化合物。当石墨与锂的蒸气反应时,不仅生成 GIC,而且生成碳化合物 Li_2C_2,但用这种浸渍法就不会生成碳化物。据文献报道,将石墨粉加进 Li,Na 的六甲基磷酰铵(HMPA)溶液中,浸泡数分钟就能生成一阶三元层间化合的 LiC_{32}(HMPA)与 NaC_{27}(HMPA),石墨层间扩大到 0.762 nm。

3.5.4 电解法

将 KCl,LiCl,NaF,NaCl 或它们的混合物加热熔融,然后用石墨电极作为阴极电解出金属,该金属即直接进入石墨电极层间,这种化合物 GIC 在空气中比较稳定。有文献报道,将碱金属溶解于二甲氧基乙烷等有机溶剂中,然后将此溶液用石墨电极电解,可以在石墨电极中生成金属-石墨-有机物三元层间化合物。将碱金属盐或碱土金属盐溶解在液氨中电解,可以得到 5 种 (Li,Na,K,Rb,Cs) 晶体化合物,其近似组成为 $C_{12}M(NH_3)_2$,也可以用 $C_8M(M-K、Rb、Cs)$ 与氨作用而得到。

3.5.5 电化学方法

电化学方法的代表性反应物为硫酸。以石墨为阳极,在浓酸中进行电解,发生硫酸的插层反应。从通电量可以容易地估算插入的硫酸量,并且电极电位与阶数结构对应,因此插层过程容易监控,这是其优点。最近,由于 Li 二次电池的影响,关于 Li 在石墨(炭)中电化学插层的研究非常活跃。

3.6 热解石墨的制备方法

热解石墨是用碳氢化合物气体或蒸气为原料,在高温下进行热分解,沉积在基体表面的一种新型的炭素材料。其结构和性能与热解温度有直接关系,凡是在 800~1 000 ℃热解的产物称为热解炭,而在 1 400~2 200 ℃热解或更高温度下处理过的称为热解石墨。

热解石墨是高温气相沉积的产物,目前多用中频感应加热(或扼流圈型石墨加热器加热)真空炉为其制备的主要设备。在感应圈内设石墨发热体、石墨套筒内置沉积的基体,它们都被感应加热。

启动时,先将炉内空气排除,真空度达 133.3~266.6 Pa,然后送电升温,当基体达到规定沉积温度后,送入按一定比例混合的氮气和碳氢化合物气体混合物,进行热解。在这一过程中,真空泵不断地将废气抽出,而混合物则源源不断地定量输入,经过一定时间的沉积以后,就得到规定厚度的热解炭层。整个装置分为供气、加热、排气和监控四个系统,如图 3.9 所示。

热解用原料可以用天然气、液化石油气、煤气或苯和甲苯的蒸气等,稀释载体可用氮、氩、氢气等,以控制沉积速度和密度。基体可用钨、钼、钽等难熔金属或块状石墨,对于半导体、电子技术用的热解炭制品,则要用高纯石墨为基体,基体必须精细加工并加以抛光,以利于脱模,拐角部分应尽量采用圆弧,以减少热解炭的内应力。

在沉积过程中,温度、压力和气流量三个主要参数都要力求稳定,沉积时间则根据所需热解层厚度来决定,这些参数的最佳选择需视热解石墨的用途与性质而定。

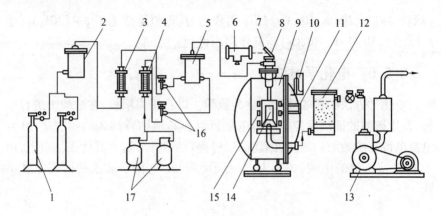

图 3.9 高温气相沉积工艺系统图

1—惰性气瓶;2—惰气稳压缶;3—惰气流量计;4—石油气流量计;5—混合缶;6—光学高温计;7—反射镜;8—进气观测孔;9—真空炉;10—压力计;11—中频电源线路;12—过滤器;13—真空泵;14—石墨基体;15—感应线圈;16—真空阀;17—石油气瓶

第4章 原料的煅烧

炭素原料在隔绝空气的条件下进行高温(1 200～1 500 ℃)热处理的过程称为煅烧。煅烧是炭素生产的预处理工序。各种炭素原料在煅烧过程中从元素组成到组织结构都发生一系列显著的变化。

无烟煤、石油焦和延迟沥青焦都含有一定数量的挥发分,需要进行煅烧。冶金焦和焦炉生产沥青焦的成焦温度比较高(1 000 ℃以上),相当于炭素厂的煅烧温度,可以不再煅烧,只需烘干水分即可。天然石墨为了提高其润湿性,也可以进行煅烧,一般说来,燃后料比较硬、脆,便于破碎、磨粉和筛分。

4.1 概　　述

4.1.1 煅烧的目的与作用

煅烧的目的是排除原料中的水分和挥发分,使炭素原料的体积充分收缩,提高其热稳定性和物理化学性能。

进厂原料的水分含量一般为3%～10%(质量分数)。原料如含有较多的水分,不便于破碎、磨粉和筛分等作业的进行,并影响原料颗粒对黏结剂的吸附性,难以成形,故一般要求煅后料水分含量不大于0.3%(质量分数)。

如果原料的挥发分过高,则生制品在焙烧过程中将会发生过大的收缩,以至变形,甚至导致生制品的断裂,所以必须排除原料中的挥发分。

在煅烧温度下,伴随挥发分的排出,高分子芳香族碳氢化合物发生复杂的分解与缩聚反应,分子结构不断变化,原料本身体积逐渐收缩,从而提高了原料的密度和机械强度。一般来说,在同样温度下,煅后料的真密度越高,则越容易石墨化。

炭素原料煅烧过程中导电性能的提高也是挥发分逸出和分子结构重排的综合结果。经过同样温度煅烧后,石油焦的电阻率最低,沥青焦的电阻率略高于石油焦,冶金焦的电阻率又高于沥青焦,无烟煤的电阻率最高。无烟煤的电阻率不仅与煅烧程度有关,而且与其灰分大小有关。同一种无烟煤,灰分越大,煅烧后电阻率越高。

随着煅烧温度的提高,炭素原料所含杂质逐渐排除,降低了原料的化学活性。同时,在煅烧过程中,原料热解逸出的碳氢化合物在原料颗粒表面的孔壁沉积一层致密有光泽的热解碳膜,其化学性能稳定,从而提高了煅后料的抗氧化性能。

由于各种固体原料(如石油焦、沥青焦、无烟煤、冶金焦等)的成焦温度或成煤的地质年代等不同,在内部结构中不同程度地含有水分、杂质或挥发物。这些物质如果不预先排除,直接用它们生产炭石墨材料,会影响产品质量和使用性能。各种炭素原料除天然石墨和炭黑外都要煅烧,煤沥青焦和冶金焦的焦化温度达 1 100 ℃,含挥发分很低。在单独使用时可不必煅烧,但在用罐式炉煅烧延迟石油焦时为了防止石油焦结成大块,或者用回转窑煅烧延迟石油焦时,防止温度过高使炉尾结焦,按一定比例掺入沥青焦,故此时沥青焦也要进行煅烧。此外,对于生产细结构石墨材料时,若沥青焦的真密度低于 2.03 g/cm^3(特别是低于 2.00 g/cm^3)时,也需要煅烧。在炭素厂中大量煅烧的是石油焦和无烟煤。各种炭素原料在煅烧过程中产生了一系列的变化,概括地说有如下变化:排出原料的挥发分,除去原料中的水分,加速硫分的变化,从而控制灰分增大、焦粒体积收缩并趋向稳定,这样,可达到提高原料的真密度、强度、导电性能、抗氧化性能的目的。其作用是:

①原料的体积收缩,密度增大,使得在制品焙烧时的开裂和变形废品率降低,得到理化性能和几何尺寸比较稳定的制品。

②原料的机械强度提高,对提高产品质量有直接关系。

③煅后焦比较硬脆,便于破碎、磨粉和筛分。

④煅后焦的导电、导热性能提高,为产品质量的提高和优化工艺创造了条件。

⑤煅烧使焦炭的抗氧化性能提高,可提高产品的抗氧化性能。

此外,只有煅后焦才可以作为焙烧和石墨化的填充料。

原料在煅烧过程中的变化是复杂的,既有物理变化又有化学变化,原料在低温烘干阶段所发生的变化(主要是排除水分),基本上属于物理变化;而在挥发分的排出阶段,主要是化学变化,既完成原料中的芳香族化合物的分解,又完成某些化合物的缩聚。

焦炭在煅烧中发生一定的氢化作用,可提高体系的活动性,从而加速在各温度范围内进行有序化和深度有序化过程。但是,在炭化阶段焦炭氧化,将导致横向键的形成,而妨碍石墨化的进行。

4.1.2　煅烧质量指标

在煅烧过程中,焦炭的煅烧质量和物理化学性质发生了明显的变化,各种原料的煅烧质量控制指标见表4.1,各种原料煅烧前后理化指标比较见表4.2。

表4.1　各种原料的煅烧质量控制指标

指标\原料	电阻率/($\Omega \cdot mm^2 \cdot m^{-1}$) 不大于	真密度/($g \cdot cm^{-3}$) 不小于	灰分/% 不大于	硫分/% 不大于	水分/% 不大于
石油焦	500	2.08	0.5	1.0	0.3
针状焦	450	2.12	0.5	0.5	0.3
沥青焦	550	2.03	0.5	1.0	0.3
冶金焦	900	1.90	13.5	0.8	0.3
无烟煤	1 200	1.74	10.0	2.0	0.3

表4.2　各种原料煅烧前后理化指标比较

原料种类\理化指标		石油焦 I	II	III	IV	V	沥青焦	无烟煤 I	II
灰分/%	煅烧前	0.11	0.15	0.2	0.17	0.14	0.38	6.47	5.06
	煅烧后	0.35	0.41	0.35	0.54	0.21	0.44	10.04	9.11
真密度/($g \cdot cm^{-3}$)	煅烧前	1.61	1.46	1.42	13.7	13.6	1.98		
	煅烧后	2.09	2.09	2.08	2.05	2.08	2.06	1.77	1.85
体积密度/($g \cdot cm^{-3}$)	煅烧前	0.9	0.82	0.93	0.99	0.94	0.8	1.35	1.35
	煅烧后	0.97	0.99	1.11	1.13	1.15	0.8	1.61	1.59
硫分/%	煅烧前	0.51	0.4	0.17	1.09	0.38	0.27	0.73	0.41
	煅烧后	0.58	0.57	0.19	1.26	0.42	0.25	0.84	0.73
挥发物/%	煅烧前	2.23	2.23	5.79	11.71	14.95	0.55	7.43	6.31
水分/%	煅烧后	0.95	1.97	0.28	0.34	6.5	0.06	0.49	0.33
煅后体积收缩/%		13.0	14.6	21.5	28.5	25.5	1.25	25.5	23.9
煅后粉末电阻率/($\Omega \cdot mm^2 \cdot m^{-1}$)		511	493	487	480	523	791	1 074	1 022

4.1.3 煅烧工艺

焦炭煅烧工艺视所用煅烧设备不同而异,煅烧设备的不同也影响煅后焦的质量。煅烧设备的选型要按照工厂的产品品种、年产量、原料质量、能源供应等情况综合决定。目前,我国炭素工业为了保证正常连续生产,稳定产品质量,工厂都必须安排储备原料的仓库和场地,并需有一定的库存量。

在炭石墨材料生产中,应依产品性能不同,选择不同原料,因此,原料应分别验收、堆放入库,不应有灰分混入,水分增大。原料在入窑煅烧前要预先破碎至 50 ~ 70 mm 的块度,称为预碎工序。对于无烟煤之类,因灰分高,应经挑选、筛分后才用,大块需要先预碎。

预碎机采用齿式对辊机和颚式破碎机。机械化程度高的车间设有原料库、提升机、天车、皮带运输机和煅前料料仓。

焦炭煅烧工艺视所用煅烧设备不同而异,煅烧设备的不同也影响煅后焦的质量,煅烧设备的选择要视工厂的产品品种、年产量、能源供应等情况综合决定。

目前,国内外通用的煅烧炉有回转窑、罐式煅烧炉和电热煅烧炉。

国内,多数炭素厂采用罐式煅烧炉和回转窑,电炭厂则采用电热煅烧炉,其他的煅烧设备也有采用。

4.2 焦炭在煅烧时的变化

4.2.1 结构的变化

1.煅烧时焦炭结构的重排

未煅烧石油焦的层面堆积厚度 L_c 和层面直径 L_a 只有几纳米,它们随煅烧温度的升高不断变化,其统计的增大趋向如图 4.1 所示。在 700 ℃ 以下,L_c,L_a 有所缩小,700 ℃ 以上则不断增大,这种变化趋势与侧链和结构重排有关,在接近 700 ℃ 时,L_c,L_a 缩小说明焦炭层结构在这一温区移动和断裂得更杂乱和细化,此时挥发分的排出最强烈,煅烧无烟煤也有类似情况。

各种炭素原料的挥发分在热的作用下先后进行了热解、聚合以及碳结构的重排,其变化如图 4.2 所示。

各种炭素原料是碳六角网格和线性聚合的碳氢化合物以及氧和氮等

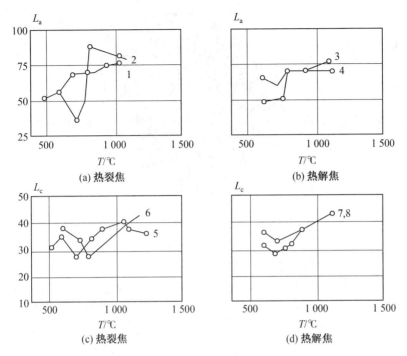

图 4.1　热裂焦的 L_c,L_a 随煅烧温度的变化

1,4,8—在填充料中;2,3,6,7—在氢气中

缩合原子的混合物。其结构特点是:由碳六角网格组成的平面原子网格是炭质原料的基础,而直线聚合的碳及其他元素(如 O,H,N 等)的原子和原子团,在多数炭素原料中则是与碳环相连的结构。

　　在整个煅烧过程中,结构的变化不是单调地进展。在 XRD 谱图中石油焦(002)晶面所对应的衍射峰的半高宽在 1 000 ~ 1 200 ℃增大,到 1 340 ℃以后又重排缩小,这说明煅烧中的物理、化学历程的复杂性,不能认为网格平面尺寸和它们间的定向程度是单调地增大,它经过 1 000 ℃以前的有序化、1 000 ~ 1 200 ℃的无序化,又在更高温度下过渡到有序化,而晶体尺寸的相对长大和聚焦状态总的有序化才是煅烧最终的结果。

2.煅烧时焦炭的收缩和气孔结构的形成

　　煅烧时焦炭的体积收缩是挥发分排出所发生的毛细管张力以及结构的变化和化学的变化使焦炭物质致密化而引起的。图 4.3 所示为石油焦和沥青焦煅烧时的线尺寸变化曲线。

　　从图 4.3 中可见,所有曲线都有两个拐点,第一拐点相当于焦炭生成时的温度,显出在这温度下焦炭是受热膨胀的;第二个拐点相当于焦炭最

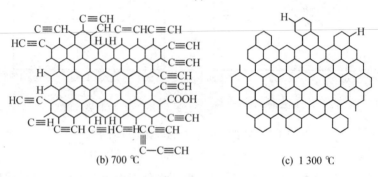

(a) 400 ℃

(b) 700 ℃　　　　　　　　(c) 1 300 ℃

图 4.2　炭素材料在不同煅烧温度下碳平面网格的变化

大的收缩期,它们的收缩量绝对值视焦炭的品种和横向交叉键的发展程度而定。

　　在密度增大的同时,气孔率增大,这是由于各向异性的收缩引起的,颗粒的收缩率在垂直于层面方向最大,但是在这个方向上线胀系数也最大。

　　在 700 ~ 1 200 ℃之间气孔的总体积大幅度增加,它与 700 ℃气体的大量析出有关,由于气体的析出产生了气体通道(开口气孔),也由于结构重排产生了因收缩而形成的微量细裂纹。

　　当热处理温度提高到 1 200 ℃以上,由于焦炭收缩,体积密度增大,气孔的体积减小,它们大部分转变为连通的开口气孔。图 4.4 是热裂石油焦的气孔直径的分布与煅烧温度的关系。

3. 煅烧温度对机械性能的影响

　　实验证明,在 500 ~ 700 ℃间生成许多不成对电子和活性中心的同时,相应地发生再结合和交叉键,在这一温度区内延长时间将增大焦炭的机械

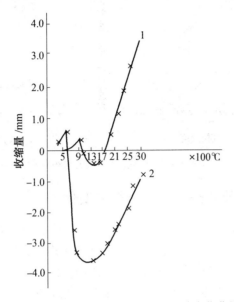

图 4.3　石油焦和沥青焦煅烧时的尺寸变化曲线

曲线:1—沥青焦;2—石油焦

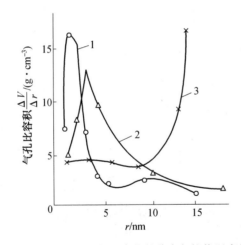

图 4.4　热裂石油焦的气孔直径的分布与煅烧温度的关系

1—煅烧至 950 ℃;2—1 200 ℃;3—2 900 ℃;

r—气孔有效半径, nm;V—气孔单位体积,cm^3/g

强度,如图 4.5 所示。但是,这种具有交叉键的结果,使微小的乱层结构粒子呈杂乱排列,其择优取向极弱,后来便抑制了石墨化的结构重排(有序化)的过程。降低了材料的各向异性,并阻碍 L_a、L_c 尺寸的增大。

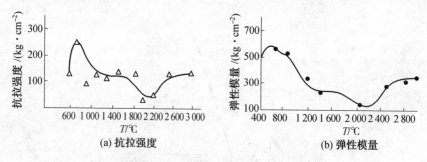

(a) 抗拉强度　　　　　　(b) 弹性模量

图 4.5　煅烧温度对热裂后油焦的机械强度的影响

4.2.2　焦炭在煅烧时电性能的变化

　　焦炭电性能的变化与其结构变化相关,它取决于共轭 π 键的形成程度,众所周知,煤和焦炭的导电性能是碳原子网格中共轭 π 键体系离域电子的传导性的反映,它随六角网格层面的增大而增大。

　　石油焦炭的电阻系数与煅烧温度的关系曲线如图 4.6 所示,该曲线可分为如下 4 个温度区:

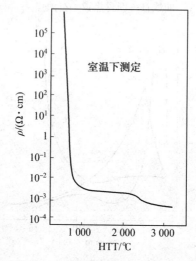

图 4.6　石油焦炭的电阻系数与煅烧温度的关系

　　①500 ~ 700 ℃,焦炭的电阻系数最大。

　　②700 ~ 1 200 ℃,焦炭的电阻系数直线下降,从 10^7 降至 $10^{-2}\Omega\cdot cm$。

　　③1 200 ~ 2 100 ℃,电阻系数变化甚少。

　　④2 100 ℃上,电阻系数随热处理温度进一步降低,这与焦炭的石墨化有关。

石油焦的电阻随煅烧温度的提高而直线式地降低,到1 200 ℃以后转为平缓,可用图4.7所示软炭的霍尔系数和热电势与煅烧温度的关系来说明。这两个参数虽然依焦炭的品种、纯度、焦化条件的不同而有不同的绝对值,但对于易石墨化的软炭来说,它们的曲线特性都相似,它们都与载流子的浓度成反比,从而可以根据它们的符号正负来决定物质中导电载流子的类型(负值为电子,正值为空穴)。

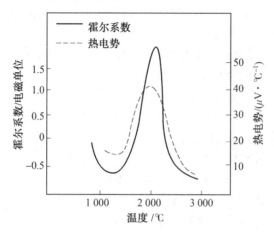

图4.7 软炭的霍尔系数和热电势与煅烧温度的关系

从500~1 000 ℃,霍尔系数的符号由正降低到零,后来再降低到负。说明在这一温度区处理过的焦炭电子载流子数量增多,这是焦炭排除了稠环芳香大分子周围的官能团和分子中的杂原子,形成新共轭 π 键的结果。用红外光谱法测定这一温度区中焦炭的有机分子和官能团变化参数也可证实。

在1 000~1 500 ℃,物料继续排出可挥发物质和氢,原来乱层平面上的破损点逐步弥合,原来被截断的 σ 键的不成对电子与近邻电子配对成共价键,分子平面的增大使电子迁移的自由程增长,使电子迁移率增高,故此时霍尔系数为负值,电导以电子为主。

从1 500~2 000 ℃,晶粒开始长大,由原来的约8 nm增大至约15 nm,但晶粒的边界和晶粒中的微裂缝因晶粒的收缩而增大,它们将对电子发生强烈的反射,降低了电子迁移率。另一方面,氢和其他外来元素的排除产生的自由键将捕捉电子,并在 π 带上产生空穴,而且晶粒中的点阵缺陷亦将是电子的受主,所有这些因素都使电子浓度相对减少、空穴增加,成为导电的主体。

在 2 100 ℃以上,焦炭已进入石墨化阶段,晶粒迅速成长,随着热处理温度的提高,晶粒中电子浓度增大,电子的迁移率提高。在炭–石墨晶体中,π 带和导带之间的能隙减小,甚至出现重叠,即电子从 π 带跃迁到导带的活化能等于或小于 RT,在热激发下大量的电子从 π 带跃迁到导带,霍尔系数的符号又由正号最大急剧下降为负,电阻系数进一步降低。

对于难石墨化或不石墨化的炭素物质,如炭黑、聚偏二氯乙烯碳、玻璃碳等,它们的电阻随煅烧温度的变化规律与上述不同,曲线的水平部分要到 2 800 ~ 3 000 ℃,霍尔系数全在正值区,在 1 200 ~ 1 400 ℃处理时的个别品种的热解炭没有传导信号的变化,这说明在该温度范围煅烧时晶体没有成长,载流子浓度也没有提高。

此外,燃烧前后焦炭氢含量和硫含量也发生变化。日本角田三尚等人在实验室条件下,对两种石油焦在煅烧阶段(950 ~ 1 400 ℃)进行元素分析,焦炭 A 的氮质量分数为 0.6%,焦炭 B 的氮质量分数为 0.4%,随热处理温度的提高,没有发现变化。焦炭 A 煅烧前的氢质量分数为 3.4%,经 1 100 ℃热处理后为 0.3%,经 1 400 ℃热处理后为 0.1%;焦炭 B 煅烧前的氢含量为3.3%,经 1 100 ℃处理后为 0.2%,经 1 400 ℃热处理后为痕量。由此可见,随热处理的进行,焦炭发生脱氢反应。近年来,世界上一些工业发达国家逐渐以氢含量来判断煅烧质量。对大部分炭素原料来说,氢含量降低到 0.05%的温度为最佳煅烧温度。

最有效的脱硫方法是高温煅烧,因为高温可促进焦炭结构重排,使 C—S 的化学键断裂。一般情况下,硫要到 1 200 ~ 1 500 ℃范围内才能大量排出。在煅烧无烟煤时,硫质量分数可降低30% ~ 50%。

4.2.3 焦炭煅烧时磁性能的变化

用电子顺磁共振法(EPR)研究炭素原材料煅烧时的结构和性能的形成,对指导煅烧工艺是有意义的,如 500 ~ 700 ℃煅烧过的焦炭样品顺磁共振现象异常强烈。顺磁共振中心浓度随煅烧温度而变化的典型曲线如图4.8所示。从室温到 300 ℃,煅烧过的焦炭电子顺磁共振的信号强度逐渐增大,主要是焦炭吸附的氧从焦粒表面排出,并非发生了化学变化。在700 ℃,煅烧过的石油焦信号强度最大,其后则急剧下降,说明在加热过程中挥发分和氢受热排出,平面分子进行缩聚反应,促进了结构重排,当外围的官能团被排出时,就将电子转移给碳环体系。这一过程随着 σ 键的断裂,形成不成对电子并过渡到 π 轨道,而使顺磁共振信号增大。其后温度进一步提高,π 电子与相邻碳原子中的未成对电子再结合成交叉键时,顺磁共振信号便急剧降低。在 500～700 ℃,顺磁共振信号的增大也说明在煅烧的焦炭中形成大量的活性中心,此温度下煅烧的焦炭 L_a 和磁化率的各向异性因数变小,机械强度和线胀系数增大。

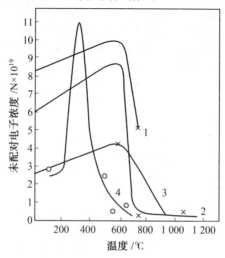

图 4.8　顺磁中心浓度随煅烧温度变化的典型曲线
1—热裂焦块体;2—热裂焦粉Ⅰ;3—热解焦粉;4—热裂焦粉Ⅱ

4.3　煅烧温度对焦炭的影响

4.3.1　煅烧温度对焦炭元素组成的影响

石油焦中 H,S,N 含量的变化取决于煅烧温度下物料的分子反应和化学重排的进程。表 4.3 为热裂焦煅烧条件和温度对其元素组成与性能的影响。元素组成最明显的变化是煅烧到 600～900 ℃时氢含量大幅度降低。在 600～900 ℃相应地有大量的气体排出,而气体排出速度和挥发物量的多少取决于焦化温度,而无烟煤则取决于其变质程度。

挥发物在焦炭表面热解沉积成一层致密的炭层,这在罐式煅烧炉内进行得最为完全,直接有助于焦炭各方面性能的提高。

在 1 100～1 200 ℃,石油焦挥发分实际上已完全排出,但还残留 0.1%～0.2% 的氢,硫的含量则视原焦中有机硫的含量而定。这些残留的 H、S 以及其他杂质将一直存在到石墨化高温处理时才基本排出。可见,它们在焦炭中形成了热稳定性极高的化合物。

表4.3 热裂焦煅烧条件和温度对其元素组成与性能的影响

样品	比表面积 /(m² · g⁻¹)	真密度 /(g · cm⁻³)	元素组成/%				pH	吸沥青量 /(mg · g⁻¹)	吸煤油量 /(mL · g⁻¹)
			C	H	S	N			
焦炭在填料中煅烧至500 ℃	13.05	1.42	92.5	2.8	0.60	1.06	7.8	11.66	1.00
700 ℃	4.13	1.69	91.5	1.8	0.52	0.89	7.8	12.66	0.90
900 ℃	11.0	1.9	96.6	0.8	0.53	0.79	7.9	12.66	0.89
1 200 ℃	12.0	2.08	99.2	0.4	0.49		7.3	12.66	0.91
焦炭在氢料中煅烧至550 ℃			92.8	3.1	0.54	1.06	8.0	12.00	1.00
700 ℃			93.1	1.7	0.35	0.89	8.0	13.33	0.91
900 ℃			97.8	0.6	0.43	0.79	8.6	12.4	0.92
1 100 ℃			98.2	0.2	0.40	1.06	8.2	16.0	0.91
焦炭在氮中煅烧至500 ℃			99.4	0.2	0.40		8.5	11.66	1.11
1 500 ℃			99.5	0.2	0.26		7.7	12.49	1.09

注:pH 是用水萃取炭可溶部分的水溶液测定的

外部介质对煅烧焦炭的表面性质有一定影响,氢气介质对降低焦炭中的硫有显著作用,但是,用氢脱硫在工业上没有实际意义,因为煅烧装置的安全性难以保证,而且耗费高。

最现实而有效的脱硫方法是高温煅烧,因为高温可促进焦炭物质结构重排,并使 C—S 间的化学键断裂,硫要到 1 200 ~ 1 500 ℃才能大量排出。利用生焦本身挥发分燃烧所产生的热量作为煅烧工艺的热源是目前无燃料煅烧的主要发展方向。

各种原料开始逸出其挥发分的温度,一般是 200 ~ 250 ℃。挥发分的逸出量一般都随着温度的升高不断增加。但是,各自的气体逸出量和逸出速度互不一致。例如,在相应的温度范围内,无烟煤挥发分的逸出量的增加就比石油焦显得均匀,逸出速度也和石油焦不一样。这主要是由于经过焦化过程,石油焦的挥发分中少含或不含轻质馏分。即使同样是石油焦或无烟煤,也会因其成焦原料和焦化条件不同或成煤地质年代不同,出现不同的气体逸出情况。

由表4.4 和图4.9 可见,初始气体的逸出量随着温度的上升而加强,当温度上升到一定值后,气体逸出量便急剧下降,大约 1 100 ℃后基本上停止逸出。

表4.4 石油焦挥发分析出情况

原料名称	开始逸出温度/℃	大量吸出温度/℃	最大析出量/%
釜式焦	200 ~ 500	550 ~ 650	4 ~ 6
延迟石油焦	150 左右	400 ~ 550	10 ~ 25

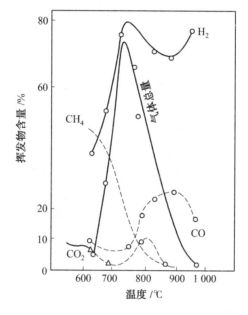

图4.9 煅烧无烟煤时排出的气体总量及其组成

如果煅烧原料的焦化程度(指焦炭)或炭化程度(指无烟煤)越好,其热解温度就越高,达到最大气体逸出量的温度也就越高。

一般地说,在400 ℃以下,从各种炭素原料(无烟煤除外)中所排的挥发分,主要是来自焦炭中少量的轻质馏分。当煅烧温度升高到400 ~ 500 ℃时,由于炭素原料中的大分子及大分子中的原子或原子团的平均能量不断增加,增加到大于其键能时,一方面可能逐步发生大分子裂解成小分子;而另一方面会使部分侧链基团发生断裂,并以挥发分的形态排出。在500 ℃的煅烧温度范围内,各种炭素原料中的挥发分呈油雾、黄烟的形态逸出。

在500 ~ 800 ℃,各种炭素原料挥发分的排出量最大。因为石油焦在焦化前已经过 370 ~ 390 ℃ 的蒸馏,500 ℃ 左右才进入焦化塔焦化,所以轻分子已被蒸馏出去,留下的都是相对分子质量较高的物质。所以挥发分大量排出的温度($T_{煅}$)比前面讲的纯沥青炭化时挥发分大量排出的温度($T_{纯沥青} = 350 ~ 500\ ℃$)要高,也比后面焙烧中挥发分大量排出的温度($T_{焙}$)高,即 $T_{煅} > T_{焙} > T_{纯沥青}$。

当煅烧温度约为 700 ℃ 时,炭素原料挥发分的主要成分是碳氢化合物及由碳氢化合物热解所分解的氢。当温度继续升高,将会引起碳氢化合物的强烈分解,生成热解炭(即次生炭)。这种热解炭不断沉积在焦炭气孔壁及其表面,形成一种坚实有光泽的炭膜,使焦炭的抗氧化能力和机械强度大大提高。与此同时,已用电子显微镜观察到,随着碳沉积过程的进行,各种炭素原料本身的结构元素将产生位移(即晶粒互相接近),导致原料收缩和致密化。这种收缩(致密化)只有在挥发分热解和排出完毕以后才能结束。还应指出,各个方向都产生均匀收缩,而无烟煤的收缩有方向性,在成层面上的尺寸变化为最小。

随着温度的继续升高,气体的逸出量减少,热解的温度增加,进一步促进结构的紧密化,从而使焦炭的电阻率降低。电阻率降低的幅度根据氢的排出程度而定。氢以碳氢化合物的形态存在于焦炭内,且以元素状态与碳原子作共价键结合,使 2 s 电子失去自由电子的性质,因而焦炭的电阻率随着氢的排出才能降低。

煅烧温度在 1 100 ℃ 以上时,原料的排气基本上停止,收缩相对稳定,因此石油焦的煅烧温度一般不低于 1 250 ~ 1 300 ℃,无烟煤的煅烧温度一般不低于 1 250 ~ 1 400 ℃。

在煅烧时,原料中的其他杂质也将受热相继排出。在低温时首先要排出吸附的气体 O_2、N_2、CO、CO_2 等。接着是单体硫在 450 ℃ 左右汽化,硫和碳之间的化学键在更高温度下断开。但硫的排出量最大时的温度是在 1 200 ℃ 以上。硫的排出对产品的质量有很大意义,它不但可以提高石墨化制品的成品率,而且可避免其他过程的污染。

煅烧的最高温度一般控制在 1 350 ℃。此时,炭素原料即形成了碳原子的平面网格,呈二维空间的有序排列结构。

综上所述,在煅烧过程中,炭素原料物理化学性质的变化(如电阻率、真密度、机械强度等)主要取决于炭素原料的性质,也取决于煅烧温度作用下气体逸出和初次收缩过程的进行情况。当原料的热解和缩聚过程进行完毕,收缩达到稳定之后,原料的物理化学性质趋于稳定。石油焦经 1 300 ℃ 热处理后的体积收缩情况见表 4.5。

表4.5 石油焦经1 300 ℃热处理后的体积收缩情况

石油焦名称	失重/%	1 300 ℃煅烧后的线收率/%			基于线收缩得到的体积收缩/%
		垂直方向	水平方向	前后方向	
新疆独山子石油焦	6.64	10.96	7.72	4.64	23.23
抚顺二厂石油焦	8.52	10.03	9.24	8.86	25.57
沥青焦	0.42	1.45	0.99	0.86	3.26
玉门石油焦(焦花)	9.07	14.72	14.42	13.62	36.1
玉门石油焦(焦根)	3.98	5.22	4.66	4.30	13.16
抚顺一厂油焦(焦花)	6.54	5.61	5.61	4.53	15.10
抚顺一厂油焦(焦花)	5.59	2.59	2.59	1.93	7.55

4.3.2 煅烧温度对焦炭产品性能的影响

焦炭的煅烧温度对其产品的性能有重大影响,其要点如下:

①炭-石墨制品的性能在极大程度上取决于粉末组成物(又称为填料或骨料)的性能,而炭素粉末的晶体结构、物理性质的各向异性、电气特性、气孔结构都随煅烧条件和温度而剧烈变化,这就必然影响到制品的性能。

用煅烧至700 ℃的石油焦制成的石墨化样品,有最小的逆磁磁化率和最大的线胀系数,就是说,煅烧至700 ℃的石油焦制品各向同性最明显,而煅烧至1 100 ℃的焦炭则有最大的逆磁磁化率和最小的线膨胀系数,这是由于在煅烧到1 100 ℃时,由未成对电子浓度降低(其中包括自由基)导致的顺磁成分完全消失。由此可见,这些未成对电子和自由基的消失,减少了交叉键的形成,因而促进了晶体的各向异性结构。

②随着煅烧温度的提高,炭粉的表面性质发生变化,上述的电子顺磁共振信号的强度和逆磁磁化率都与炭粉表面的活性中心浓度有关,它影响到粉末和黏结剂间化学键的形成,并影响到焙烧坯的收缩和结构的重排,因而影响到制品的性能。

③炭粉在焙烧和石墨化时的体积收缩取决于它们的煅烧温度,实践证明,使用未煅烧的生焦粉作为填料将与黏结焦同时收缩,使材料中微裂纹减少,特别是带角的气孔减少,从而提高了制品的机械强度。

综上所述,对煅烧工艺和煅后焦质量的要求如下:

①要达到原材料理化性能稳定和均匀,则煅烧温度不应低于1 100 ℃,特别不应在700~800 ℃停止或延长煅烧时间。

②硫及其他易挥发杂质在煅烧时将被排出,但要将大部分硫除去,煅烧温度则应达到 1 400 ℃以上。

③煅烧温度的高低影响到制品焙烧和石墨化时的收缩率,如煅烧温度低,则焙烧和石墨化时收缩率大,将引起制品的变形或开裂。真密度不合格者须回炉重新煅烧一次,但是,若煅烧温度过高(这在电炉煅烧中是常见的),则制品在焙烧和石墨化时收缩率小,其收缩仅靠黏结剂提供,将使制品结构疏松,制品的体积密度和机械强度低,因此,如用石墨化的材料作为返回料的,最多加入 10%,而不能全部使用石墨化料。

第5章 混合与混捏

5.1 概　述

5.1.1 混合与混捏的定义

在炭石墨材料生产中,按配方配好的物料,它是分散体系,既不均匀,也不能形成具有一定强度的整体。为了使物料分布均匀,并具有一定塑性以便成形,就必须经过一定的工艺过程,这个工艺过程就称为混合或混捏。

混合,就是将各种不同种类及其各种不同粒度的干物料采用某种方法(如机械搅拌),使物料分布均匀的工艺操作,不加入液态黏结剂的称为干混合。

混捏,就是将各种不同种类及其各种不同粒度的干物料,加入液态黏结剂,采用机械搅拌,使物料分布均匀,并且使黏结剂薄薄地、均匀地包裹在粉粒的表面,及渗透浸润到粉粒表面的微孔中,使物料具有一定塑性与密实度的工艺。在实际炭素生产过程中,一般先对干料进行混合,然后加黏结剂进行混捏,故应称为混合混捏。在工艺上习惯称为混捏(其中包括了混合),若把加入黏结剂后的操作仍称为混合是欠妥的。

5.1.2 混合与混捏的目的

在炭素石墨材料生产过程中,混合与混捏是很重要的工序,其目的是:

①使各种不同物料均匀地分布(呈正态分布)。

②使各种原料均匀混合,同时使各种不同大小的颗粒均匀地混合和填充,形成密实程度较高的混合料。

③使干料和黏结剂混合均匀,液体黏结剂均匀分布在干料颗粒表面,靠黏结剂的黏结力把所有颗粒互相黏结起来,赋予物料以塑性,有利于成形。

④使干料与黏结剂的组织结构均一,温度适宜,并成为可塑性良好的糊料,使之便于压形。

物料在混合或混捏的过程中,其混捏质量及其混合物的性能是符合统计规律的。也就是当粉末材料加入到混合或混捏机内,经过一段时间的混合或混捏,就能按高斯-拉普拉斯正态分布定律来分布。当混合或混捏继续进行下去,将引起分布的变化,随着混合或混捏时间的延长而分布变差。混合或混捏的最佳时间,与多种因素有关。

5.1.3 混合与混捏原理

1.混合原理

炭石墨材料由多组分粉粒料组成,其混合是一种复杂的过程,它是多组分物料在外力作用下,从最初的整体未混合达到局部的混匀状态,在某个时刻达到动态平衡。这之后,混合均匀度不会再提高,而动态平衡在分离与混合均匀两者之间反复地交替进行着。一般认为在混合机中粉料的混合作用原理有如下三种:

①对流混合。物料在外力作用下位置发生移动,所有粒子在混合机中的流动产生整体混合。

②扩散混合。在粒子间相互重新生成的表面上,粒子做微弱的移动,使各种组分的粒子在局部范围扩散达到均匀分布。

③剪切混合。由于物料群体中的粒子相互间的滑动和冲撞引起的局部混合。

图5.1所示为混合状态的示意图。

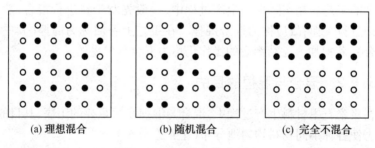

(a) 理想混合   (b) 随机混合   (c) 完全不混合

图5.1 混合状态的示意图

在实际应用过程中,影响混合的因素主要有以下三方面:

(1)固体粒子的性质。

固体粒子的性质包括粒子粒度与粒度分布、粒子形状、粒子密度,松散体积密度、表面性质,静电荷,水分含量、脆碎性,休止角,流动能力,抗结团性。

(2)混合机性质。

混合机性质包括机身尺寸与几何形状,所用搅拌部件的尺寸、几何形状及清洗性能,进料口的大小与部位,结构材料及其表面加工质量,进料与卸料装置的性能。

(3)运转条件。

运转条件包括混合料内组分的多少及其占据混合机体积的比率,各组分进入混合机的方法、次序和速率,搅拌部件或混合机容器的旋转速率。

2.固体颗粒与黏结剂的相互作用

(1)吸附。

根据朗格缪尔学说,固体表面的活性中心在吸附过程中起着余价力的作用,吸引被吸附分子,此种力的作用和化学键力一样。他认为被吸附物分子在固体表面形成一层单分子时,吸附就达到饱和。其后,布鲁诺等则认为,如果已被吸附的分子层上,尚有足够的吸引力,这时就可以有多分子吸附层。这就是说黏结剂的黏结能力不仅表现在它和吸附剂表面有很强大吸附力,而且它本身的分子间也有强大的吸引力。

异类分子间作用力的强度服从于化学相似原理,即相互接触的物质在化学性质上越相似,则它们的相互作用就越强。因此,煤沥青黏结剂分子本身有强大吸引力,而且它与沥青焦以及由类似于煤沥青的物质如石油沥青、煤所生成的焦炭之间能够牢固地结合。

(2)润湿。

当固体炭素颗粒与液态黏结剂接触时,由于固液间的分子引力使液相的黏结剂分子吸附在固相表面,并趋向于有规律的排列,在炭素颗粒表面形成"弹性层",而且当温度足够高时,黏结剂分子会从颗粒表面迁移到微孔中去,从而把固体颗粒润湿。

煤沥青属于弱极性物质,在一定温度下,对炭素原料的颗粒有较好的润湿效果。炭素糊料的混捏质量在很大程度上受到沥青与固体炭素颗粒润湿效果的影响。如果固体炭素颗粒表面已吸附一定数量的水分,产生了强极性的吸附层,就会显著降低沥青对固体炭素颗粒的润湿作用。

润湿作用的强弱由固相与液相接触界面上的表面张力来决定,可以用液相对固相的静力润湿接触角 θ 来表示。θ 为在固液两相接触点对液滴作切线与固体材料平面之间的夹角。θ 除与液固相材料的性能有关外,主要受体系温度影响很大。

(3)表面渗透。

沥青接触固体炭素颗粒不仅有表面吸附和润湿,还有毛细管渗透现象。一旦沥青润湿颗粒表面后,沥青中的轻质组分就开始渗透到颗粒表面的孔隙中去。温度越高,沥青的黏度越低,越容易渗透。

3. 混捏原理

混捏是将粉粒干料与黏结剂经过操作,使其达到以下目的:

①各种不同种类物料分布均匀。

②各种不同粒径的粉粒(骨料)分布均匀,使粗颗粒之间的空隙用更小的颗粒填充,以提高糊料的密实程度。

③干料与黏结剂分布均匀、结构均一、糊料具有良好塑性,以利于成形。

④黏结剂均匀覆盖在干料颗粒的表面,并部分渗透到颗粒的孔隙中去,由黏结剂的黏结力把所有颗粒互相结合起来。

要使颗粒、粉末和黏结剂等原料达到分布均匀、结构均一,并具有塑性目的,通常采用的混捏方法有两种。一种是挤压混捏,这种方法是外力把应变力 P 反复地加在不同的相互接触的糊料上(图 5.2),此应力加在糊料的各个部位,而力的方向交错地通过糊料的不同平面,使物料相互挤压揉搓变形及相对流动以达到分布均匀、结构均匀,且具有良好塑性的糊料。另一种是分离混捏法,此法是从一部分糊料中分出少量糊料加到另一部分糊料中,再从另一部分糊料中分出少量糊料加到这一部分中,这样反复分离、重合而使糊料整体分布均匀、结构均一,具有良好的塑性。

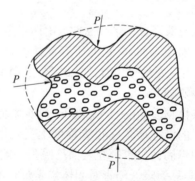

图 5.2　变形力对搅刀式混合机内糊料的作用

混捏质量的好坏与黏结剂的浸润作用有重要关系。炭素颗粒与液状沥青接触,沥青首先浸润颗粒的表面。在炭素颗粒表面形成"弹性层"。煤沥青属于弱极性物质,在一定温度下对炭素颗粒有较好的浸润效果。炭素糊料的混捏质量,在很大程度上取决于沥青与固体炭素原料颗粒的浸润效果。当颗粒表面已吸附一定数量的水分,将产生强极性吸附层,就会降低沥青对炭素颗粒的浸润作用。

润湿作用的强弱由固相与液相接触界面上的表面张力来决定。图5.3

是沥青与焙烧炭素材料之间在恒定温度下的接触角变化。从实践中可以知道,浸润接触分 θ 小于 90° 时,浸润作用较好。接触角越小,沥青对炭素颗粒表面接触就越好,沥青对炭素颗粒黏着力越大。用软化点分别为 83 ℃、118 ℃、147 ℃ 的三种沥青做试验,得其浸润接触角为 90° 时,其对应的温度分别为 105 ℃、147 ℃、178 ℃,如图 5.4 所示。若要达到浸润角小于 90°,必须将加热温度分别升到 105 ℃、147 ℃、178 ℃ 以上。

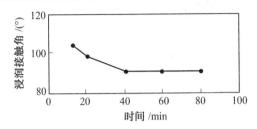

图 5.3 沥青与焙烧炭素材料之间在恒定温度下的接触角变化

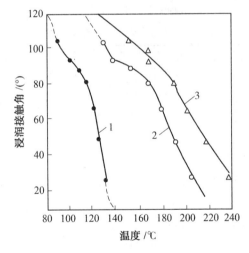

图 5.4 不同软化点的沥青与炭素材料的浸润接触角和温度的关系
1—软化点 83 ℃;2—软化点 118 ℃;3—软化点 147 ℃

炭素颗粒与沥青接触要浸入表面微孔,存在毛细管渗透现象,沥青中轻组分很快渗透到炭素颗粒表面的孔隙中去。用软化点为 118 ℃ 的沥青做试验,此沥青与焙烧炭素材料之间毛细管压力随温度的变化,如图 5.5 所示。当沥青加热温度低于 148 ℃ 时,毛细管内压力为负值(表现为退出力),当温度上升到 148 ℃ 以上时,毛细管内压力为正值。温度到 170 ℃ 时有一转折点,此温度相当浸润接触角减小的起始点,再升高温度,毛细管内压力增大,渗透性好,同理,沥青表面张力随温度的升高而下降,见表5.1。

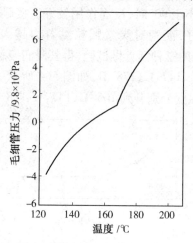

图5.5　高软化点沥青与焙烧炭素材料之间毛细管压力随温度的变化
（毛细管半径为 0.01 cm）

表5.1　沥青表面张力与温度的关系

温度/℃	100	120	140	150	180	200
表面张力/Pa	61.7×10^{-5}	58.3×10^{-5}	58.3×10^{-5}	58.3×10^{-5}	58.3×10^{-5}	58.3×10^{-5}

由上所述,混捏时加热保温的温度应根据黏结剂沥青的软化点而定。

5.1.4　混捏方法分类

根据被混物料的品种不同,将混捏方法分为以下两大类。

1. 冷混捏

冷混捏是指混捏时不加沥青黏结剂,或者沥青黏结剂以固体粉末状加入,把物料装到容器中,利用容器的翻滚及物料本身的自重进行物料之间的掺合。这种工艺主要用于模压制品,两种密度不同的物料,如石墨-金属材料的配料常用此方法。

2. 热混捏

由于沥青在常温下为固体,为使沥青以液态与骨料混合,并在骨料表面浸润,通常要在加热情况下进行混合。热混捏工艺主要用于使用沥青或树脂作为黏结剂的配料,或是物料密度相差不大的物料进行混捏。

5.2 黏结剂

5.2.1 黏结剂的定义

将两种同类或不同类的固体物质连接在一起的物质,又称为黏结剂、胶黏剂或直接称为胶。

黏结剂是一种生产生活中不可缺少的材料。黏结剂自从人类开始生活就应用到人们的生活中。目前黏结剂已应用到各个领域中,如交通工具、航空航天工业、建筑、家具、医疗器械等都有广泛的应用。在包装业和印刷业中也更是如此,例如在制作纸盒、纸箱、纸袋、复合塑料袋等包装容器中黏结剂是绝对离不开的一种材料。

煤焦油与煤沥青是生产各种人造石墨和炭素制品的常用黏结剂。它们能很好地浸润和渗透到各种焦炭及无烟煤的表面和孔隙,并使各种配料的颗粒成分能互相黏结及形成具有良好塑性状态的糊料。糊料成形后的生制品,稍加冷却即硬化,保持其成形时的形状。生制品在焙烧时煤沥青逐渐分解并炭化,同时把四周的焦炭颗粒牢固地连接在一起。煤沥青的炭化率比较高,炭化后生成的沥青焦也较容易石墨化。

5.2.2 黏结剂的作用与条件

炭石墨材料是和耐火材料、混凝土一样的粉粒结构型材料。除有色电刷、机械用金属-石墨制品外,它是由金属粉末在烧结温度下经相变后形成具有一定强度的整体,通常的炭石墨材料的粉粒料(如石油焦、沥青焦等),即使在高温下,它们也不能自发地黏结在一起。要使它们能黏结形成具有一定形状和一定强度的整体,必须添加一定量的能使炭素粉粒或纤维状微细物质黏结成一个整体的物质,这种物质就称为黏结剂。它们具有如下功能:

①使炭素料粉塑化,而具有较高的压力侧传系数,保证压块有足够的密度和强度。这些黏结剂在一定的温度范围内有适当的黏度和表面张力,对炭粉有良好的浸润能力。

②具有和填料(配方中的干料)相似的物理化学性质,如煤焦油-沥青含碳量高,在焙烧时焦化生成的"黏结焦"使粉粒固结成整体,并且具有要求的机械强度和其他性能,各种人造树脂在固化或焦化后也具有类似作

用。

对于用中间相小球体、半焦、黏结炭、合成树脂、纤维素、聚丙烯腈及其他人造丝为原料生产的所谓"无黏结剂炭素材料",其实它们只是不外加黏结剂。因为黏结剂作用的实质就是其碳氢化合物加热产生分解或聚合反应时(或固化),能使其碳原子与炭粉粒表面的碳原子结合而成为整体,故黏结剂的本质是其碳氢化合物的作用。中间相小球、半焦等本身含有一定的挥发分,即碳氢化合物;而合成树脂、聚丙烯腈等本身就是碳氢化合物。

黏结剂应具备的条件:

①黏结剂要能与主体材料混合成可塑性物质。

②黏结剂在适当温度范围内成为黏稠液体,并能与主体材料的颗粒有很好的黏结与吸附性,且吸附力大。

③黏结剂应是含灰分少的有机物,并且炭化后在主体材料颗粒界面之间呈现强有力的固结作用。

④黏结剂熔化成液态后,能使主体材料充分而均匀地受到润湿,并渗透到粉粒体相互间的间隙里去,浸渗到半径为 $r(cm)$ 的毛细管里。浸渗深度 $h(cm)$ 与浸渗时间 $t(min)$ 的关系为

$$t=\frac{h^2\mu}{2rF} \tag{5.1}$$

式中,F 为吸附力,$erg/cm^2(1\,erg=10^{-7}J)$;$\mu$ 为黏度,$P(1\,P=0.1\,Pa\cdot s)$。

5.2.3　黏结机理

1. 吸附机理

吸附机理的两个必要条件是:①黏结剂与被黏物体表面之间有最大的接触;②在接触面上,黏结剂对被黏物体表面有良好的亲和性。

在液体和固体相接触的地方,液面发生弯曲,液面的切线与固体表面形成夹角,即为接触角 θ,图 5.6 给出了表面润湿示意图。

当三相作用力相互平衡的时候,则有

$$\gamma_{SG}=\gamma_{SL}+\gamma_{LG}\cos\theta$$

当 $\theta=0°$(接触面积最大),即液体完全附着在固体表面(液体全面展开),表示完全润湿;

当 $\theta<90°$,表示可以润湿,并且 θ 越小,润湿性越好;

当 $\theta>90°$,表示不易润湿,并且 θ 越大,润湿性越差;

当 $\theta=180°$,表示完全不润湿。

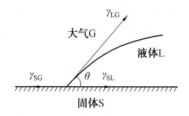

图 5.6　表面润湿示意图

2. 扩散理论

由于黏结剂的渗透作用,引起了被黏高聚物溶胀甚至是溶解,这样黏结界面就会消失,从而发挥黏结剂的黏结作用。

扩散理论的解释范围,主要用在高聚物之间,特别是热塑性高聚物之间的黏结现象。

3. 静电理论

静电理论认为:黏结力是由于界面上双电层之间静电引力的作用,从而发挥了黏结剂的黏结作用。

4. 化学键理论

黏结剂与被黏物体表面发生化学反应,从而通过化学键而黏合在一起,但只限于反应性的特定的黏结剂品种。

5. 机械结合理论

黏结剂与被黏物体表面粗糙,黏结剂渗透到这些凹凸或孔隙中,固化后黏结剂与被黏物体黏结在一起。微观机械连接对于多孔性材料的黏结强度有显著的贡献,但是对于非孔性的表面,这种作用不大。

在炭素制品生产中,黏结剂首先呈熔化状态与炭质粉粒进行混捏。在这个过程中,液体黏结剂和固体炭质粉粒之间的作用是黏结;同时,在混捏过程中,糊料的可塑性发生变化,因而它又与流变学的性质有关。

混捏后,混捏物进行成形,当冷却后,黏结剂就成为凝固状态。由于炭质粉粒和黏结剂之间的黏结和黏结剂本身的凝聚力,而互相牢固相结合。但成形体在高温下的焙烧过程中,黏结剂再次被熔化,经热分解和聚合,缩合反应,炭化成固体。在这个过程中,黏结剂与炭质粉粒之间的黏结作用始终继续下去,直到在焙烧中两者都以同质的固体炭形式完成牢固的结合为止,并且经石墨化处理时,仍保持结合牢固。

从结构上来说,黏结现象基本上是属于表面能或表面自由能的一种表现形式。这个现象还与使用黏结剂时起重要作用的毛细管上升及润湿现象有关。

液体的表面张力为每平方厘米液体表面上的自由能。每单位自由表面积上的自由能是直接表征所研究液体的分子力及表面分子结构的基础量,也可用吸附能和界面能表征。所谓吸附能是对于空气中的两个洁净表面接触时所表现的吸附能力。吸附能及界面能的直接测量有困难,可测定其接触角(或称为润湿角),然后计算界面能及吸附能。接触角分为前进接触角和后退接触角,吸附能是由后退接触角提供的。从实用上讲,黏结剂的后退接触角越小,吸附性也越好。

5.2.4　炭素制品常用的黏结剂

在炭素生产中,作为黏结剂的材料主要有煤沥青和树脂,有时也使用少量煤焦油和蒽油,作为煤沥青的调质之用。

1. 煤沥青

(1)煤沥青的来源与组成。

煤沥青来源于炼焦工业的副产品——煤焦油。煤在高温干馏时,由于热解反应的结果,除了生成焦炭、焦炉煤气以外,每吨入炉干煤还生产30~45 kg煤焦油。煤焦油是一种高芳香度的碳氢化合物的复杂混合物,绝大部分为带侧链和不带侧链的多环、稠环化合物和含氧、硫、氮的杂环化合物,并含有少量脂肪烃、环烷烃和不饱和烃。煤沥青是煤焦油蒸馏加工过程中的产物。

按煤焦油塔式连续蒸馏所切取的馏分及其产率如下:

轻油:165 ℃以前的馏分,产率为0.3%~0.6%;

酚油:165~185 ℃的馏分,产率为1.5%~2.5%;

萘油:200~215 ℃的馏分,产率为11%~12%;

洗油:225~245 ℃的馏分,产率为5%~6%;

一蒽油:270~290 ℃的馏分,产率为14%~16%;

二蒽油:320~335 ℃的馏分,产率为8%~10%;

煤沥青:蒸馏残留物,产率为54%~56%。

煤沥青常温下为黑色固体,无固定熔点。煤沥青是一种复杂的混合物,大多数为三环以上的多环芳烃,还有含氧、氮、硫的杂环化合物和少量高分子碳物质。煤沥青中化合物数量众多,已查明的有70余种。煤沥青的相对分子质量为170~2 000,其元素组成(质量分数)为C:92%~93%、H:3.5%~4.5%,其余为N、O、S。在研究沥青时,常以不同溶剂将煤沥青进行抽提,分为不同组分。由于所采用的溶剂组合不同,所得到的组分也是不同的。经典的方法是用苯和石油醚为溶剂,将煤沥青分离为α、β、γ

三种组分。近年来常用的方法则是甲苯、喹啉作溶剂,得到甲苯不溶物(TI)和喹啉不溶物(QI)。

①α组分为既不溶于苯,又不溶于石油醚的组分。α组分的相对分子质量在800以上。一般认为,α组分没有黏结性,石墨化性能较差,但α组分又是煤沥青焦化后残炭的主体。因此,α组分不宜过多或过少,炭素生产中一般要求煤沥青中α组分的含量为17%~28%。

②β组分是溶于苯而不溶于石油醚的组分,也称为沥青质。β组分是煤沥青中的主要黏结成分,有较好的石墨化性。在炭素生产中,它的含量直接影响炭素制品的密度、强度和电阻率。一般用于炭素生产的煤沥青中β组分含量应达到20%~35%。

③γ组分为溶于苯和石油醚的组分。它具有较好的流动性和浸润性,但黏结性不如β组分,残炭率低于α和β组分。γ组分主要起到改善沥青流变性的作用,γ组分增加,可以改善糊料塑性,易于成形,但含量过多,会降低沥青炭化后的析焦量。

④甲苯不溶物与α组分性质相近,其测定方法可参照国家标准GB 2292—80。

⑤喹啉不溶物是煤沥青中的惰性成分。原生QI会阻碍中间相的成长和发展,因此煤沥青中QI以较少为宜。其测定方法可参照国家标准GB 2293—80和GB 8726—88。

(2)煤沥青的性质。

煤沥青与炭素生产有关的性质主要有软化点、黏度、密度和残炭率等。

①软化点。煤沥青是一种非晶态热塑性材料,严格地说,它没有固定的熔点。软化点是一个在特定测定条件下的温度值,其测定方法有环球法、梅特勒法、水银法、空气中立方体法、环棒法和热机械法。由于梅特勒法已在温度测控和数据显示等方面采用了自动装置,具有升温速度均匀,数据精度较高等优点,在欧美各国广泛采用。而环球法由于使用仪器简单,被普遍用作现场监测方法,环球法可参照国家标准GB 2294—1980。煤沥青的组成对软化点有直接影响,随着α、β组分增加,γ组分减少,软化点升高。根据软化点的不同,把煤沥青分为低温沥青、中温沥青和高温沥青。

②黏度。黏度可以直接地表征煤沥青的流动性。由于测定方法不同,煤沥青的黏度也有多种方法表示,如动力黏度、运动黏度和恩氏黏度等。不同软化点的沥青在相同的黏度范围,具有相似的温度敏感性,温度上升,黏度迅速下降。对任何沥青(包括调质后沥青)黏度与温度间存在如下近

似关系：

$$\lg \eta_t = \frac{711.8}{86.1 - t_s + t} - 4.175 \qquad (5.2)$$

式中，η_t 为 t ℃时的动力黏度，10^{-1} Pa·s；t_s 为环球法软化点，℃；t 为温度，℃。

由式(5.2)，还可以从煤沥青的软化点估算出不同温度下的黏度。对于工程计算，上式有足够的准确度。

③密度。煤沥青的密度是其化学结构与组成的表征。α 组分较多，碳含量较高的煤沥青有较高的密度。煤沥青用作黏结剂时，密度大则有利于提高焙烧品的体积密度和力学强度。

各种煤沥青的密度均随温度上升而略有下降，存在如下关系：

$$d_t = A - B \times 10^{-3} t \qquad (5.3)$$

式中，d_t 为煤沥青在 t ℃下的密度，g/cm³；A，B 为常数，见表5.2；t 为温度，℃。

表5.2　煤沥青的密度温度常数

煤沥青种类	软化点/℃	A	B	适用温度/℃
中温沥青	60	1.297	0.629	140~240
	67	1.299	0.625	140~240
	70	1.296	0.688	140~240
	75	1.286	0.600	137~210
高温沥青	113	1.336	0.582	240~310
	139	1.338	0.571	240~310
	145	1.306	0.422	240~310
	155	1.310	0.417	240~310
	165	1.317	0.417	240~310

④残炭率。残炭率也称为焦化值，它是指煤沥青在一定条件下干馏所得固体残渣占沥青的质量百分数。由于测定残炭率的方法有很大的差异，故在报出结果时应标明测试条件。

煤沥青的残炭率与其组成密切相关，γ 组分越多，残炭率越低。残炭率是黏结剂沥青的重要质量指标，使用残炭率较高的沥青，有利于提高炭素制品的体积密度、机械强度和导电性。

(3)煤沥青的质量要求。

我国炭素工业使用的煤沥青有电极用中温沥青、高温沥青及改质沥青。根据国家标准 GB 2290—1980,GB 8730—1988,它们的质量标准见表5.3。

表5.3 煤沥青质量指标

指 标		中温沥青		高温沥青	改质沥青	
		电极用	一般用		一级	二级
软化点(环球法)/℃		>75.0～90.0	>75.0～95.0	>95.0～120.0	100～115	100～120
甲苯不溶物/%		15～25	<25		28～34	>26
喹啉不溶物/%	不大于	10			8～14	6～16
β树脂/%	不小于	10			8～14	6～16
结焦值/%	不小于				54	50
灰分/%	不大于	0.3	0.5		0.3	0.3
水分/%	不大于	5.0	5.0	5.0	5.0	5.0
挥发分/%		60.0～70.0	55.0～75.0			

2. 树脂

人造树脂是由各种单体聚合物或由天然高分子化合物加工而成的一种高分子有机化合物。人造树脂种类繁多,在炭素生产中主要用作黏结剂和浸渍剂,常用的有酚醛树脂、环氧树脂和呋喃树脂等。

(1)酚醛树脂。

酚醛树脂是由苯酚及其同系物(甲酚、二甲酚)和甲醛反应而制成的。由于原料种类与配比、催化剂的不同,可分为热固性和热塑性两类树脂。热固性树脂在一定温度下受热后即固化;热塑性树脂受热时仅熔化,需要加入固化剂,才可转变为热固性。在炭素生产中主要采用热固性酚醛树脂。

热固性酚醛树脂一般分为高、中、低三种黏度产品,相应的质量指标见表5.4。高黏度树脂可用作化工用石墨材料(如石墨管)的黏结剂;中黏度树脂常用作化工石墨设备接头的黏合剂;低黏度树脂适用于作浸渍剂。

(2)环氧树脂。

环氧树脂是环氧氯丙烷和双酚 A 或多元醇的缩聚产物。其特征是含有环氧基,由于环氧基的化学活性,可用多种含有活泼氢的固化剂使其开环、固化交联而生成网状结构。因此,它是一种黏结性极强的树脂。

表 5.4　热固性酚醛树脂质量指标

黏度分级	游离酚/%	游离醛/%	水分/%	黏度(测定方法)
高黏度	13～17	1.3～1.5	<8	1～3 h(落球法)
中黏度	14～17	1.8～2.5	10～12	5～20 mm(落球法)
低黏度	19～21	3～3.6	<20	20～60 s(7 mm 漏斗法)

目前,国内外生产环氧树脂的品种多,其中最主要的品种是双酚 A 型环氧树脂,约占全部生产总量的 90%。我国生产的环氧树脂的质量按化工部标准 HG 2-741-72,见表 5.5,表中前 4 个型号是炭素生产中常用的树脂。

表 5.5　环氧树脂质量指标

型号	外观	色泽 HCB 2002 —59≤	软化点 (环球法) /℃	环氧值(盐酸 吡啶法) 当量/100 g	有机氯值 (银量法) 当量/100 g≤	无机氯值 (银量法) 当量/100 g≤	挥发物 (110 ℃,3 h) /%≤
E-51(618)	黄色至琥珀色高黏度透明液体	2		0.48～0.56	2×10^{-2}	1×10^{-3}	2.0
E-44(6101)		6	12～20	0.41～0.47	2×10^{-2}	1×10^{-3}	1.0
E-42(634)		8	21～37	0.38～0.45	2×10^{-2}	1×10^{-3}	1.0
E-35(637)		8	—	0.26～0.40	2×10^{-2}	1×10^{-3}	1.0
E-20(601)	黄色至琥珀色透明固体	8	64～76	0.18～0.22	2×10^{-2}	1×10^{-3}	1.0
E-14(603)		8	78～85	0.11～0.18	3×10^{-2}	1×10^{-3}	1.0
E-12(604)		8	85～95	0.09～0.14	3×10^{-2}	1×10^{-3}	1.0
E-06(607)		8	110～135	0.04～0.07	—	—	—
E-03(609)		8	135～155	0.02～0.045	—	—	—

(3)呋喃树脂。

呋喃树脂是由糠醇或糠酮制成的热固性树脂。其特点是含有呋喃环,能耐强酸、强碱和有机溶剂的腐蚀,耐热性也较好,因此是不透性化工石墨设备的优质黏结剂与浸渍剂,也可作为玻璃炭等新型炭材料的原料。

5.3 混合与混捏工艺

5.3.1 混合工艺

1. 粉末混合

粉末混合机是将各种成分和粒度的粉末物料在外力和自身重力作用下,通过扩散、对流和剪切作用使物料分布均匀的一种机械。混合一般在常温下进行,故又称为冷混合机。混合机一般用于模压制品生产,如石墨-金属粉末物料的混合。

粉末混合机依其外壳形式和内部结构的不同,可有多种类型,目前国内外常用的粉末混合机有圆筒形混合机、鼓形混合机、V 形混合机、菱形混合机、螺旋混合机等。

混合机结构较简单,下面以圆筒形混合机为例介绍其结构与工作原理。

圆筒形混合机的结构示意图如图 5.7 所示,主要有水平钢筒,筒上装有两铸钢套圈,筒在支撑轮上转动,在筒内轴上装有螺旋搅刀,在筒的内壁上装有斜切隔板,当筒转动时,将物料沿侧壁提升一定的高度后,再由外力与自重抛向筒中央部分,由于料粉的相碰而强烈地混合。物料经上部管口进入,由螺旋输送器送入筒内。搅拌终了时,筒的转动方向改为反向,于是料从筒内经螺旋和卸料管卸出。

也有圆筒混合机的外壳是不动的,中心轴带动安装在轴上的搅刀转动,而把物料从侧壁抛向中央部分进行混合。

国内电炭厂通常使用一种简易式圆筒混合机,它是一个无中心轴和搅刀及筒内壁无隔板的钢皮筒,装料粉并盖上盖后放在支承轮上,由支承轮带动钢筒转动,而把物料进行混合。

实验证明,当圆筒的长度与直径之比为 1.5∶1,圆筒的倾斜角约为 20°,转速约为 55 r/min 时,其混合效果最好。

在电炭生产中,有些产品的物料中含有金属粉末(有色电刷)或某些树脂(密封环),其混合通常是在室温下进行的,故称为冷混合。因为热混合金属易氧化或树脂固化,冷混合可防止在混合过程中金属粉末氧化或树脂固化。

混合工艺主要是决定混合时间、装料量及其操作步骤。混合时,为避

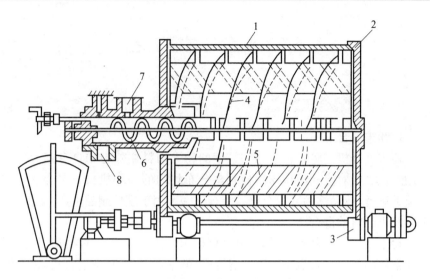

图 5.7　圆筒形混合机的结构示意图

1—钢筒;2—套圈;3—支撑轮;4—螺旋搅刀;5—隔板;6—螺旋输送器;7—管口;8—卸料管

免组分形成分层现象,应该先装密度最小的组分,再装密度较大的组分。混匀后的物料应及时成形,一般不超过 48 h,若组分密度相差大时,最好不超过 24 h,以防密度大的物料下沉,密度轻的物料上浮而使组分产生偏析。

2.影响混合质量的因素

在粉末混合中,影响混合质量和混匀度(即混合均匀程度)的因素很多,在物料方面的因素有:

①粉末粒度及粒度的变化。

②粉末的颗粒形状。

③混合物中各组分的比例及分散度的比例。

④混合物的密度和各组分间密度的比值。

⑤混合物颗粒间摩擦系数的大小。

⑥混合时粉末移动速度。

⑦粉粒的凝集和相互的研磨作用。

⑧各种粉末间的性能差异及氧化情况等。

混合机方面的因素有:

①混合机的结构形式。

②混合机的容积及装料量。

③混合机的转速。

④混合机的倾角。

操作方面的因素有：

①混合时间。

②混合温度。

③一次混料量。

以上因素,有些是经常对混合的均匀性起固定不变的影响,有些只是偶然起作用影响混合均匀度的。

混合时间随物料粒度大小而变,一般混合金属-石墨混合物时,约30 min可达混匀目的,细粉末混合时间为1.5~4 h,粉末粒度越细,混合时间越长。但是每种混合机混合每种混合料都有一最佳混合时间。混合时间过长反而使均匀度变坏,同时,也浪费时间和电。

实验证明,粉末物料的混合时间长短不是决定混合物料均匀程度的唯一条件,一般来说,混合物各组分经很短时间混合就可达到正态分布。例如,对于螺旋式混合机,一般混合时间(t)约为物料在混合机内的循环流动周期(T)的20倍左右。即

$$t = 20T$$

式中,T为物料在混合机内的循环流动周期,对于螺旋式混合机,其值为

$$T = 60Q/S \cdot n \cdot \xi \cdot \frac{\pi}{4}(D^2 - d^2) \tag{5.4}$$

式中,Q为装料量,cm^3;S为螺旋的螺距,cm;n为螺旋转速,r/min;ξ为螺旋埋入粉料中的部分占整个螺旋的百分比,%,设内外螺旋的ξ值相同;d,D分别为内外螺旋的直径,cm。

混合机的转速与混合机的结构和筒体直径及混合物的粒度等因素有关。对于回转容器型混合机,经实验知,最佳转速为

$$n_{最佳} = 60\sqrt{C \cdot g \cdot d_{平均}/R_{最大}} \tag{5.5}$$

式中,$d_{平均}$为混合物平均粒度,cm;$R_{最大}$为容器(筒体)最大回转半径,cm;G为重力加速度,cm/s^2;C为实验常数(1/cm),它与混合机的构型有关,一般对水平圆筒混合机,$C = 15$;对V型和正方体型混合机,$C = 6 \sim 7$。混合程度为0.4和0.6时的混合机转速见表5.6。

装料量一般根据混合机的容积来决定,通过实验,物料装得太多或太少不利于混合。一般,对水平圆筒形混合机,装料比Q/V(即装料体积与筒体容积之比)为30%~40%;V形、正方体形混合机的Q/V可取40%~50%;固定筒体形混合机可取60%左右。

表 5.6 为达到同样的混合程度的混合机转速

项目	混合程度(0.4)					混合程度(0.6)		
混合转速/(r·min⁻¹)	80	60	40	25	16	80	60	40
混合时间/min	3	4	8	17	30	5	7	12
总转数	240	240	320	425	480	400	420	480

5.3.2 混捏

混捏的目的是为了制备结构均匀且具有良好塑性的糊料,但由于影响因素较多,当某些因素变化时,会使混捏质量发生很大波动,造成产品质量的不稳定。

1. 温度的影响

加热温度对糊料的混捏质量有很大影响,这是因为煤沥青的黏度随着温度的升高而急剧降低,见表 5.7。

表 5.7 中温沥青的黏度与温度的关系

温度/℃	80	100	120	140
黏度/(Pa·s)	$1718.0×10^{-3}$	$89.13×10^{-3}$	$11.35×10^{-3}$	$2.327×10^{-3}$

随着温度的升高,沥青和干料之间的润湿接触角减小,毛细渗透性增加,所以沥青对干料的润湿效果好。因此随着温度的升高,糊料塑性变好,便于产品成形与结构致密均匀。相反,混捏温度降低,沥青黏度增加,沥青对干料的湿润性变差,造成混捏不均,易产生夹干料现象,且导致糊料塑性不好,使糊料不易压形及压形产品疏松与结构不均。严重时使电动机负荷增加,烧坏电机,或折断搅刀。但温度也不能太高,因为温度太高,会使沥青发生氧化缩合反应,轻馏分逸出而使沥青老化,沥青对干料的润湿性也变差,结果造成糊料塑性降低,也不利于成形,且产品体积密度低。

此外,煤沥青的黏度也随软化点的升高而升高。因此,加热温度应随沥青软化点而变化。糊料最适宜的温度视黏结剂的软化点而定,一般糊料温度比黏结剂软化点高一倍左右时,黏结剂对炭素粉末具有良好的浸润性。炭素糊料的可塑性随温度升高的变化曲线如图 5.8 所示。

根据经验,使用中温沥青作为黏结剂,糊料温度控制在 140～180 ℃,在 150～160 ℃为宜;采用软化点为 100～120 ℃的硬沥青时,糊料温度提高到 180～240 ℃。在这个温度范围内,沥青对干料的湿润性和渗透性均

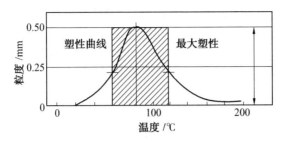

图5.8 炭素糊料的可塑性随温度升高的变化曲线

好,所混捏的糊料有良好塑性和挤压性能,压形的产品结构均匀,体积密度高。故实际生产中应控制好温度,若蒸汽加热压力低于0.45 MPa时,应延长混捏时间。蒸汽压力低于0.4 MPa时,应停止生产。使用加入蒽油及煤焦油的混合黏结剂,混捏温度可适当降低。当采用改质沥青或高温沥青时,混捏温度应适当提高。另外混捏温度与气候也有一定关系,冬天气温低、散热快,夏天气温高、散热慢,因此冬天的混捏温度应比夏天稍微高一些。

此外,用蒸汽加热,一方面温度上不去,其次是压力高,不安全;若用电加热,加热温度不均匀,对混捏质量有影响。目前国内外多采用有机介质加热,如联苯、联苯醚、矿物油等,这类物质沸点高、热容高。如由26.5%的联苯和73.5%的联苯醚混合,其沸点为258 ℃,凝固点为12.5 ℃。联苯醚混合物化学稳定性好,在380 ℃下长期使用不变质,对钢、铜等材料不腐蚀,是易燃物但不爆炸,却有一种刺激性气味使人头痛。国内外已开发出多种导热油。

联苯醚在比较低的蒸汽压力下就能达到实用混捏温度。达到指定温度时,联苯醚混合物与水的饱和蒸汽压对比结果见表5.8。由表5.8可知,相同温度下,水的饱和蒸汽压高得多。

表5.8 联苯醚混合物与水的饱和蒸汽压对比结果

温度/℃	联苯醚混合物的饱和蒸汽压/Pa	水的饱和蒸汽压/Pa
200	$2.35×10^4$	$155.93×10^4$
300	$23.53×10^4$	$856.09×10^4$
500	$51.97×10^4$	$1 653.46×10^4$

2. 混捏时间

混捏时间的长短,对混捏质量有显著的影响。但它不是决定混捏均匀性的唯一条件,一般地说,当达到适当的混捏时间就可使糊料混捏均匀,并在颗粒外面均匀地涂上一层沥青膜,制成具有良好塑性的糊料。实践证明,随着混捏时间的延长,沥青对干料的润湿接触角 θ 变小,其润湿性能变好,如图 5.9 所示。但延长时间过长,θ 不再增大了,而混合均匀度反而随时间延长变差。

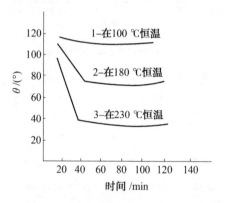

图 5.9　混捏时间与润湿接触角关系示意图
1—软化点为 73 ℃ 的沥青;2—软化点为 105 ℃
的沥青;3—软化点为 133 ℃ 的沥青

　　图 5.10 为混合物组分分布与时间的变化线。此时,混合物内任何部分的物料组成和性质都一样,但实际上是不能达到的,只有在各组分的密度和粒度都相同的条件下才能达到。在大多数情况下,经过很短时间的混合(尤其是干混),混合物的性质就能按正态分布定律而分布(图 5.10(e))。如果继续延长混合时间,混合性质的统计参数就不取决于时间,而是取决于混合机的结构形式和各组分的密度及粒度等因素。

　　混捏时间偏短,如干混时间短,则干料温度低,颗粒也混合不均匀。当加入液体沥青后,热沥青遇到温度低的干料,而温度降低,使沥青黏度增加,甚至凝结在颗粒表面孔隙内,造成沥青对干料的湿润效果与渗透作用都变差。因此混合不均匀,使糊料塑性变差,压形产品出现裂纹,体积密度低。如混捏(湿混)时间短,使之混捏不均匀,有夹干料现象,沥青对干料渗透不够,则糊料的塑性差,使压形品质量低劣,所以要保证一定的混捏时间。

　　如混捏时间过长,对混捏的均匀程度增加甚微,反而会由于混捏时间长,使大颗粒骨料遭到破碎,破坏了原来的粒度组成,使中间颗粒增多,堆积密度降低,产品的体积密度低,气孔率高,强度降低。另外,由于混捏时

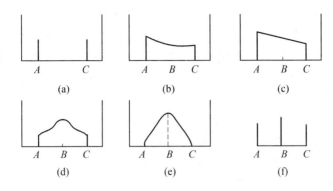

图 5.10　混合物组分分布与时间的变化曲线

(a)—未混合;(b),(c),(d)—按混合时间长短顺序的变化;(e)—在工序规定的时间内应达到的状态;(f)—混合物的极限理想状态;A,C—两组分的组成比例;B—混合物的组成

间长,沥青氧化缩合程度加深,轻馏分逸出,使糊料的塑性变差,所以混捏时间不要过长,也不能过短。实践证明,对于粗结构石墨材料的糊料,在一定温度下,混捏时间在 40~60 min,湿润角 θ 达到最小。时间延长,θ 变化不大,所以混捏时间一般先干混 10~15 min,然后加入黏结剂再搅拌 40~60 min 即可。对于细结构石墨材料的糊料,混捏时间一般为 2~4 h,随粒度的变小而时间增长。糊料在混捏机中多停留 1 h,沥青量就因挥发物排出而相对减少 0.6%。

3. 干料粒度组成及性质的影响

(1)干料的表面性质。

干料颗粒表面粗糙度大、气孔多,则与黏结剂的黏结力强,使黏结剂能很好地黏附在颗粒表面,所得糊料塑性好。相反,若干颗粒表面光滑、气孔少,则与黏结剂不能很好黏结(如无烟煤),所得塑料塑性较差。异类分子间的相互作用强弱服从化学相似原理。即相互接触的物质,在化学性质上越相近,则它们之间相互作用就越强,它们之间产生的化学键也越牢固。如煤沥青的结构和性质与石墨的结构和性质的相似性较焦炭远,所以沥青和石墨之间黏结性较差。另外,石墨化焦的毛细孔多,毛细渗透性好,若颗粒表面沥青膜较薄,则糊料塑性差。为了提高糊料的塑性,则必须增加黏结剂用量。通过生产实践总结出:原料中使用 10% 的石墨碎,黏结剂用量增加 2% 左右。

(2)各组分比例的影响。

混合物中,如有 A、B 两种组分时,当其中一个组分的比例大大超过另一组分时,则容易形成该组分的链,混合物的组成容易趋于均一。如果两种组分的比例接近 1∶1,则 A—A、B—B、A—B 三种组分的链均容易断开,使混合物性质不稳定,好像没有充分混合均匀一样。所以为了保证混合的均一性,选取粒度组成时多选几种,各种粒度之间比例不要相等。

(3)粉末颗粒大小的影响。

由于混合时各组分颗粒的分布是无规则的、偶然的,因此随着粉末颗粒的变小,细粉末的流动性提高,则使混合物在较短时间内趋于均匀。但是粉末的用量和纯度的高低,要在满足粒度组成的前提下适当考虑。粉末越细,混合物的总体积的各部分表征混合物平均性质的概率也就增大,符合概率基本公式:

$$W = \frac{N}{N_1! \ N_2! \ N_3! \ \cdots N_n!} \tag{5.6}$$

式中,W 为几率;N 为混合物中颗粒总数;$N_1,N_2,N_3,\cdots,N_n$ 为每组分的颗粒数。

对混合的均匀性有很大影响的还有各组分粒度的比例,如在双组分体系中,混合物的性能指标随 $\Delta d/d_m$ 比值而变,其中 Δd 为两组分平均粒径的差数,d_m 为两组分平均粒径的算术平均值。随着 $\Delta d/d_m$ 比值的增大,即两组分平均粒径的差数越大,则混合的均匀性越高。这是由于细粉的流动性提高,从而提高了流过粗颗粒间的间隙的能力。因此,在称料和加料时,应先加入粗粒料,再加中粒料,最后加细粉。这样因颗粒小,流动性好,易进入大颗粒的间隙,从而容易混均匀,否则难混合均匀。

(4)粉末颗粒密度的影响。

粉末的密度在不加黏结剂的混合条件下,对混合的均匀性有很大的影响。当密度不同的粉末相互混合时,将出现轻的上浮,重的下沉的现象。同时,已经混合均匀的混合物,在受到振动(过筛、运输或压形)时,还会发生离析现象。

4.黏结剂的用量多少及黏度高低对混捏质量的影响

黏结剂的用量多少与糊料的质量有很大关系。黏结剂少,则糊料发干,干粒料表面不能形成完整的沥青薄膜,则颗粒之间不能很好地黏结,所以糊料的塑性很差。随着黏结剂用量的增大,糊料的流动性变好,均匀性增强,糊料的塑性越来越好,但黏结剂用量过多,焙烧废品率也高,焙烧后制品的孔度增大,且易产生空隙与变形。

黏结剂黏度越低,对混捏质量也有很大的影响。在混捏温度相同的条件下,黏度越高,黏结剂对干料的浸润能力越低,混捏的效果越差,且越不易混匀,塑性也差。如果黏结剂的黏度越低,黏结剂对干料的浸润能力就越强,则糊料的流动性越好,且混合易均匀,及糊料塑性也越好。沥青软化点高,在相同温度下黏度也大。因此,为了提高混捏质量,得到塑性良好的糊料,就要适当提高混捏温度,以增加糊料的流动性,改善混捏效果。

5. 加表面活性剂

加入表面活性物质,可以降低液体表面张力,降低固液之间的润湿接触角,提高黏结剂对干料颗粒的润湿能力,则改善混捏质量,提高塑性,如加入肥皂类(有机酸类、人造洗涤剂)、碳氢化合物水溶液或非介质溶液等油酸等。这些表面活性物质的特点是,它们的分子呈不对称的线状结构,分子的一部分是活性极化的基团,具有很强的价键力;分子的另一部分则是非活性的憎水羟基。用表面活性物质处理的散颗粒,将使颗粒具有憎水的表面,从而加强黏结剂对粉末颗粒的湿润能力和它们之间定向的化学吸附作用,这就将使糊料黏度降低。通过减少黏结剂用量,缩短混捏时间,改善糊料塑性,提高了混捏质量,所以能提高制品体积密度。

6. 混合介质的影响

微细的粉末颗粒在混合过程中,由于摩擦、热电效应等影响,使得颗粒带静电,这样的带电颗粒在混合时常发生集结现象,而影响混合物的均一性。为避免这种现象的产生,常常在混合物中加入某种电介质,以减少颗粒间的静电引力,有利于物料的混合。

电介质有气体和液体两种。空气也是一种电介质,但其介电常数很低,在1个大气压下仅为1.0006,所以一般应用液体,如水、苯、酒精、煤油、汽油等。水的介电常数 $\varepsilon = 81$,且价格便宜,所以在生产炭黑基石墨材料时,常常先加水进行混合。在其他炭素材料混合时可适当加入适量煤油、汽油等。使用这些介质还能够使粉末润湿,增加黏结剂对粉末的吸附作用,并能稀释黏结剂,有利于黏结剂的分散性,有利于混合的均匀性。

7. 混合机的形式、结构对混捏质量的影响

混合机的形式、结构决定了在其中混合的粉末颗粒群和单个颗粒在机内的运动方式和速度,现在炭素生产中通用的混合机分为两种类型。一种是粉末颗粒在搅刀、螺旋叶或其他机构的直接推动下达到混合,另一种是粉末颗粒在自重的作用下,改变其所处空间位置而达到混合。对于选择混合机的类型,必须视粉末特性而定。

混捏机最通用的是双搅刀热混捏机,适用于带黏结剂糊料的热混合,这种混捏机以两种方式使糊料混匀。一是糊料在两个转速不同的搅刀回转过程中,分别被分离带走,又重新回到大堆糊料中去。如此在两搅刀循环反复作用下,达到分离混捏的目的。但如果这时两搅刀的转速比不是奇数时,容易发生同步转动,使分离效果减低。特别是如转速相同,则更是如此,使混捏质量变差。二是糊料在没有被锅底脊背切断时,通过搅刀和锅壁的挤压作用,使糊料发生多次塑性变形,即混捏作用,使糊料达到混捏均匀。但是这种作用由于搅刀的磨损变细,锅内衬板长期使用减薄,使混捏作用变小,则易引起混捏不均匀,出现夹干料现象,影响混捏质量。所以为保证混捏质量,生产实践总结出,生产少灰产品的混捏锅,搅刀外缘与锅底间不大于 30 mm,生产多灰产品的混捏锅底间隙不大于 60 mm。但这间隙不是越小越好,视原料颗粒大小而定。一般间隙为混合原料的最大颗粒的 2~4 倍,因为间隙小,会引起大颗粒被磨碎、变形、表面状态的改变,则改变了粒度组成,影响产品质量。同时,在加热的条件下混捏,黏结剂将受到氧化而聚合、分解,轻馏分也将蒸发出去,这些副作用将或多或少地改变糊料的性质。

5.4 热 辊 压

5.4.1 辊压

在电炭和细颗粒炭石墨制品生产中,使用细粉和超细粉(如炭黑)干料,只通过热混捏还达不到使黏结剂充分均匀地分布在所有粉末表面,且不能浸润到粉末孔隙中去,糊料达不到最佳的塑性与密实度,为了补充热混捏的不足,应采用热辊压工艺,俗称轧片。

辊压是电炭和细结构类石墨生产中常用的重要工序,辊压糊料,可得料片,辊压时糊料中的黏结剂在热状态下再次加压,可分布更加均匀。经过辊压,糊料中的气体物质被排挤出来,黏结剂更进一步渗透,可制得密实性高的糊料,结构也有改善,同时又不损坏粒度性能,如与混捏料和辊压料制成的石墨化试样比较,在未经辊压过的糊料试样中,可发现由于黏结剂分布不均而造成的非均质的结构。经第一次辊压后,上述非均质性减少,经第二次辊压后,非均质性几乎全部消失。所以许多要求结构十分均匀的电刷、密封环、连铸石墨、电火花加工石墨等特种用途石墨生产中,均采用辊压工艺。

将热混捏后的糊料下到轧辊机一对热辊之间,由辊子与糊料的摩擦力和附着力使它在辊子间受压。因为两个辊子的转速不同(两辊每分钟转数比约为1∶1∶1),糊料在两辊间除受到正压力外还有搓揉作用的拉力作用。

对于使用改质高温沥青为黏结剂的炭黑基制品,应采用振动磨粉机混合,然后在辊压机上辊压成片。振动磨粉机将使炭黑的链状结构断开,与沥青组成附聚体。

经验证明,随辊压次数的增加,沥青的焦粉或炭黑上的分布状况变好,提高糊料密度。将辊子预热并提高辊压温度效果更好。辊压次数也不可过多,辊压次数既与黏结剂质量有关,也与生产条件有关。一般采用2~3次,辊压次数多,氧化程度大。温度也不必过高,辊子的加热温度应根据黏结剂的软化点来确定。一般采用中温沥青为黏结剂,辊子温度为120~140 ℃,而采用高温沥青或改质沥青为黏结剂,辊子温度为180~250 ℃。因为在热辊压中沥青氧化,将使糊料的可塑性变差。一般控制在糊料全部成片,片面光洁为止。辊间缝隙一般为2~3 mm,特别精细的可缩小至1.5 mm。薄一些可以减少辊压次数,但不必过薄。

5.4.2　辊压机

图5.11为双棍式辊压机的结构示意图,它是由压辊(外有锰钢辊皮)轴承、辊间距调整机构、安全装置、机架、传动机等构成。辊筒为空心,中心可通蒸汽、导热油加热或装电加热装置。

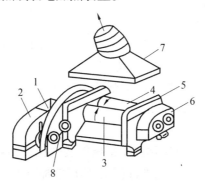

图5.11　双棍式辊压机的结构示意图
1—电动机;2—减速箱;3—前辊;4—后辊;5—
机架;6—速比齿轮罩;7—排风罩;8—手轮

辊压机的类型有双棍式、三辊式、四辊式及六辊式,常用双棍式和四辊式辊压机。

第6章　炭石墨材料的成形

6.1　概　　述

6.1.1　成形方法及其选择

所谓"成形"就是将混捏后的糊料或粉料,通过某种方法和一定压力,将其在模具内压成具有一定形状、一定尺寸、一定密度和机械强度的块状(棒状)物体的工艺操作。

炭素生产的成形方法有很多种,其主要方法有模压成形、挤压成形、振动成形和等静压成形四种。

1. 模压成形法

模压成形法是采用立式压机,先按制品的形状和大小制成模具,然后把一定数量混捏好的糊料或压粉装入压机工作台上的模具内,开动压机对糊料或压粉施加压力,并维持一定时间使其成形,之后把压好的压坯(又称为生坯)从模具中顶出即可。

模压法可根据工艺及设备情况不同,分为单向压制和双向压制、热压和冷压。模压法适用于压制三个方向尺寸不大及其三个方向尺寸相差不大、密度均匀、结构致密、强度高的制品,但产品具有各向异性,主要用于生产电炭产品和特种石墨产品。

2. 挤压成形法

挤压法是采用卧式挤压机,先将糊料装入压机的料室内,用压力机的主柱塞对糊料施加压力。先进行预压,然后施加压力使糊料通过安装在料室前面的与产品截面形状、大小一致的嘴被挤压出来,再根据所需要的长度用切刀切断,即为挤压生坯。

挤压法适应于长径比(L/D)比较大的棒材、管材或其他异形制品。挤压法可连续生产,生产效率高,操作简单,机械化程度高。但产品的体积密度与机械强度低,且具有各向异性。挤压法主要用于生产石墨化电极、炭素电极与炭块。

3. 振动成形法

振动成形法是将糊料装入放置在振动成形机的振动台上的模具内,然后在上面放置一重锤,利用振动台的高速振动,使糊料达到密实而成形的目的。

振动成形机结构简单,只要对糊料施加较小的成形压力则可生产较大尺寸的制品,特别适合生产长、宽、厚三个方向尺寸差不大的粗短产品和一些异形产品,如预焙阳极、阴极、炭块及大规格或特大规格电极与坩埚。

4. 等静压成形法

等静压成形是在等静压压力容器里完成的,它将压粉装入橡胶或塑料制成的弹性模具内,封好放入高压容器内,用超高压泵打入高压液体介质(油或水),使压粉受压而成形。等静压成形有冷等静压成形和热等静压成形两种。

等静压成形可生产各向同性产品和各向异性产品,其制品的结构均匀,密度与强度特别高。一般用于生产特种石墨,特别是生产大规格特种石墨制品。

压形方法对制品性能的影响见表6.1。

表 6.1　压形方法对制品性能的影响

特性	挤压成形	模压成形
体积密度/($g \cdot cm^{-3}$)	1.64	1.75
电阻率/($\mu\Omega \cdot cm$)//($\perp$)	860(120)	960(1 320)
电阻率级各向异性比($\perp$/∥)	1.88	1.38
线膨胀系数∥($\perp$)/($\times 10^{-6} \cdot \ ℃^{-1}$)	1.1(4.1)	1.9(3.2)
线膨胀系数的各向异性比($\perp$/∥)	3.70	1.68
弹性模量∥($\perp$)/($kg \cdot mm^{-2}$)	126.2(53.5)	95.4(65.9)
弹性模量的各向异性比($\perp$/∥)	2.40	1.45
抗弯强度∥($\perp$)/($kg \cdot cm^{-2}$)	35.3(20.678)	32.148(27.048)
抗弯强度的各向异性比($\perp$/∥)	1.45	1.25

注:1 $kg \cdot cm^{-2}$ = 98 066.5 Pa

6.1.2　压制成形过程与机理

成形过程中物料的受力变形和运动(位移),是一个很复杂的物理变化过程,它对成品的性能影响很大。因此,它是炭石墨材料及制品生产中很重要的环节。

1.压制过程中的压力传递与物料的密实

压粉或糊料在模内或料室与嘴型内被压制时(图6.1),压力经上模冲传向粉末或糊料,粉末或糊料在某种程度上表现出与液体相似的性质,力图向各个方向流动,同时向各个方向传递压力。在压块内部,压力的传递是通过颗粒间的接触面来传递的。当压力传递至模壁,引起垂直于模壁的压力,称为侧压力。压力在物料颗粒间的接触面上产生应力(或称为剪应力),当此应力大于物料颗粒间结合面上的结合力时,则物料颗粒产生位移与变形,压粉与糊料被压实。

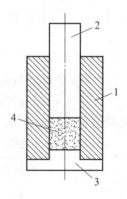

图 6.1　压制示意图

1—阴模;2—上冲头;3—粉末;

4—下模冲

压粉或糊料在模内所受压力的分布是不均匀的,与液体的各向均匀受压情况有所不同,因为粉末或糊料颗粒之间彼此摩擦,相互楔住,使得压力沿横向(垂直于压模壁)的传递比垂直(纵向)方向要小得多。并且粉末或糊料与模壁在压制过程中也产生摩擦力,此摩擦力随压制压力的增减而增减。因此,对于模压,压坯在高度上出现显著的压力降。接近上模冲端面的压力比远离它的部分要大得多,同时中心部位与边缘部位也存在压力差。结果,压坯各部分的致密化程度也就有所不同。

物料颗粒之间的结合力包括颗粒之间的摩擦力,黏结剂对颗粒的表面张力,黏结剂对颗粒的吸附力等。物料的塑性越好,流动性越好,它的结合力就越低,其需要的剪应力就越低。物料被密实时,物料产生塑性变形时的应力称为物料的流动屈服极限应力,用 σ 表示,一般对于挤压制品的糊料来讲: $\sigma = 1.8 \sim 2.5$ MPa,对于模压制品的压粉: $\sigma = 2.0 \sim 3.0$ MPa, σ 的大小决定于粉末颗粒的特性和黏结剂的特性及黏结剂的加入量等。

在压制过程中,物料由于受力而发生弹性变形和塑性变形,因而压坯内存在很大的内应力,当外力停止作用后,压坯便出现膨胀现象——弹性失效。

2. 物料压形时的位移与变形

物料装填在压模内,经受压力后就变得较密实且具有一定的形状和强度,这是由于在压制过程中,颗粒间的孔隙大大降低,彼此的接触显著地增加,也就是说,物料在压制过程中出现了位移与变形。

(1)粉粒的位移。

粉粒在松装堆集时,由于表面不规则,彼此间有摩擦,颗粒相互搭架而形成拱桥孔洞的现象,称为拱桥效应。

粉粒体具有很高孔隙度,如焦粉(粒)的松装密度为 $0.5 \sim 0.8$ g/cm^3,糊料的体积密度为 $1.30 \sim 1.40$ g/cm^3,而石墨的理论密度为 2.26 g/cm^3,即使是煅后焦,其真密度为 $2.05 \sim 2.10$ g/cm^3。当施加压力时,粉粒体内的拱桥效应遭到破坏,粉末颗粒间便彼此填充孔隙,重新排列位置,增加接触面。粉末位移的形式如图 6.2 所示。然而,粉粒体在受压状态时所发生的位移情况要复杂得多,一个颗粒可能同时发生几种位移,而且,位移总是伴随着变形的发生而发生。

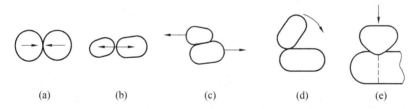

图 6.2　粉末位移的形式

(a)粉末颗粒的接近;(b)粉末颗粒的分离;(c)粉末颗粒的滑动;(d)粉末颗粒的转动;(e)粉末颗粒因粉碎而产生的移动

(2)粉粒的变形。

如前所述,粉粒体在受压后体积大大减少,这是因为粉粒受压后不但发生了位移,而且发生了变形,粉粒变形有如下三种情况:

①弹性变形,外力卸除后,粉粒形状可以恢复。

②塑性变形,压力超过粉粒的弹性极限,外力卸除后,粉粒变形后不能恢复原形。

③脆性断裂,压力超过粉粒的强度极限后,粉粒发生粉碎性破坏,脆性断裂。

压制时粉末的变形如图6.3所示。由图6.3可知,压力增大时,颗粒发生变形,由最初的点接触逐渐变成面接触,接触面积随之增大,粉末颗粒由球形(假设)变成扁平形,当压力继续增大,粉末就可能破碎。

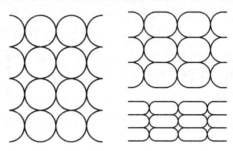

图6.3 压制时粉末的变形

3. 压粉及糊料的塑性与流动性

在压制过程中,压粉及糊料存在一定的塑性。糊料的塑性大小与物料的塑性、黏结剂的软化点高低、黏结剂加入量的多少、成形的温度等有关,物料的塑性越好,则成形时所需的压力越小,而压坯的密度越大,机械强度越高。但塑性太高容易使压坯变形,其成品的机械强度反而降低。所以在成形时,必须控制物料保持一定的塑性。物料塑性大小可以用公式(6.1)来量度。

$$\beta = \frac{g_2 \sigma_{\text{压}}}{g_1 P} \tag{6.1}$$

式中,β 为物料的塑性指标;g_1 为物料的松装密度;g_2 为压形后生坯的体积密度;P 为制品成形时的单位压力,MPa;$\sigma_{\text{压}}$ 为生坯的抗压强度,MPa。

如前所述,压粉与糊料具有一定的流动性,在物料受压时能同时向各个方向传递压力,它力图使整个模腔内上下左右压力分布均匀,减少压力损失,在压形过程中促使物料流向模腔的各处,以增加其密度的均匀性。但是,由于前述的压力分布的不均匀性,而使密度分布不均。

物料的流动性与物料的颗粒形状、大小及颗粒之间的配比有关。

4. 成形过程中的"择优取向"与压坯的组织结构

对于任何非球形不等轴颗粒的固体物料,在压力的作用下,粒子在自由移动时,都具有取向性。在静压力作用时,粒子截面较大的面将处于垂直于作用力的方向;在移动时,粒子截面较大的面将与移动方向一致,粒子

能自然地处于力矩最小的位置,这种不等轴颗粒受到压力作用时产生的自然排列现象,就称为"择优"取向,它取决于以下两个因素:

①颗粒不等轴的程度越大,其择优取向越明显,制品的各向异性也越明显。例如针状焦颗粒呈针状,不等轴的程度很大,故其制品的各向异性很明显。

②成形时颗粒移动的行程越长,则颗粒的取向过程越充分,择优取向效果越好,从而使制品的各向异性越大。

对于炭素物料,其粉粒的形状不是球形而是立方体、多角形及长条形,即不等轴粒子,具有长轴与短轴。在模压、挤压和振动成形时,因粒子的自然取向作用,而造成制品的层状分布结构。由组织结构的各向异性,使制品在性能上也是各向异性的。但成形的方法不同,制品成层面的排列方向也不同。

(1)模压成形与振动成形。

模压成形时,压粉在模内受到压力的作用产生移动、变形而逐渐密实,粒子移动时,长轴方向与移动方向一致,此时移动阻力最小。当达到一定的密度时,粒子的位移量减小,粒子在压力的作用下产生转动,使长轴方向(截面较大的面)垂直于压力方向分布(此时粒子重心最低、最稳定),而表现出层状结构。

其次是距离上冲头端面距离相等的面上压力是近似相等的,因此在此层面上粒子的分布基本相同。随着距上冲头端面距离的增加,层面间距也增加,其密度下降。故模压成形制品的层面方向与成形压力方向垂直。模压成形制品的层状结构示意图如图6.4所示。

图6.4　模压成形制品的层状结构示意图

振动成形的原理与模压成形原理相似(施加压力的方式不同),因而成形制品在结构上(层状分布)大致相同。

（2）挤压成形。

挤压成形时,糊料在料室内预压时粒子的分布情况与模压相同,但是挤压时糊料经嘴形口挤出,糊料在运动时粒子的长轴方向与运动方向一致（此时运动阻力最小）。粒子从料室向嘴形口运动时,随着嘴型曲线的变化,粒子产生转动,使长轴方向总与运动方向一致。嘴形口有一段等直径段,糊料粒子通过等直径段,使粒子长轴方向与嘴形口中心线平行排列分布。

其次,在料室和嘴形内糊料的流动状态近似于液体,同一横截面上速度呈抛物线分布,随距离圆心半径的不同而不同,中心的流速为最大,边缘的流速为最小。因此,粒子在同一横截面上距离中心线不同半径的圆周上的受力不同,所以分布不同,反之,在同一圆周上粒子的受力与分布状态相同,因而是同心圆式的层状分布。中心的流速大,密度小,边缘的流速小,密度大。层面方向与成形压力方向平行。挤压成形制品的层状结构示意图如图6.5所示。

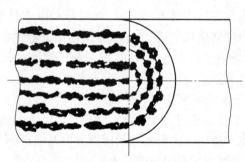

图6.5 挤压成形制品的层状结构示意图

（3）等静压成形。

等静压成形时,物料被置于软模具内,模具外的液体以相同的压力作用在模具上,并传递到物料上,使物料从周围向中心密实,颗粒的运动主要为平动。因各个方向上的力相等,故粒子不产生转动。粒子在装料时处于杂乱无序状态,密实后仍然处于杂乱无序状态,故不表现出规律性的层状分布结构。等静压制品的组织为均一结构,也就是各向同性。

成形时形成的结构,通过焙烧与石墨化后仍然保留下来,因此,挤压成形、模压成形与振动成形的制品在结构和性能上都是各向异性的,而等静压成形的制品在结构和性能上都是各向同性的。等静压成形制品的结构示意图如图6.6所示。

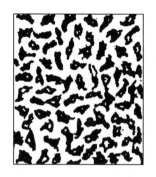

图6.6 等静压成形制品的结构示意图

5.压坯的强度

物料在成形的过程中,随着成形压力的增加,孔隙减小,压坯逐渐致密化。由于粉末颗粒联结力作用的结果,压坯的强度也逐渐增大。压坯的强度有下面三方面的贡献。

①粉末颗粒之间的机械啮合力,如前所述,粉末的外壳面呈凹凸不平,形状不规则,通过压制,粉末之间由于位移和变形可以互相楔住和钩链,从而形成粉末颗粒之间的机械啮合,粉末颗粒形状越复杂,表面越粗糙,则粉末颗粒之间彼此啮合得越紧密,因而压坯的强度越高。

②粉末颗粒表面原子之间的吸引力。当粉末颗粒受到强大外力作用时,颗粒紧密接触,当表面原子进入引力范围之内时,粉末颗粒便由引力作用而联结起来。

③对于表面带黏结剂的颗粒,因黏结剂的黏结作用而使颗粒之间联结起来,黏结剂的黏度越高,其对于压坯的强度贡献越大。

6.2 模压成形

模压法适用于压制长、宽、高三个方向尺寸相差不大,要求密度均匀、结构致密的制品,如电机用电刷,电真空器用石墨零件,密封材料等。按制品的配方和工艺要求不同,模压分为冷压和热压两种;按照压制方向不同,又可分为单面压制和双面压制两类。

6.2.1 模压压坯密度分析

不同的成形方法,压制的压坯密度分布是不完全相同的,但造成密度分布的基本原理是有其相同之处的,而模压压坯密度分布较复杂,所以这里重点分析模压的情况,其他成形方法可借鉴。

1.压坯密度与压制压力的关系

粉末体受压后发生位移和变形,在压制过程中,随着压力的增加,压坯的相对密度呈现规律性变化,通常把这种变化分为三个阶段,如图6.7所示。

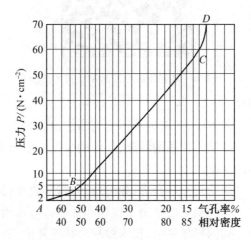

图6.7　压坯相对密度与压力的关系

第一阶段(图中 AB 段),在第一阶段的起点,炭质压粉尚未受到压力,而处于松散的自然堆积状态,此时,压粉的各个颗粒的排列是无规则的,互相堆叠,许多颗粒间呈"架桥"现象而形成较大的空隙。此时,只给予轻微振动,也能使颗粒间的堆积紧密一些。

当冲头或柱塞开始施压时,压粉颗粒很快移动。随着上冲头(主柱塞)的移动,压粉相互靠近,压粉大的颗粒的中间空隙被较小的颗粒所填充,颗粒间的接触趋于紧密。压力稍有增加,压块的密度增长得很快。

这一阶段压粉的紧密化主要取决于压粉的粒度和结构,而不取决于压力。若压粉颗粒粗、表面粗糙、棱角多,甚至呈树枝状,就容易产生"架桥"现象,而使粉体的松装密度降低,施压以后,"架桥"现象很快消失,空隙减少,密度增加很快。

第二阶段(图中的 BC 段),当上冲头继续施压,压块的密度逐渐增大,厚度减小,压粉内呈现出一定的阻力。在这一阶段中压块密度均匀增加,并呈现一定的规律性,压坯密度与所施压力成比例地增加(线性关系)。同时,由于颗粒间的摩擦力也与压力接触表面的增加而成比例地增加,当密度达到一定值后,压力继续增加,而密度的增加却逐渐变慢。

第三阶段(图中 CD 段),压力进一步增加,压块密度逐渐达到极限值,不再增加。但在这一阶段可以使压块各部分的密度渐趋均匀。对于炭素粉末,第三阶段很快达到,这是由于它的塑性变形能力小。这也可从成形压力、压坯的体积密度和电阻系数的关系曲线看出。

上面把压制过程分为三个阶段,是为了说明方便,但在实际上,这三个阶段是不能截然分开的。由于压块受力不均匀,有应力集中点,压粉各颗粒所处的位置也不相同,大颗粒可能在较低的压力下就开始变形,也还会有一些颗粒在高压下大部分都已发生塑性变形时,还在继续滑动,因此,这三个阶段的变化是连续进行的,是一条平滑曲线。在第一、二阶段中,压块被压实是颗粒的滑移和接触紧密为主,第三阶段是以颗粒的变形为主。

在不考虑摩擦损失的条件下,压块的气孔率的相对降低与压力的增量成比例,其表达式为

$$-\frac{\mathrm{d}\varphi}{\varphi} = K\mathrm{d}p \qquad (6.2)$$

式中,φ 为压块的气孔率,% ;p 为成形的单位压力, MPa;K 为粉末的压制性常数。

将上式积分则得

$$\ln \varphi = -Kp + A \qquad (6.3)$$

式中,A 为积分常数。

若成形开始时,即 $p = 0$ 时,压块的气孔率为 φ。

代入上式得

$$A = \ln \varphi_0$$

则有

$$\ln \varphi = -Kp + \ln \varphi_0$$

$$p = \frac{1}{K}\ln \frac{\varphi_0}{\varphi} \qquad (6.4)$$

或

$$p = \frac{1}{K}\ln \frac{\varphi_0}{\varphi_p} \qquad (6.5)$$

式中,φ_p 为压力为 p 时的气孔率,% 。

上式反映了在压形过程中第二阶段的情况,即压块的气孔率(或密度)随压力的变化情况,压制性常数 K 一般由试验确定。由此式可以得出压制一定密度的制品时所需要的单位压力。

2. 压坯密度分布的不均匀性及影响因素

压坯的密度分布,在高度方向和横断面上都是不均匀的,图6.8所示为压坯密度沿高度方向的分布。在与上冲头相接触的压坯上层,密度和硬度都以中心向边缘逐步增大的,顶部的边缘部分密度和硬度最大。在压坯的纵向层中,密度和硬度沿着压坯高度从上而下降低。但是,在靠近模壁处,由于外摩擦的作用,轴向压力的降低比压坯中心快得多,以致在压坯底部的边缘密度比中心的密度低。中间的密度层面均呈弯曲,这是由于模壁对粉末的摩擦阻滞所致。这种弯曲层面随压坯厚度和压紧程度的增大而增大。图6.9所示为单向压制时压块内部体积密度的分布,斜格为体积密度最大的部分;直格为体积密度最小的部分。

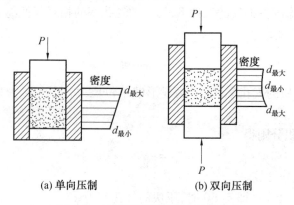

(a) 单向压制　　　　　　　(b) 双向压制

图6.8　压坯密度沿高度方向的分布

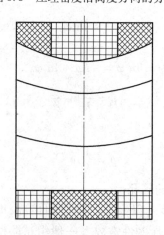

图6.9　单向压制时压块内部体积密度的分布

密度沿压坯高度方向的分布的原因是压制时,外摩擦力引起的摩擦压力损失,随压坯的厚度 H 的减小而减小,随压坯厚度 H 的增大而增大。压力损失与密度的降低成比例,即压坯的密度损失与距冲头的距离 H 成比例。

图 6.10 所示为镍粉压坯的密度分布曲线。由图可见,靠近上冲头的边缘部分压坯密度最大,而靠近模底的边缘部分压坯密度最小。

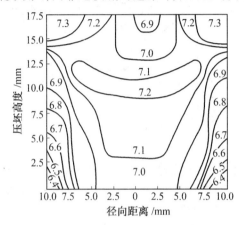

图 6.10　镍粉压坯的密度分布曲线

压力 $p=70$ kg/ mm²;阴模直径 $D=20$ mm;高径比 $H/D=0.87$

图 6.11 所示为电解铜粉圆柱形压坯各部分密度沿高度的变化。为了易于沿高度将压坯分成为几份,则把压粉分成几份,每份之间用薄层石墨分隔开。试验证明,密度(以体积密度为标准)的降低与距冲头的距离 H 成比例,H 越大,体积密度越小,且具有以下规律:

①体积密度沿厚度的降低程度,随摩擦系数 f 的减小而减轻,随着石墨或润滑剂的加入而减轻。

②体积密度沿厚度的降低程度,随侧压力系数的加大而加大。

③体积密度沿厚度的降低程度,随压坯直径的增大而减小。

④双向压制能大大地改善压坯密度分布。

实践证明,增加压坯的高度会使压坯各部分的密度差增加;而加大直径则会使密度的分布更加均匀,即高径比(H/D)越大,密度差也越大。为了减少密度差别,降低压坯的高径比(H/D)是适宜的。因为高度减少之后,压力沿高度的差异相对减少了,使密度分布得更加均匀。

提高模壁光洁度并在模壁上涂润滑油,能够减少外摩擦系数,从而改善压坯的密度分布。

采用双面压制法,可减轻压坯中密度分布的不均匀性。在双面压制时与模冲头接触的两端密度较高,而中间部分的密度较低。

若对压坯密度的均匀性要求很高时,应采用等静压压制及抽真空工艺,对于很长的制品则应采用挤压成形或等静压成形。

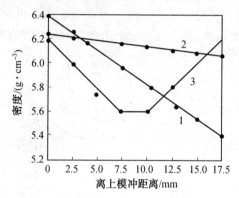

图6.11 电解铜粉圆柱形压坯各部分密度沿高度的变化

1—单向压制,无润滑剂;2—单向压制,添加4%(质量分数)的石墨粉;3—双向压制,无润滑剂

6.2.2 模压工艺与操作

模压压坯规格的主要指标为压坯的横截面积($S_坯$)和高度($H_坯$),对于圆形压坯是确定直径,对方形压坯则是根据产品规格来确定压坯的边长 a 与 b。

1.压坯设计与表压计算

(1)压坯横截面积($S_坯$)。

要确定压坯的横截面积,则首先根据压机吨位和制品的单位压制压力($P_压$)来确定压机可压制最大压坯的横截面积(S_{max}),即

$$S_{max} = P_总 / P_压 \qquad (6.6)$$

式中,$P_总$ 为压机的总吨位,MN;$P_压$ 为单位压制压力,MPa。

然后,根据产品规格及每个压坯在平面上加工产品的数量来确定压坯的横截面积($S_坯$)。但是,实际生产的压坯的横截面积($S_坯$)应小于或等于压机能压制的压坯的最大横截面积(S_{max}),即

$$S_坯 \leqslant S_{max} \qquad (6.7)$$

(2)压坯高度的确定。

压坯的高度($H_坯$)是根据产品的规格及设计沿高度方向加工的产品数量来确定的,并且应小于或等于根据活动横梁的最大工作行程和物料的

压缩比来确定的压机最大压制高度(H_{max}),即

$$H_{坯} \leqslant H_{max} \tag{6.8}$$

值得注意的是,在确定$S_{坯}$和$H_{坯}$时,应考虑:① 产品对压坯层面取向的要求;② 制品生产过程中的膨胀与收缩;③ 加工余量。

(3) 压制方式的确定。

根据产品用途与性能确定采用冷压还是热压;根据压坯规格(高度)和压机吨位及单位压制压力决定是单面压制还是双面压制。

① 单面压制,对于形状简单的压件,如矩形、圆形等,这些压件的高度H与直径(或等效直径)D之比(H/D) 不大于1;对空心的圆筒形压件,其高度H与壁厚δ之比(H/δ) 应小于3。

② 当H/D大于1 或H/δ大于3 时,就要采用双面压制,双面压制的优点在于能取得密度相对均匀的压件。

(4) 压形时压机压力液的表压计算。

根据工艺规定的单位压制压力($p_{压}$) 和压坯(或压模) 尺寸计算压力液表压($p_{表}$),即

$$p_{表} = \frac{S_{坯}\, p_{压}}{S_{缸}} \tag{6.9}$$

式中,$p_{表}$为表压力, MPa;$S_{坯}$为压坯的横截面积,mm^2;$S_{缸}$为液压机主缸截面积, mm^2;$p_{压}$为压块单位截面积上所承受的压力,MPa。

2. 模压压制操作

模压操作包括称料、装料、压制、脱模及检验等工序。

(1) 称料。

每个压坯都需要一定质量的压粉。因此,首先应根据压坯的体积和密度,计算出压粉的质量。每个压坯所需要的压粉质量可由下式来决定:

$$W = Vq_k K \tag{6.10}$$

式中,W为压粉质量,g;q_k为压坯的体积密度,g/cm^3;V为压坯的体积,$V = S_{坯}H_{坯}$,cm^3;K为考虑到压制过程中的压粉损失的添加系数,常取1.005。

根据上式计算的质量进行称料。

(2) 装料。

将称好的压粉料装入模中,均匀铺开,然后料粉上加盖一张薄纸,以防止漏料和泄压及上冲头黏料与脱模时拉伤压坯。

装料有自动装料和手工装料两种。

（3）压制。

应注意掌握合适的压制运行速度、加压速度、加压保压时间。在压制过程中,控制压力的方法有两种,一是控制压力液的表压力;二是用限位开关来控制上冲头的压制行程,也就是控制压坯高度(及密度)。

（4）脱模。

卸除压力后,用顶出缸与下冲头把压坯从模内顶出。对于热压产品,脱模后应进行冷却。

（5）检验。

对开始压制的 3~5 块压坯,应测定其高度与体积密度,如不符合工艺要求,应及时查找原因进行调整,直至合格时为止,正常生产后,进行抽检。

3. 影响压制过程的因素

影响压制过程的因素很多,如粉末性能、润滑剂、成形剂和压制方式等。

（1）粉末性能对压制过程的影响。

①粉末粒度与粒度组成的影响。粉末的粒度及粒度组成不同时,在压制过程中的状态是不一致的。一般来说,粉末越细,流动性越差,在充填模腔时越困难,越容易形成拱桥效应。由于粉末细,其松装密度就低,在压模中的充填容积大,此时必须有较大的模腔尺寸,这样在压制过程中模冲头的运动距离和粉末之间的内摩擦力都会增加,压力损失随之加大,影响压坯密度的均匀分布。

对于形状相同的粉末,细粉末的压缩性较差,而成形性较好,压坯的强度较高,但弹性后效大,易开裂,这是由于细粉末颗粒间的接触点、接触面增加的缘故。粉末粒度粗,强度有所降低,但弹性后效小,成形的成品率可提高。

对于球形粉末,在中等或大压力范围,粉末颗粒大小对密度几乎没有什么影响。

非单一粒度组成的粉末压制性能好,因为这时小颗粒容易填充到大颗粒之间的孔隙中去,因此,要提高压坯的密度和强度及减少弹性后效,应采用非单一粒度组成的粉末压制。

②粉末形状的影响。粉末形状对压制过程及压坯质量都有一定的影响,具体反映在装填性能和压制性能等方面。

粉末形状对装填模腔的影响最大,表面平滑、规则的接近球形的粉末流动性好,易于充填模腔,使压坯的密度分布均匀;而形状复杂的粉末充填困难,容易产生拱桥现象,使得压坯由于装粉不均匀而出现密度不均匀。

这对于自动压制尤其重要,生产中所使用的粉末形状多是不规则的,为了改善粉末混合料的流动性,往往需要进行制粒处理。因此,粉末颗粒的球化是目前的一种先进的新工艺。

粉末的形状对压制性能也有影响,不规则形状的粉末在压制过程中其接触面积及颗粒间的咬合和交织作用比规则形状粉末大,所以成形性好,压坯强度高,弹性后效小。

③粉末松装密度的影响。粉末的松装密度是设计模具尺寸时必须考虑的重要因素。

松装密度小时,模具的高度及模冲头的长度应保证足够的尺寸,且在压制高密度压坯时,如果压坯尺寸长,密度分布不容易均匀。但是,当松装密度小时,压制过程中粉末接触面积大,压坯的强度高却是其优点。

松装密度大时,模具的高度及模冲头的长度可以缩短,在压模的制作上较方便,可节约模具材料,并且对于制造高密度压坯或长而大的制品有利。

④粉末可塑性的影响。粉末可塑性好,便于成形,可以在较低的压制压力下成形。粉末的可塑性差,压制过程中压力损失大。为提高压粉的可塑性,可采用较低的软化点的沥青做黏结剂及在配方中加入适量的石墨粉。

(2)润滑剂与成形剂对压制过程的影响。

在压制时,由于模壁与粉末之间、粉末与粉末之间产生摩擦引起压力损失,造成压力和密度分布不均匀。为了得到所需要的压坯密度,应尽量减少这种摩擦。

压制过程中减少摩擦的方法大致有两种,一是采用高光洁度的模具或用硬质合金模代替钢模;二是使用润滑剂或成形剂。

常用的润滑剂和成形剂有硬脂酸、二硫化钼、石墨粉、机油、甘油、凡士林、樟脑、油酸等。

润滑剂与成形剂的加入量与粉末种类及粒度大小、压制压力和摩擦表面值有关,也与它们本身的材质有关。一般说来,随粉末粒度的减小而增加添加量。粒度为 $20 \sim 50 \ \mu m$ 的粉末,每克混合料加入 $3 \sim 5 \ mg$ 表面活性润滑剂,而粒度为 $0.1 \sim 0.2 \ mm$ 的粗粉末,则加入 $1 \ mg$ 就足够了。

(3)压制方式对压制过程的影响。

①加压方式的影响。如前所述,在压制过程中,由于压力损失,压坯密度出现不均匀现象,为了减少这种现象,可以采用双向压制或多向压制(等静压压制)及改变压模结构等。特别是当压坯的高径比大的情况下,采用

单向压制是不能保证产品的密度要求的。

②压制压力大小的影响。压制压力的大小是由许多因素决定的,如压粉塑性、摩擦力的大小、制品密度与形状等。在压制过程中适当地提高成形压力,能使压坯更密实。但施加压力过大,会把压粉中的大颗粒压碎,形成新的不带黏结剂的接触面,影响产品质量。

③加压速度的影响。压制过程中的加压速度不仅影响到粉末颗粒间的摩擦状态,且影响到空气从粉末颗粒间孔隙中的逸出,如果加压速度过快,空气逸出就困难。因此,通常的压制过程均是以静压(确切地说是缓慢加压)状态进行的,以提高压坯的密度和强度的均匀性。

加压速度很快的压制,如冲击成形,属于动压压制范畴的,如炭电阻片、金刚石炭片、小型密封环、微电刷等制品的成形。

粉末体受到高速冲击负荷作用时,压坯的致密化过程与静压时的情形是不同的。

根据材料力学关于静动载荷理论可知,在弹性变形范围内,当一个质量为 Q 的物体自由下落时,动静载荷之间的关系如下:

$$P_{动} = K_{动} P_{静} \tag{6.11}$$

式中,$P_{动}$ 为动载荷,N;$P_{静}$ 为静载荷(在数值上等于 Q),N;$K_{动}$ 为动荷系数。

若冲击成形时的速度 ν 小于 1 m/s 时,$K_{动} = 2$,则

$$P_{动} = 2P_{静} \tag{6.12}$$

即当物体突然受外力作用时,其动载荷至少为静载荷的 2 倍。

若冲击开始的速度为 10 m/s,粉末体压下量为 1 mm 时,则

$$P_{动} = 100P_{静} \tag{6.13}$$

即所受到的冲击力比静载荷大 100 倍。

但压制时加速度太快,由于最上层粉末瞬时飞散,会造成密度分布的不均匀。

④加压保持时间的影响。粉末在压制过程中,在某一特定的压力下保持一定的时间,往往可得到非常好的效果,特别对于体积较大的制品来说尤其重要。

需要保压的理由:一是使压力传递得充分,进而有利于压坯中各部分的密度分布;二是使粉末孔隙中的空气有足够的时间通过模壁和模冲头或从冲头芯棒之间的缝隙逸出;三是给粉末之间的机械啮合和变形以时间,有利于应变弛豫的进行。

是否需要保压以及要保压多长时间,应根据具体情况而定。形状简

单、体积小的制品则不必要保压。

（4）振动对压制的影响。

压制时从外界对压坯施以一定的振动,对致密化有良好的作用,压制时施加振动是引起人们兴趣的新工艺。

压制成形过程中,因粉末与模壁及粉末间的摩擦力而引起压坯的密度分布不均匀,采用振动压制法,可以降低这种不均匀性。因为振动能加快粉粒的位移与合理排列,消除颗粒间的"架桥"现象,从而使压坯的结构趋于均匀。

振动来源可以是机械的、电磁的、气动或超声振动等。振动频率以采用低频为宜(1 000～14 000 次/min),振幅可采用0.03 mm。

振动压制的效果还与其作用时间及振幅等有关。

然而,振动压制也有缺点,在当前技术条件下,振动过程中噪声大,对操作者身体有害;由于设备经常处于高速振动状态,所以对设备的设计和材质等要求较高。

6.3 挤压成形

挤压成形是生产效率比较高的成形方法。压出制品的轴向密度分布比较均匀,适合于生产长条形的棒材或管材,如炼钢用电极,各种炭棒,电解用炭板,化工设备用不透性石墨板、石墨管以及核反应堆的石墨砌体等。

挤压过程的本质是在压力下使糊料通过一定形状的模嘴后,受到压实及塑性变形而成为具有一定形状和尺寸的生制品。挤压过程可分为两个阶段,第一阶段是压实,也称为预压阶段。在这个阶段,糊料放入料室后,在挤压嘴和料缸之间加一块挡板,加压,迫使糊料排除气体,达到密实,同时使糊料向前运动。在这个过程中,糊料可看作为稳定流动,各料层基本上是平行流动的。第二阶段是挤压,糊料经预压后,将预压力撤除,除去挡板,重新加压。挤压过程的实质是使糊料发生塑性变形。在挤压过程中,糊料在压力下进入具有圆弧变形的挤压嘴时,由于糊料与挤压嘴壁发生摩擦,它的外围流动速度较中心流动速度慢。流动较快的内层糊料对流动较慢的外层糊料由于内摩擦而产生一个作用力,反过来,外层糊料也给内层糊料一种阻力。因此,在挤压块中便产生层流结构和内应力。最后,糊料进入变形部分而被挤出。

6.3.1 挤压成形原理

专门研究炭素制品挤压成形原理的资料极少,我国的炭素技术资料大多来源于前苏联,国际上炭素工业发达的美、日、德、法、英等国,对炭素生产技术资料公布更少。因为炭素制品的成形原理类似于金属材料挤压形成,所以,一般借用金属材料的挤压成形原理来解释炭素制品的成形原理。

对于长径比比较大的制品,若采用模压成形,由于受立式模压机工作行程的限制及制品密度沿高度方向的不均匀性影响,其生产存在较大的困难。而挤压成形,是将糊料连续不断地从模嘴口挤压出来,再根据制品所需要的长度进行切断。制品的长度不受挤压工作行程的限制,且挤压出来的制品沿长度方向质量比较均匀。因此,适宜于生产长条形、棒形、管形制品。所以,电极、炭块、阳极板、石墨管,甚至细长的弧光炭棒与电池炭棒等制品一般都采用挤压成形。

挤压成形能连续生产,且生产效率比较高,是一种常用的成形方法。

挤压成形过程,可分两个阶段:第一阶段是压实与预压,可统称为预压阶段。它是将糊料装入料室,并将模嘴口的挡板升上后,用柱塞对糊料施加压力,并使压力向各处传递,从而使糊料达到密实的目的。这一阶段的压制过程、糊料的受力与运动(位移)情况与模压相类似。第二阶段是挤压,糊料预压后,将预压力卸除,移开挡板,然后重新对糊料加压,将糊料从模嘴口挤压出来,按所需长度切断,即成为所需长度和形状的制品。

糊料在挤压过程中的受力与运动情况是很复杂的,它与料室和模嘴的结构有关。料室是圆筒形,模嘴是圆锥形(若是方形制品、靠近模嘴口处从圆形过渡到制品的横截面形状),是以中心线为轴的轴对称几何体,即以料室和模嘴内壁曲线绕中心轴旋转一周形成的圆柱和圆锥形,其横截面为圆形,故可沿中心线切开,取纵剖面(或纵剖面中心线以上部分)为研究对象,它可代表整个料室和模嘴内糊料的受力和运动情况。而挤压成形过程中,影响生坯及制品质量的关键是模嘴的形状,即模嘴曲线。所以,我们研究糊料的挤压过程中的受力和运动情况,主要是模嘴部分。紧靠料室与模嘴内壁的糊料的运动(位移)轨迹,就是料室与模嘴内壁曲线。理想情况是其曲线为连续光滑的流线形曲线。若设中心线为 x 轴,垂直方向为 y 轴,则模嘴曲线可用下面函数表示,即

$$y = f(x) \qquad (6.14)$$

所以,沿料室与模嘴内壁运动的糊料的运动路程(s)为 $f(x)$,其运动速度与加速分别为

$$v = \frac{\mathrm{d}s}{\mathrm{d}t} = \frac{\mathrm{d}f(x)}{\mathrm{d}x} = f'(x) \tag{6.15}$$

$$a = \frac{\mathrm{d}v}{\mathrm{d}x} = \frac{\mathrm{d}^2f(x)}{\mathrm{d}x^2} = f''(x) \tag{6.16}$$

由牛顿定律可知,推动糊料运动的力 $F = m\alpha$,理想状态下,力 F 应是连续变化的。也就是说糊料运动的加速度与速度都应是连续的,这就要求模嘴曲线应连续,并且其一阶导数和二阶导数也应连续,这就是模嘴曲线设计的理论依据。

上面分析是沿料室与模嘴内壁的糊料受力与运动规律,其他各层糊料的受力与运动规律也应与它相同。

1. 挤压过程中的变形程度

料室与嘴型结构示意图如图 6.12 所示。挤压过程中的变形是相当复杂的,在糊料通过料室与嘴型锥形接交处部分时,它的外围部分与中心部分的糊料将发生连续交流,交流的程度跟料室的横截面积(S_D)与模嘴口的横截面积(S_d)的比值(S_D/S_d)有关,即当料室直径(D)与模嘴直径(d)的比例(D/d)越大,则这时糊料的交流就越深入到中心去。由于这种交流,使制品在整个长度上的结构比较均匀。但是,D/d 的比值过大,制品从模嘴口被挤出的速度过快,制品体积密度下降,且距中心线不同半径的层面流速差增大,层面间产生较大的相对滑动,使层面间层状结构更明显,及其强度下降,使变形过程复杂化。同时,挤压所消耗的能量增加,这在生产上是不经济的。若 D/d 之比过小,将使制品内外层的性能差别增大,且内层的糊料得不到压实。因此,压制一定直径的制品时,须选择适当的压力机料室的直径。

在工艺上,为了描述挤压时糊料的变形情况,则用相对压缩程度(δ)来表示,也称为变形程度,即

$$\delta = \frac{S_D - S_d}{S_D} \times 100\% \tag{6.17}$$

式中,S_D 为压力机料室的横截面面积,mm^2;S_d 为模嘴口(或制品压坯)的横截面面积,mm^2。

变形程度 δ 的大小,对于挤压过程中的糊料变形过程和挤压出来的制品的质量有很大的影响,具体分析如下:

① 如果 $S_D - S_d = 0$,即模嘴口的横截面面积与料室截面面积相等($S_d = S_D$),糊料通过没有锥形的模嘴口被挤压出来,其内外层糊料没有得到交流和颗粒转向的机会,则压坯(或称生坯)基本上的是预压时产生的组织结

189

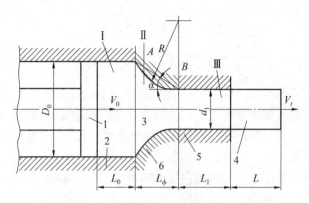

图6.12　料室与嘴型结构示意图

1—柱塞;2—料室;3—嘴型;4—毛坯;5—口径;6—喇叭口;

Ⅰ—压实区;Ⅱ—成形区;Ⅲ—定径区

构,它实际与模压一样。

②$S_d - S_d$ 的值很小,即 S_d 与 S_D 相差不大,糊料经过模嘴锥形部分时,因模型锥角小,糊料的变形不能深入到压坯横截面的中心,而仅限于表面,这样,表面和中心的结构相差较大,表面层密实而中心部位疏松。

③若 $S_D - S_d$ 的值过大 ($S_D \gg S_d$),而使糊料经过锥角过大的模嘴时变形程度过大,将使压坯由于过大的内应力而在出模后变形开裂。

④$S_D - S_d$ 的值足够大时,整个糊料在经过模嘴时,才能全部经受变形的过程,压坯内外组织结构的不均匀性才能减少。然而,最适当的 S_D 和 S_d 值须由实验决定,通过实验,一般采用 $\delta = 0.67 \sim 0.93$ 较适宜。

变形程度也可用压缩系数 $K = S_d/S_D$ 来表示,K 与 δ 的关系为

$$\delta = 1 - k \text{ 或 } K = 1 - \delta \qquad (6.18)$$

由上面的最佳 δ 取值可知,$K = 0.33 \sim 0.07$。

在实际炭素生产中,对电极挤压机,通常采用压缩系数 K 的倒数来表示,称为挤压比 (φ),即

$$\varphi = 1/k = S_D/S_d = (D/d)^2 \qquad (6.19)$$

2. 挤压过程中力的分布规律

挤压过程的实质是挤压力使糊料发生塑性变形,即当挤压力(外力)超过糊料的流动极限应力时糊料就产生塑性变形。糊料的流动极限应力的大小与糊料骨粒材料的材质和粒度、黏结剂的黏度及糊料的温度有关,特别是黏结剂沥青的黏度随温度的变化大,如煤焦油和中温沥青的黏度,在 25 ℃时为 $2 \times 10^8 \text{Pa} \cdot \text{s}(2 \times 10^9$ 泊);100 ℃时降为 $5.5 \times 10^2 \text{Pa} \cdot \text{s}(5.5 \times 10^3$ 泊),170 ℃时却只有 $3 \sim 4$ 泊。表6.2是使用软化点为 70 ℃的中温沥

青的糊料试验结果。

表 6.2 使用软化点为 70 ℃的中温沥青的糊料试验结果

糊料温度/℃	60	70	80	90	100
挤出时的表压力/MPa	24～42	20～30	18～24	16～20	16～20

糊料在压实与预压时,挤压力的分布规律与模压类似。

糊料在挤压时由于糊料不是理想流体,它不能像液体一样按帕斯卡定律将单位挤压力(P)大小不变地在料室和模嘴内向各处传递。因糊料的黏度很高,摩擦力较大,而使挤压力的损失增大。挤压力在横截面上随半径 R 的增大而减小,中心处最大,边缘处最小(此处还受外摩擦的影响);在纵向方向,随距离柱塞压料板的距离的增加而减小,至模嘴出口处,仅为推动生坯克服电极小车的滑槽(或滑板)的阻碍做匀速运动的力;挤压力的方向与 x 轴方向一致。在模嘴壁处,其挤压力可分解成 x(轴向)方向和垂直方向的力,x 方向的力是推动糊料沿 x 方向运动的力;垂直方向的力是使颗粒转动和使糊料内外层交换的力。

挤压时的摩擦力有内、外摩擦力两种,外摩擦力的大小与糊料和模具材料性质及糊料温度有关,其方向与糊料运动方向(流线或模壁切线方向)或运动趋势相反。内摩擦力是糊料颗粒间及糊料层面间的力,它的大小取决于糊料的特性,如骨料种类与粒度、黏结剂的软化点和含量及糊料温度等。其方向是糊料运动流线的切线方向,并与糊料运动方向相反。这种内外摩擦力形成对糊料挤压的反作用力,正是挤压力与这种反作用的共同作用,使得糊料产生密实作用。内外摩擦力太小,糊料受到较小的挤压力便可以成形,故不能达到理想的密实程度;若内外摩擦力太大,则将使挤压力减小,将增加设备负荷和能量消耗,同时使生坯内部将产生较大的内应力,当生坯从嘴型口挤出时,内应力释放使生坯产生内、外裂纹或增加焙烧开裂的几率。另外,内、外摩擦力之间不得相差太大,若内、外摩擦力相差太大,则使生坯内外密度不均而形成同心圆式的壳层结构,这是应当避免的。

3. 挤压过程中的颗粒转向

由前述可知,在料室和模嘴内,摩擦力随半径 R 的增大而增大,挤压力随半径 R 的增大而减小,所以糊料在挤压力作用下的运动速度沿半径尺的增大而减小,中心的流速为最大,模壁处为最小,在料室内、内外层流速相差不大,料层弯曲不大。在料室与模嘴接交处及模嘴内,由于模嘴为锥形,挤压力和摩擦力与轴向(x 方向)存在一定的夹角(α),使得糊料的运动方向产生改变,颗粒产生转动,糊料发生较大的位移,并使内外层糊料进行交流,其交流程度与模嘴曲线和糊料性能有关。在国外的炭素界,模嘴曲线均被作为保密的资料不对外公布。流动较快的内层糊料,对流动较慢的外层糊料由于内摩擦而产生一个作用力,此力使外层的变形速度增大。同时,外层糊料也给内层糊料以相反的作用力,使内层的变形(流动)速度减小,但是,内层糊料流动的超前现象仍占上风,超前的大小取决于模嘴曲线与轴向(x 轴)的夹角。此外,由于内外层糊料流动速度不同,而引起内应力。

当压坯从模嘴挤出后,内应力将使压坯变形。当压坯冷却固化或内应力弛放到一定低值时变形停止,但此时压坯存在一部分残余内应力。

挤压与模压一样,不等轴颗粒会发生定向排列,在整个挤压过程中,颗粒长轴方向始终与流线一致。当糊料到达模嘴的锥形部分时,在正压力(P_z)的作用下,原来与压力方向垂直的扁平或长条颗粒的平面就受到斜面的方向压力的作用而转向,转向大小由模嘴内壁曲线与颗粒距中线的距离尺寸大小决定。当糊料到达模嘴出口圆筒部分时,在正压力(P_z)的作用下,颗粒转动使颗粒长轴与中心轴平行,最终形成压坯及制品的同心圆式层状结构,使制品产生在组织结构和性能上的各向异性,圆筒区主要是校直与定形生坯的作用,圆筒部分越长,颗粒定向越完全,但挤压力增大,能耗增加,对于圆筒部分的长短国际炭素界具有不同的看法。

4. 压坯密度分布、超层与死角

(1)压坯的密度分布。

压坯的密度分布与糊料的性质、保温温度、模嘴曲线和模嘴口大小(制品规格)及挤压速度等因素有关,特别是模嘴曲线影响较大。若以上因素不变时,压坯密度在长度方向变化不大,主要是在压坯的横截面上,中心密度最小,随着距中心的半径增大而密度增大,但同一半径层面上密度相同,边缘处最大。

(2)超层现象。

在挤压过程中,糊料在料室与模嘴内,中心的糊料间摩擦力小,故糊料的流速快,而远离中心或边缘处摩擦力逐渐增大或达到最大,因而其流速逐渐减小或达到最小。由于糊料层面间的摩擦力或流速具有梯度,因而造成距中心的不同层面上,内层糊料因流速快而超过外层糊料,这种现象就称为超层现象。这种现象在变形区内有利于密度的提高和均匀性。但是糊料到模嘴出口时仍然存在较大的超层现象,容易造成制品内疏外密,严重时将使压坯产生开裂现象或明显的同心壳层(层与层间强度很小)现象。这在工艺上应引起重视,特别是生产的制品的横截面积 f(或直径 d)远远小于料室横截面积 F(或直径 D)时,超层现象更加明显。

(3)死角。

所谓死角是料室与模嘴交接处,由于其内壁曲线不能连续光滑过渡,而出现拐点,糊料流动时需按其流线流动,因而料室与模嘴交接处部分糊料在挤压过程中不动,形成死区(或称为死角)。挤压过程中,死角的大小是随挤压过程的进行(即料室中糊料的减少)而减小,如图 6.13 所示。

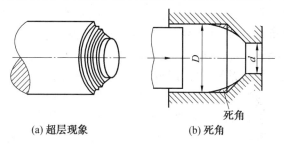

(a) 超层现象　　　　(b) 死角

图 6.13　死角示意图

死角的形成是由于模嘴在与料室交接处的过渡不连续不光滑,出现拐点,或过渡区曲线斜角(α)过大所引起的,还与挤压比、摩擦应力及糊料性能有关。一般认为 $\alpha = 45° \sim 60°$ 的范围内较好。所以,在设计模嘴曲线时应加以注意。

死区与糊料塑性变形的流动区的界面线(或界面)实际上是糊料按其自身流动规律形成的实际嘴型曲线(或曲面)。从能量的角度来看,糊料沿死区界面运动所需的能量小于沿模嘴曲线运动的能量。同时,死区的存在对产品的质量有很大的影响。界面处存在剧烈滑移区,剧烈滑移区的大小与糊料的均匀性有很大关系,它对糊料的组织结构与性能起一定影响。死区在挤压过程中是不断变化的,使压坯因界面缺陷而产生裂纹,使质量不均匀。死区与塑性流动区交界处会发生断裂,死区断裂的后果是会在制品上产生裂纹或起皮。

6.3.2　影响挤压过程的因素

挤压压坯质量的好坏,不仅决定本工序的成品率的高低,而且也影响焙烧及石墨化等工序的制品质量,因此研究影响挤压制品质量的因素是很重要的。

在挤压成形过程中,影响制品质量的因素很多,主要可归纳如下几点。

1．黏结剂用量

黏结剂不足或过多都会使制品的质量发生很大的变化,黏结剂不足将导致强度下降、孔度增大;而黏结剂过多会出现扭曲、起泡、机械强度下降;黏结剂分布不均将导致毛坯截面的密度各异。挤压毛坯的浅表层(2 mm)处黏结剂的含量高达26%～36%,这是由于嘴子温度过高,材料表面熔化所致。

2．糊料的塑性与弹性后效

糊料塑性的好坏,直接影响着挤压制品的成品率。塑性好的糊料易于成形,且糊料间的黏结力强,糊料与模壁间的摩擦力小,因此,可在较小的挤压力下把压块挤出,且弹性后效小,产品不易开裂。反之,若糊料的塑性不好,则糊料的黏结力差,挤出时糊料与模壁间的摩擦力大,使挤压压力增大,挤出后压坯的弹性后效大,易出现裂纹废品。因此为了提高挤压制品的成品率,必须改善糊料的塑性。首先要保证适量的沥青、混捏温度和足够的混捏时间,以使原料颗粒和沥青均匀混合。其次可加入适量的石墨碎,以降低糊料间的摩擦力。

力的作用停止之后,毛坯的弹性变形变成了塑性变形,与此同时也伴随体积变化,即弹性后效。毛坯的弹性后效大小和横向尺寸的变化都取决于糊料成分及其塑性,用粒度组成相同的沥青焦制备的糊料,其弹性后效随着黏结剂软化点的变化而变化;而焦炭-沥青糊料的弹性膨胀比无沥青的同一组分的混合料的弹性膨胀小。弹性后效的原因显然是由于材料在张弛过程中变形后各向异性的骨料颗粒结构变化所致。采取调整黏结剂和骨粒的配比,可控制材料的弹性后效的大小。

3．下料温度、嘴子温度及料室温度

下料温度、嘴子温度和料室温度,不仅影响着挤压力的大小,而且对挤压制品的成品率影响也较大。

下料温度是指经混捏好的糊料,冷却降温后而下到料缸时的温度。生产经验说明,下料温度过低,糊料就会发硬,其流动性和可塑性就要变差。这样由于糊料间的摩擦力的增加以及糊料和模壁的外摩擦力的加大,就会给压制过程带来困难,使压制压力增高。若下料温度过高,虽然可以降低压形压力,但由于糊料间的黏结力减小,易产生裂纹废品。因此,适宜的下料温度,就是使糊料具有一定的流动性,又使它在挤压过程中少出现或不出现裂纹废品。在实际生产中,下料温度是要根据糊料的情况、制品的规格、嘴子温度和外界气候条件来确定的。糊料的温度与挤压压力的关系可参见表6.3中的数据(某制品使用软化点为70 ℃的中温沥青时)。

表 6.3 糊料温度与挤压压力的关系

下料温度/℃	60	70	80	90	100
挤压压力/(kg·cm⁻²)	240~420	200~300	180~240	160~200	160~200

从以上的数据说明,挤压压力是随着下料温度的提高而降低的。因此要选择适当的下料温度,才能保证产品的挤压力不至于过大,又能保证产品的成品率。

一般情况下,多灰产品的下料温度为 116~120 ℃,少灰产品为 100~110 ℃,当然还要根据产品规格大小来决定下料温度,即大规格制品下料温度可偏低,小规格制品下料温度可偏高。

糊料下到料室后,要经过捣固、预压和挤压三个阶段。所以,糊料在料室中存放的时间较长,这时要发生糊料和料室内壁间的热导作用。因此,料室温度的高低对挤压糊料温度高低影响也是很大的。若料室温度过低,表面糊料就会把热量传给料室,从而使糊料本身的温度降低,这样使糊料的可塑性变差,从而增加挤压压力。若料室温度太高,会使糊料表面温度升高,降低了表层糊料的黏结力,从而产生裂纹废品。ϕ500 mm 石墨化阳极压制时成品率与料室和压形嘴子温度的关系如图 6.14 所示。

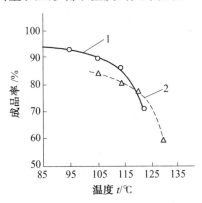

图 6.14 ϕ500 mm 石墨化阳极压制时成品率与料室和压形嘴子温度的关系
1—ϕ300 mm 电极;2—ϕ500 mm 石墨化电极

合适的嘴子温度能使制品表面光滑,减少裂纹废品,嘴子温度过高会使糊料表面变软,黏结剂反渗,聚集于制品表面,使制品表面产生气泡,尤其对大规格的产品更为明显。嘴子温度太低,会增大嘴模壁间的摩擦力,从而增大了压制压力,使糊料的内外层挤出速度差过大,易产生分层,同时由于嘴子温度太低使压出制品表面粗糙,严重时成为麻面废品。

嘴子温度和生制品(38 mm×180 mm×805 mm 化学板)体积密度的关系见表 6.4。

表 6.4　嘴子温度和生制品体积密度的关系

嘴子温度/℃	167	173	177	180	208
体积密度/(g·cm^{-3})	1.71	1.717	1.709	1.708	1.692

实际上料室温度要比下料温度稍低一些,而嘴子温度要比下料温度稍高一些。一般情况下,料室的温度为 80~100 ℃,压形嘴子温度为 130~160 ℃。

4. 装料与预压

在装料过程中,要求糊料内各部分的温度差不应超过 3~4 ℃,糊料内如有干料、硬块则应除去,不可装入料室里。只有在这种情况下,压形时才能使糊料正常流动,从而保证制品顺利地压出。

往料室装入糊料有两种方法:一是把糊料预先捣固成块,然后再装入料室;二是分批散装,然后捣固,再进行预压。糊料在料室中预压很重要,它影响所得的毛坯的质量,预压能使糊料紧密,提高制品的密度,并在压制时使压力均衡。糊料预压和不预压所压出来的制品,其物理及力学性能有所不同。试验结果证明,ϕ400 mm 生制品的糊料经 25 MPa 预压,并保持 1 min,比不预压的糊料其抗压强度高 12%(5 MPa),体积密度提高 2%(0.03 g/cm^3),气孔率降低 15%。

试验还证明,没有预压好的糊料必须在高于 25 MPa 的压力下进行压形。而如果糊料预压得很好,则压形的压力会显著下降。同时,预压压力的不同对产品的理化性能影响较大,见表 6.5。

表 6.5　预压压力的不同对产品理化性能的影响

挤压 1.5 min		预压压力		增减量/%
		15	25	
体积密度 /(g·cm^{-3})	生制品	1.62	1.68	0.06
	焙烧品	1.55	1.58	0.03
孔度(焙烧品)/%		21.5	19.2	-2.3
抗压强度/MPa		29.2	29.6	0.4

从表 6.5 中可以看出,糊料的预压压力增大对产品的密度有好处,可以提高体积密度,降低孔隙度,抗压强度也有所提高。但也不是预压力越

大越好,因为当压力太大会引起粒度组成的破坏,严重时会使产品内部增大内应力产生裂纹,反而降低制品的抗压强度。

5.压形嘴子的选择

炭质糊料的成形是通过挤压嘴子,成形坯的形状与尺寸的大小是由压形嘴子的截面形状决定的,且压制产品的成品率和质量也与挤压嘴子的形状和尺寸有密切关系。

(1)嘴子口尺寸的确定。

炭质糊料被挤出嘴子后由于弹性膨胀,产品的截面略大于嘴子口的截面。然而生坯制品在焙烧及石墨化过程中又有一定数量的收缩,且产品加工时需要一些加工余量,因此挤压嘴子出口内壁的尺寸应比产品的成品直径(或截面)略大。一般应比成品直径(或截面)大5%~10%,或根据试验来确定。

(2)挤压嘴子的长度。

挤压嘴子一般分为两段,即曲线(如圆弧)变形部分及直线定形部分,但也有将一般嘴子的曲线的圆弧改为直线形。采用直线形的嘴子,在一定条件下也可以保证挤压质量,但最好是流线形曲线的嘴子。

对于一定吨位的压力机来说,挤压嘴子的全长是固定的(由压机结构设计所定)。但是应当指出,产品的直径或截面越大,挤压嘴子应该长一些,这不仅是为了使糊料受挤压的过程能缓和一些(经过曲线或圆弧变形部位时),减少生坯制品中心部位与表面部位的质量差别。也是为了使生坯制品经过直线定形区段的时间长一些,压出生制品的弹性膨胀小一些,过大弹性膨胀可能导致生坯制品裂纹的产生。也可在嘴子出口处,根据膨胀量适当加大出口处的直径或截面,以便逐渐释放内应力,减小弹性后效。

(3)挤压嘴子变形部分。

成形带的几何形状与压形中心线的倾斜角呈30°时为最佳的几何形状。对于老式圆弧曲线嘴子,圆弧半径越小,糊料通过挤压嘴子的阻力越大。圆弧半径越大,糊料通过挤压嘴子的阻力减小(忽略温度的影响)。挤压小直径产品,由于料室直径与嘴子口直径的比值较大(即压缩比大),圆弧半径比较小,因此挤压小直径产品压出压力要大得多。当挤压大直径产品时(压缩比小),圆弧半径比较大,变形部分较长,压出压力比较小。若圆弧的半径过长,则将失去挤压作用,也会影响产品的质量。

6.3.3 挤压力计算

炭素糊料的挤压过程是一个复杂的物理过程,糊料的受力状况是复杂的,另外炭素糊料不是单纯的塑性物质,在某些方面还具有脆性。在挤压过程中的糊料主要发生塑性变形,但也存在着脆性变形。为使问题简化,我们把炭素糊料看成单纯的塑性物质,把它的挤压过程看成是类似于塑性金属的挤压过程。

在进行挤压力计算前,我们先了解塑性变形的几个基本概念。

1. 剪应力原理

物体发生塑性变形,只有当物体内的剪应力达到一定数值时才有发生的可能,剪应力数值的大小取决于物体的种类、性能及变形情况。若物体在受力过程中,其各个面上具有均等的压应力,则物体将不可能发生塑性变形。

2. 体积不变原理

炭素糊料在挤压过程中,当经过预压以后,在实施挤压力时可以认为:糊料在变形过程中其体积保持不变为一常数,即变形前的体积,等于其变形后的体积,这就是体积不变原理。实际上糊料在挤压时其体积或多或少存在着变化,现忽略不计。同时应指出的是,它不包括挤出后的弹性变形。

3. 最小阻力原理

物体在变形过程中,其质点有向各个方向移动的可能性,然而各质点将是向着阻力最小的方向移动,这就是最小阻力原理。炭素糊料在挤压过程中同样遵循这一原理。

4. 塑性方程

物体在变形过程中,有可能受到各个方向的力,为三向应力(图6.15),但物体产生塑性变形时所需变形剪应力 σ_s(也称为流动极限应力),它只与物体所受的各个方向的剪应力中绝对值最大的及绝对值最小的剪应力有关。

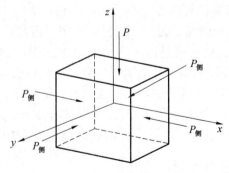

图6.15　糊料变形时的三向应力

即

$$\sigma_{\max} - \sigma_{\min} = \sigma_s \qquad (6.20)$$

式中，$\sigma_{\max}$ 为所有应力中绝对值最大的剪应力；$\sigma_{\min}$ 为所有应力中绝对值最小的剪应力；σ_s 为使物料产生塑性变形的流动极限应力。

此式(6.20)称为塑性方程式，$\sigma_{\max}$ 与 $\sigma_{\min}$ 的符号表示，压应力为负，拉应力为正。

6.3.4 挤压工艺及产生废品的原因

1. 挤压工艺的有关参数的确定

（1）压机吨位与压制制品规格的确定

压机的设计与选型时，压机吨位是由电极糊料之比压和压机料室直径所决定，即

$$P_{总} = \frac{\pi}{4} D_{料}^2 P_{比} \qquad (6.21)$$

式中，$D_{料}$ 为压机料室直径，cm 或 mm；$P_{比}$ 为电极比压，MPa。

所谓电极糊料的比压是指压机主柱塞的压料板作用在料室中接触压料板的糊料单位界面的力，一般为 22 MPa。

料室直径是由制品最大规格来决定的。根据前述的挤压比定义，产品规格越大，则挤压比越小。故料室直径为

$$D_{料} = d_{\max} \sqrt{\varphi_{\min}} \qquad (6.22)$$

挤压比一般为 3 ~ 20 或 15，例如，若 $\varphi_{\min} = 3.5$，压制制品最大规格为 $d_{\max} = 650$ mm，则料室直径 $D = 1\ 216$ mm，可取整数，$D_{料}$ 为 1 200 mm，国产 2 500 t 电极挤压机的料室直径就为 1 200 mm。

（2）挤压速度与电极挤出速度的计算与确定

挤压时，挤压机主柱塞的工作行程速度，又称为挤压速（$V_{挤}$）。它与压机主缸直径（或横截面积）和高压液的总流量有关，即

$$V_{挤} = \frac{Q_{总}}{S_{主缸}} \quad 或 \quad V_{挤} = \frac{Q_{总}}{6S_{主缸}} \qquad (6.23)$$

式中，$Q_{总}$ 为挤压时，高压液进入主缸的流量，cm^3/min，若采用多台高压泵供液，则 $Q_{总} = nq$，n 为高压泵工作台数，q 为每台泵的输出流量；$S_{主缸}$ 为主缸（或主柱塞）的横截面积，cm^2。

一般挤压速度为 3 ~ 5 mm/s 为宜。

挤压电极（或炭块）时，在理论上主柱塞从料室中挤出的糊料的体积应与被挤出电极（或炭块）的体积相等（体积不变原理），故电极挤出的速

度($v_{电极}$)与挤压速度和料室直径及电极规格(或挤压比)有关,即

$$v_{电极} = V_{挤}\left(\frac{D_{料室}^2}{d_{电极}^2}\right) = V_{挤}\,\varphi \qquad (6.24)$$

式中,$V_{挤}$ 为挤压速度,mm/s;$D_{料室}$ 为料室直径,mm;$d_{电极}$ 为电极直径,mm;φ 为挤压比。

2. 挤压操作

挤压成形的工艺操作可分为五个程序:晾料、装料、预压、挤压切断及冷却,然后进行检查,合格者堆垛。

(1)晾料。

混捏好的糊料(采用中温沥青)一般温度达到 130～140 ℃,并含有一定数量的气体。晾料的目的是使糊料均匀地冷却到一定的温度并充分的排出气体。晾料是在晾料机上进行的。常用的晾料机有圆盘晾料机和圆筒形晾料机,对于圆盘晾料机,有老式和新式两种。

老式圆盘晾料机,糊料从圆盘机顶部加入,经分料器的上部锥形体撒在圆盘上。散落在圆盘上的糊料随同圆盘旋转,同时被铲块切刀与翻料板所切碎和翻动,使糊料均匀地推开,而达到逐渐降温的目的。为了加快糊料的降温,在晾料机附近安设两台轴流式风机,向圆盘上吹风。待温度降到一定温度(100 ℃左右),即开动气动卸料装置分次加入压机的料室内。

新式圆盘晾料机(也可称为圆桶式晾料机)如图 6.16 所示,底部圆盘倾斜安装(倾角 α 可调),中心主轴可使圆盘转动,圆盘外是圆桶,圆桶上方有支架,支架上安装有搅拌轴,搅拌轴上安有搅刀,搅拌轴与圆盘主轴平行,但与主轴不同心,偏离一定的距离,转动方向相反。糊料从桶上加料口加入后,圆盘上的糊料被圆盘带动随圆盘转动,被逆向转动的搅刀切碎,抽风机将热气抽走,使糊料冷却,晾好的料从卸料口卸。

糊料晾料质量是一个较难自动控制的技术,常常根据糊料的黏结剂用量、混捏出锅温度、糊料的塑性好坏和上锅料压形情况等灵活掌握。如果糊料的黏结剂用量较大时,晾料时间适当延长,温度稍低才能加入料室;而当糊料的黏结剂用量较小时,则晾料时间可减短,温度较高便可加入料室。晾料温度的高低和晾料的均匀程度,与压形成品率有很密切的关系。老式圆盘晾料机庞大,工作条件较差;新式圆盘搅拌机,结构紧凑,晾料效果好;圆筒晾料机晾的料多成球形,若晾料温度太低易结成硬壳,如进入压机后,硬壳不能软化,将影响成形质量。

(2)装料与压实(捣固)。

对于固定式料室的压机,装料前先将挤压嘴子出口处挡板挡上,压料

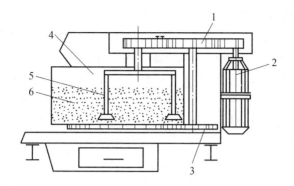

图 6.16　新式圆盘晾料机
1,3—传动齿轮;2—电动机;4—锅体;5—搅拌轴;6—糊料

室的四周用蒸汽或电加热,每批料一般为两次或三次加入压料室。应先将晾料机圆盘边缘处温度较低的糊料装入压料室,后装温度较高的中间部分,以便减少前后下料的温度差。每加入部分料,开动水压机的主柱塞将糊料推向料室的前部,并用 5 MPa 的压力液进入主缸,主柱塞对装入糊料捣固(又称为压实)。

目前大型压机一般采用可转动的料室,如 35 MN(3 500 t)压机和 30 MN压机,装料时先将料室旋转成垂直状态,立于下面平台上,再加料(分三次),每次加料后开动 5 MN(500 t)立式压机进行压实。加料和压实过程中还抽真空。

(3)预压。

当一批糊料全部装入料室并捣固以后(对于旋转料室,则将料室旋转成水平位置),启动高压泵使主柱塞在 25 MPa(特殊要求的产品压力可提高)的压力对糊料加压 3~5 min,此加压操作称为预压。预压的目的是使糊料中的气体充分排除,达到较高的密度。对直径或截面较大的制品预压时间比小规格产品的预压时间要长一些。因为大规格产品的压缩比较小,大规格压出压力较低。而小规格产品压缩比大糊料压出压力高得多。有时压出压力超过预压压力(有些炭素厂在压制小规格制品时不经过预压,直接挤压)。适当提高预压压力,有利于提高成品密度和降低孔度,但对提高机械强度并不显著。预压力也不是越大越好,如果预压压力太高,而超过固体原料的颗粒强度时,会引起糊料内颗粒材料的破裂,破坏了原来粒度组成并形成新的断裂面,就会使产品内部产生裂纹,反而会降低产品的强度。目前,35 MN(3 500 t)和 30 MN 油压机具有抽气装置,使料室中糊料的气体大量排除,提高了糊料密度,这是先进的工艺。

(4)挤压与剪切。

预压结束后，将挡板落下，再次启动高压泵，使水压机的主柱塞对料室的糊料再次施加压力，经压形嘴子挤出来。挤压压力可在较大的范围内变化。挤压压力的大小主要取决于糊料的塑性、压缩比的大小、压形嘴子的形状、压出速度等因素。一般制品的压制压力为 20~22 MPa。

值得注意的是，对于挤压(或预压)压力的大小，应是主柱塞压料板实际作用在糊料与压料板接触面上的压力，而实际操作时是由压力液的表压来控制的。这就需要换算，特别是对于引进的压机。因为，压机设计时，主缸与料室的尺寸是由电极之比压来决定的。目前国际上的压机，一种是主缸直径小于料室直径($D_缸 < D_料室$)，其高压泵最大输出压力都大于电极之比压($P_液 > P_比$)。另一种是主缸直径大于料室直径($D_缸 > D_料室$)，其高压泵输出压力小于电极的比压($P_液 < P_比$)。还有 $D_缸 = D_料室$，则 $P_液 = P_比$。因此，对于不同的压机，预压或挤压时表压是不相同的，应注意换算。

挤压嘴子加热程度对挤压力也有一定的影响，一般在距出口处150 mm左右的第一段加热到150~180 ℃，甚至在200 ℃以上，可使挤出的生坯获得光滑的表面。

为了保证产品质量，控制挤压速度是可取的。对于大型或有特殊要求的制品，如 Φ400 mm 以上及 400 mm×400 mm 的制品应以较慢的速度挤出，有利于其体积密度的提高。其他产品的挤压速度可适当快一些，38 mm×180 mm×805 mm 化学板的挤压速度与体积密度的关系见表 6.6。

表 6.6 38 mm×180 mm×805 mm 化学板的挤压速度与体积密度的关系

压形速度/($s \cdot$块$^{-1}$)	8	10	12	15	18	30	43
生制品体积密度/($g \cdot cm^{-3}$)	1.678	1.681	1.705	1.716	1.710	1.708	1.709

通过上面的数据说明适当的放慢挤压速度是有利的，太慢了则影响生产效率。

挤出的生制品根据用户的要求，达到所需长度，停止压形进行切断。也有采用不停机的同步剪切，切断制品一定按照规则的长度，切忌过长或过短。

(5)产品的冷却。

产品切断后就要放入槽中冷却，方形或大型制品则一边挤压，一边浇水冷却以免弯曲变形。冷却时间应根据产品直径的大小、季节的不同而不同。大型制品须在水槽中冷却 3~5 h，小型制品冷却时间为 1~3 h。冷却水槽水温,夏天应低于 30 ℃,冬天应高于 10 ℃。

3. 挤压生坯的废品的产生及其原因

挤压成形的制品要逐根(块)进行外观检查,把不符合质量标准的废品挑出来。废品可分如下几种类型:裂纹、麻面、弯曲变形、表面粘料、长度不合格、结合界面废品、碰损等。产生废品的原因有些容易找到,有些是与多方面因素有关,很难判断其产生的原因。

(1)裂纹。

裂纹是挤压成形最常见的废品类型,裂纹可分为横裂纹(与产品长度方向垂直分布的裂纹)和纵裂纹(与长度方向平行分布的裂纹)。一般规定小规格产品表面不许有 10 mm 以上的横裂纹和纵裂纹,中等以上规格的产品不许有宽为 1 mm 及长度超过 20 mm 以上的裂纹。产生裂纹的原因有以下几种:

①糊料黏结剂用量过大或装料温度较高,糊料压出后弹性膨胀较大,应力消失比较慢,均可能导致裂纹。装料温度较高时烟气排除不净,也易产生裂纹。

②糊料的黏结剂用量小或装料的温度太低,糊料的塑性差,也易产生裂纹。

③挤压嘴子及料室的温度过高,紧靠挤压嘴子与料室内壁的糊料受到过分加热。因此与中心部分的糊料温度相差太大,受压后这种糊料挤出速度不一样,压出后的产品表面与中心部分线膨胀系数不一致,这也容易产生裂纹。反之,若挤压嘴子和料室的加热温度较低,而中心部位的糊料温度较高也会产生裂纹。

④晾料时糊料晾得不均匀,有时甚至有冷硬料混入料室,而料室的加热温度不足,在短时间内不能使糊料温度达到均匀。特别是冷硬料不能受热软化,因此也容易产生裂纹。

⑤挤压嘴子前的电极小车的电极槽(或平板)的位置不当,产品压出后弯曲下垂过大也会造成产品的裂纹。

(2)麻面。

麻面是产品表面上有连续不断或较大面积的毛糙不平的伤痕。石墨电板的毛糙面不得超过圆周长的 1/4,深度不许超过额定直径的允许误差。产生原因如下:

①挤压嘴子温度过低。

②挤压嘴子出口处内表面不光滑或嘴子口有硬料块。

③托住产品的平台或电极槽不光滑或有硬物突起。

（3）变形或弯曲。

产品的变形和弯曲不允许超过规定尺寸的允许误差。产生弯曲或变形的原因如下：

①糊料的黏结剂用量较大，挤压嘴子温度较高，压出时未及时淋水或未浸在水中冷却。

②生制品未经充分冷却即堆垛堆放或堆放地不平。

（4）粘料。

粘料是产品表面在尚未充分冷却变硬时有硬料块嵌入表面层，其深度超过了规定尺寸允许误差。其原因是接受产品的平台或电极槽及毡垫上有料渣块未及时清扫而粘在产品表面。

（5）结合界面废品。

结合界面废品，即前后两批糊料交界处的料被挤压出来的，界面上的糊料所处的一段（或一块）在产品中存在的界面裂纹，其产生的原因如下：

①前后两批料的黏结剂用量或装料温度相差过大。

②当压完一批料后，主柱塞回程运动太快，使柱塞对压料室内的剩余糊料造成一个短暂的抽力，把位于挤压嘴子内接触压料板的糊料拉断，压出时没有黏结上。此种情况可在柱塞头上抹上润滑油能防止废品的产生。

此外，还有人为废品，如粘料、长度不符合要求（切长或切短）、拉底和碰伤（掉棱、缺角）。

6.4　振动成形

随着冶金工业的发展，对炭素产品的尺寸要求越来越大。例如炭石墨冶炼坩埚与矿热炉炭电极，要求直径大于 $\phi 800$ mm，甚至直径为 $\phi 1\,000$ mm 及以上；铝电解槽用的预焙阳极、高炉炭块等规格要求也越来越大。若采用挤压成形或模压成形，这就要求压机的规格越来越大，压机吨位至少在 $5\,000$ t 及以上。但这类大型挤压机结构复杂，价格昂贵，而且不能挤压特异型制品。因而在 20 世纪 60 年代至 70 年代初研制出振动成形机并发展起来振动成形工艺，用于生产异型结构的电解铝预焙阳极、特大规格的电极和炭石墨坩埚及炭块。我国于 20 世纪 70 年代中期开始引进振动成形技术和研制振动成形机。

6.4.1　振动成形原理

振动成形与模压成形相类似，即在刚性模具内糊料表面也要加上一定压力。这个压力只有挤压成形或模压成形所需压力的 1% ~3%,即只需要 0.05 ~0.35 MPa 压力就够了。因为振动成形时放置在振动台上的成形模具及装在成形模内的糊料处于强烈的振动状态。这种振动的振幅不大,但频率较高(每分钟达 2 000 ~3 000 次),使糊料获得相当大的交变速度和加速度,即糊料颗粒产生一定的惯性力。惯性力的大小与颗粒的质量(或大小)成正比。这样就使糊料颗粒间的接触边界上产生应力。当这个应力超过糊料颗粒间内聚力时,引起糊料颗粒的相对位移,同时在强烈振动下,糊料颗粒间的内摩擦力及糊料对成形模内壁外摩擦力也急剧下降,几乎呈流动状态的糊料迅速填充到成形模的各个角落并趋向紧密。由于糊料内部空隙不断减少,所以密度逐渐提高,最后达到成形的目的。

6.4.2 振动成形机的类型与结构

目前,国内外振动成形机的形式和种类很多,对于振动台有固定台式、回转台式和移动台式等;对于振动器,有机械传动式、电磁式、气动式等;对于加压装置,有机械式(重锤)、液压式、气动式等;对于传动轴有单轴式和双轴式。

目前,国内常用的有固定台式单轴和双轴振动成形机及三工位回转台自动化振动成形机。

单轴振动成形机的结构与双轴振动成形机的结构基本相同,两者不同处:一是带振动器的轴的数目;二是单轴振动成形机振动台运动轨迹为圆形(或椭圆形),而双轴振动成形机振动台运动轨迹为垂直直线运动。

振动成形机的主要机构是振动台,它由台面框架、振动器、同步齿轮箱、万向联轴器、减振元件(如弹簧或橡胶块)、减共振元件(如反弹簧或橡胶块、橡胶气囊)、电动机等组成。德国产双轴式振动成形机的结构示意图如图 6.17 所示。

国产双轴振动成形机技术参数如下:

①台面尺寸:2 400 mm×1 600 mm。

②最大载质量(包括成形模、糊料、重锤及减共振反弹簧的预紧力):16 t。

③振动频率:2 000 ~3 000 次/min。

④计算振幅,满载时:0.6 mm(最大),0.1 mm(最小);空载时:2.00 mm(最大),0.6 mm(小)。

⑤激动力:55 t(大),16.8 t(最小)。

⑥总偏心力矩:1 730 N·cm(最小),约 5 700 N·cm(最大)。

⑦振动台质量:2 500 kg。

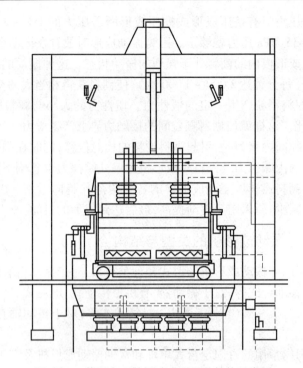

图 6.17　德国产双轴振动成形机的结构示意图

⑧重锤比压:0.05~0.3 MPa。

⑨设备外形尺寸:4 187 mm×1 600 mm×1 130 mm。

⑩设备总质量(不包括电机及同步齿轮箱):3 722 kg。

⑪电动机 JO₂-91-2:55 kW。

6.4.3　成形工艺

振动成形虽与模压成形相类似,但它也有独特的一些规律,如黏结剂用量、糊料温度等。振动成形制品质量还受振动时间、重锤之比压及激振力等各方面因素影响。

1.黏结剂用量

振动成形所需的糊料要求基本上不呈团块,装入成形模,大多数呈散粒状,流动性好。一边加料,一边振动,糊料就不断密实。一般情况下由于振动而减少的体积(与不振动自然堆积的体积相比)可达20%以上,压上重锤以后还可以进一步压缩。而那些黏结剂用量较大的糊料不仅在未加重锤前密实过程很慢,而且压上重锤后密实效果也较差。

一般情况下挤压成形的糊料黏结剂用量比模压成形要大 3%~5%。

振动成形在某种意义上接近模压成形,所以生产同一批规格制品使用同样配方时的黏结剂用量可较挤压成形减少1% ~3%。

2. 糊料与模具的温度

振动成形糊料的温度应考虑沥青的软化点、制品的规格、脱模时(或脱模后)不变形。糊料出锅后,如果温度在130 ℃左右,可以不必晾料直接加入成形模,如果温度在140 ℃左右应稍加冷却并去掉一部分烟气后至130 ℃左右时加入成形模为宜。

振动成形允许糊料温度高一些,这和振动成形本身的工艺特点有直接关系。糊料温度高,则糊料在振动时的内摩擦阻力较小,流动性好,有利于密实,而且糊料中夹带烟气可以在振动过程中陆续排出。

模具的温度对振动成形制品的质量也有一定影响,尤其是对制品表面的光洁度。模具温度高,制品表面就比较光洁。模具温度应与糊料加入成形模时的温度(130 ℃左右)大致相等,或高出5 ~10 ℃则更好,这时有利于减少糊料对成形模内壁的摩擦力。当生产上部形状比较复杂的制品时,如顶面带导杆槽孔的大型预焙阳极,直接压在糊料表面的模盖也应设法加热到相应的温度。

3. 振动时间

振动成形生产周期包括固定成形模、加料、振动、脱模等操作过程。振动常占生产周期的一半或一半以上时间,所以振动时间的长短与生产能力、产品质量有密切关系。

振动成形常用一边加料、一边振动的操作方法。当加料到一定高度(可用定值秤计量)即压上重锤,重锤压在料面后继续振动,振动时间是指重锤下降到接触糊料时算起,到振动结束为止。

4. 激振力的振幅与频率

从理论上说,对于不同规格及不同物料的制品振动成形应选择不同的激动力与振幅。当振动频率一定时,被振动物体的惯性力根据振幅的大小而变化,振幅越大,而为了克服惯性力所需的激动力也应增加,所以要首先确定适宜的振幅。最适宜的振幅,应使被振动的糊料获得一定的交变速度和加速度去克服糊料内部的内聚力和内摩擦力,以及糊料对成形模的外摩擦力,这才利于糊料的振实。从振幅和频率的关系得知,当选用较大的振幅时,可配用较低的频率。目前对一般炭石墨制品的振动成形来说,振幅为1 ~1.5 mm,大规格的制品可提高到2.5 mm左右。国外,有双频振动,即开始振动时采用低频率,然后采用高频率振动。

激动力的大小,一般由克服被振动物体质量(包括振动台本体、成形模和糊料的质量、反共振弹簧的预紧力或橡胶气囊力等)的惯性力所决定。显然,被振动物体质量越大,惯性力也越大。因此,生产小规格产品的小型振动台所需的激动力比较小,而生产大规格产品及特大规格产品的大型振动台所需的激动力要大得多。

5.重锤比压

振动成形时,糊料表面需加一定的压力,其单位面积上的压力称为重锤比压。重锤比压对提高制品密度及缩短振动时间有直接的影响。重锤的大小应根据制品规格大小而定,一般来说,对截面大而不太高的制品,重锤比压可选择小一些;对细高的制品,重锤比压应选大一些。重锤比压选择的一般规范为:

①小规格而且不太高的制品,重锤比压为 0.1 MPa 左右。

②中等规格而又比较高的制品(如高度为 1~1.5 m),重锤比压应提高到 0.15~0.24 MPa。如果密度还不能令人满意时可进一步提高到 0.29 MPa左右。

③大规格制品高度在 1 m 以上可使用 0.098~0.15 MPa 的比压,高度在 1 m 以内的可略小一些。

细高的制品所用的重锤比压比"粗短"的制品大一些,这是因为炭素糊料对压力的传递能力较差,形状细高的制品,如果重锤比压较小,重锤对糊料的压力自上而下衰减,制品中下部的密度就会变小。另外,振动成形的重锤压力并不是一种静止的压力,重锤也在不断振动中,所以实际上重锤对糊料的压力是一种在高速运动下的冲击力(虽然振幅很小),它要比重锤在静止状态下的压力大得多。短而粗的制品,由于糊料传递给重锤的振幅较大,而细高的产品由于糊料传递振动的距离长,重锤振幅较小,即使是同样的重锤比压,实际产生效果也并不一样。

6.振动成形的设备

振动成形机组包括振动台、加压装置、模具和脱模装置、加料和称量装置等。图 6.18 为双轴振动台振动成形机的示意图。

(1)振动台。

振动台可以有单轴(单个偏心振动子)和双轴(两个平行的、质量相同而回转方向相反的偏心振动子)两种。单轴振动台的结构比较简单,振动器为偏心轴及轴两端的附加配重盘组成,其偏心力矩大小可配重盘内的扇形铁调整。单轴振动台的稳定性较差,负荷也较小,所以使用不多。双轴振动台有一对方向相反、同步旋转的振动器。每个振动器由两根相同尺寸的旋转轴通过万向联轴器而传动。每一根轴支持在一对装有单列向心球

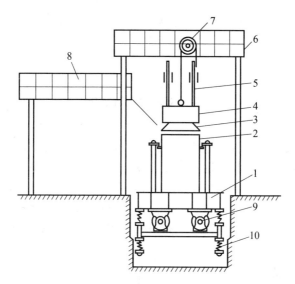

图 6.18 双轴振动台振动成形机的示意图

1—双轴振动台;2—成形模;3—上压盖;4—重锤;5—重锤导向
杆;6—卷扬平台;7—升降重锤用卷扬机;8—凉料平台;9—振动
器;10—减振弹簧

面轴承座上,每一根轴上装有一组振动子。振动子是由两片相同尺寸的扇
形钢板组成,每片扇形钢板上按照给定位置钻有 9 个孔,只要调整重合孔
的位置即可调节振动台台面的振幅及激振力的大小。双轴振动台的结构
比较合理,稳定性较好。

（2）成形膜。

成形膜一般用厚度为 8~16 mm 的钢板焊成。为了便于脱模和保持产
品表面光洁,成形模四周都焊有蒸汽加热夹套。成形模的尺寸必须考虑制
品在焙烧及石墨化过程中的体积收缩及加工余量。为了便于脱模,做成一
定斜度,上口略小于下口,斜度一般为直径或边长的 1% 。成形模必须与
台面牢固地固定在一起,以防止成形模在振动台上跳动而减小振幅,从而
降低制品的质量。

7. 振动成形操作步骤

①在加料前要把模具固定好,并加热到 130~140 ℃,升起重锤至模具
上 300~400 mm,在模具内壁上涂一层润滑油（机油与石墨粉的混合物）。

②开动电机使振动台振动,待运行正常后,往模具内加入温度合适的
糊料,且边加料边振动。

③模具内加满糊料后,放下压板和重锤。

④振动一定时间后,当重锤不再下沉时停止振动。

⑤脱模,并将压块送入水槽中冷却。

⑥检查。

6.5 等静压成形

等静压成形是一种比较新的成形工艺,它的发明已有七八十年的历史,以前发展比较缓慢,而近二十多年来,随着新兴技术的发展,等静压制技术发展得相当快,它不但在粉末冶金成形工艺中占有十分重要的地位,而且已被广泛地应用于炭素、电炭制品的成形,特别是生产大规格、高密度、要求结构均匀的特种石墨,如高温气冷核反应堆用核石墨、导弹喉衬石墨材料等。

等静压压制法具有下列优点:

①等静压成形的压坯密度分布比较均匀,各向异性系数小(各向同性产品)。

②能够制造密度较高的产品。

③能够生产形状复杂的产品。

④压制时,粉末体与弹性模具的相对移动很小,所以,摩擦损耗也很小,相同密度下所需单位压制力较模压法低。

⑤模具材料是橡胶和塑料,成本较钢模低廉。

但应当指出,等静压压制法也有一些缺点:

①等静压成形的压坯形状有些不规则,压坯尺寸精度和表面光洁度较差。

②生产效率较低。

③所使用的橡胶或塑料模具的寿命比金属模具要短得多。

等静压成形根据传递压力介质的不同,可分为液等静压成形和气等静压成形两种。气等静压成形一般在加热状态下进行,因此,也可称为热等静压成形。液等静压成形又称为冷等静压成形。

6.5.1 液等静压成形机的工作原理

液等静压成形机的基本原理是流体力学中的帕斯卡(Backen)定律,即在任一充满液体的封闭容器中,施加于液体中任何点的压力,将大小不变地传递到容器中的任何部位。压力的方向与承压处的法线方向相重合。

液等静压成形机的工作步骤是,将所需压制的物料装入弹性模具(如

210

橡胶、塑料等做成的模具)内,将模具口封闭后置于等静压成形机的高压容器(缸)内,然后将高压缸口封闭,并推动至机架中。用超高压泵将加压介质(液压油、甘油、水等)输入高压缸内,液压缸内压力通常为 100 ~ 200 MPa,甚至可达 500 ~ 600 MPa。高压液对弹性模具从各个方向均匀加压,使模具内的物料向中心密实,保持一定的加压时间后,再卸压放出压力液,然后从机架中推出液压缸,开启液压缸盖,取出模具,再从模具中取出压制好的压件(或称为压坯)。

液等静压成形可获得密度均匀分布的压件,是改善制品各向异性的成形方法,一般其各向异性系数为 1.01 ~ 1.02。根据在 25 ~ 28 MPa 的单位压力条件下对比试验,液等静压制品密度不均匀度为挤压的 1/15 ~ 1/30。因为模压压力要求高(一般在 100 ~ 150 MPa),若在 25 ~ 28 MPa 的单位压力下,压件密度很低,故与模压不便直接相比,但是,通过间接比较,它的密度不均匀度比液等静压制品要大得多。此外,液等静压成形的压件密度高。

液等静压压制的特点是,没有外摩擦的影响,物料颗粒在液体静压力作用下,向压件的中心移动。用液等静压压制各种形状的压件,其外缘到中心的密度只有很小的降低,一般为 1% ~ 2%。这种现象可能是由于拱桥效应引起的,也可能是由于形成妨碍颗粒继续致密化的外层而引起的。矩形坯各处的密度和硬度都基本相同。

由于液等静压压制时,没有外摩擦,因此,与一般压制方法相比,单位压制压力可以大大降低。

6.5.2 等静压成形机

等静压成形机(也称为冷等静压机)的结构示意图如图 6.19 所示,主要有高压容器(工作室)或称为压力缸和高压泵两部分,还有机架及附属装置。

高压容器是整个设备的主体、压制的工作室,其结构是一个立式(或卧式)的筒体,两端用"不支撑原理"进行密封,底端有高压油管与高压泵(或压力倍增器的上部小活塞)相连,高压的液体介质通过这一管道输入容器。上端密封活塞(或称为缸盖)有一小孔直通末端,作为空气排出的孔道。待液体注满以及空气排除完毕后,用螺钉把小孔封闭,即可进行升压操作。

液等静压机其压力容器结构又有单介质结构和双介质结构两种。双介质型冷等静压机,在工作缸内放置专有的隔离套装置,从而把压力介质分为工作介质和传压介质,隔离套内为工作介质,隔离套外为传动介质,其

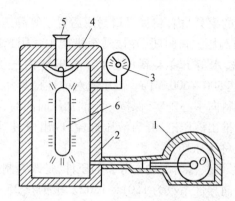

图 6.19　等静压成形机的结构示意图

1—高压泵;2—工作室;3—压力计;4—密封盖;5—阀
门;6—压件

优点是:

①工作介质和传压介质分开,以达到保持液压系统的清洁。

②由于传压介质(液压油)被污染,使质量大幅度降低,传动介质与工作介质分开,可大大减少液压油的更换频率(或称增加使用寿命),节约生产成本,还可保证液压元器件的使用寿命,减少液压系统的维护和易损件消耗;提高生产率。

③采用隔离套后,套中使用乳化液介质,便于混入工作介质中的污染物质沉淀以及对制品包套的清洗,特别适合怕油污染的制品。

高压泵一般可选用单柱塞曲轴柱塞泵,其可输出压力可达 100 ~ 1 000 MPa的超高压液,如果用手动泵,只能达到 150 MPa 的压力,要再提高压力就需要压力倍增器,来使手动泵输出的液体介质的压力倍增起来,以增大压力。

模具材料的选择及制造是非常重要的,因为制品的形状和尺寸的准确性都取决于模具的结构和质量。此外,液压成形工艺应用范围是否能扩大,这也与模的制作有很大的关系。一般常用的模具材料为抗油的氯丁橡胶,但是由于橡胶模具为制作工艺所限,对于大的或形状复杂的模具制作比较困难,且成本高,已逐渐用聚氯乙烯塑料薄膜来代替橡胶,其优点是制作方便,成本低,受压后变形不大,其缺点是使用寿命短。

为了安全起见,高压容器和压力倍增器应安装在钢板的保护罩下,以防止万一发生爆裂时造成损失与损害。

液体介质有液压油、甘油、水(加防锈剂)、汽油、蓖麻油、刹车油等。在一般操作压力下使用甘油是比较理想的,它的压缩比小,但它必须经过处理。否则,由于甘油容易吸水而使容器生锈,这是绝对不能允许的。此外,其成本比较高。刹车油也比较好,价格也相对便宜,且容易处理,但一般采用专门的液压油为宜。

6.5.3　液等静压工艺

1.装料

炭素制品的原料有多种,如生石油焦粉末(可不加入黏结剂)、煅烧过的石油焦粉与沥青混捏轧片后再磨的粉末、煅烧过的石油焦粉与粉状沥青混合料粉。

装料时应同时振动,使粉状原料在模具内初步密实。装完料后由手工对模具加以整形,然后将模具另一端接上橡胶或塑料塞,并用铁丝或钢带扎紧,防止液体介质侵入模具内。为了使粉料中的气体能在受压时充分排出,还应在模具中插入排气管,并外接真空泵抽气。如果生产球形产品时,则应先将粉料预压成球,再放入相应模具内,最后把装好粉料的模具置于高压容器(缸)中,密封容器(缸)口后进行加压。

2.升压与卸压

启动高压泵,将液体介质注入高压容器,并仔细观察升压及排气情况,加压应分阶段逐步进行。例如,先将压力升至 4.53 MPa,保持一段时间,使模具内气体部分排出。此时,因粉料受压而体积收缩,因此高压容器内压力略有下降。以后再次升压至 19.61 MPa 左右,排出部分气体后粉料体积再次收缩,然后再一次升高压力到所需的工作压力,并在选定的高压下保持 20～60 min 后再降压,待压力降至常压时,打开高压容器(缸)后取出模具。

还可以采用对高压容器加热的办法升压。因液体受热体积膨胀,加热高压容器,压力就会升高,但这种自动升高压力有一定限度,对高压容器的损害也大些。

3.影响等静压成形的因素

(1)成形压力。

有研究者认为等静压成形的加压压力与得到的生坯密度呈如下关系:

$$\frac{\theta}{\theta_0} = e^{-\alpha p} \tag{6.25}$$

式中,θ_0、θ 为压制前后的相对密度,它是压块(或压粉)的体积密度(g)与压块(或压粉)密度(g_0)之比,θ(或 θ_0)$= g/g_0$,表示粉末物料(骨架)所占有的空间部分,用真分数或百分比表示;α 为常数,依粉末性质及成形条件而定;p 为压形压力,MPa。

在工艺条件相同的情况下,等静压压力越高,生坯体积密度越高(当然也有一定范围),其试验数据见表6.7。

表6.7　压力与生坯体积密度的关系

原料	配方/%			加压压力/MPa	生坯体积密度/(g·cm^{-3})
	焦粉	石墨粉	沥青		
生焦	90		10	294.21	1.17
	90		10	147.10	1.14
	90		10	98.07	1.12
煅烧焦	55	20	25	294.51	1.53
	55	20	25	147.10	1.47
	55	20	25	98.07	1.39

(2)抽真空。

等静压成形过程中,模具内气体排出的多少对生坯体积密度关系很大。如果排气不良,不仅体积密度难于提高,而且在放压及取出生坯后常常发现制品开裂。这是因为保留在制品微孔中的气体因外部减压而膨胀,从而使产品膨胀开裂。为了帮助排气而使用真空泵,真空泵的真空度应达到-9.5×10^5 Pa。

(3)预压与加热。

生产中要获得致密的生坯,可以在等静压成形的同时进行加热,使粉料在塑性软化状态下受压。应将粉料先在低压下预压成形,再置于烘箱内加热至一定温度(如 70~80 ℃),然后迅速将盛有毛坯的模具放入高压容器内进行加压,其试验数据见表6.8。

表6.8　加热后受压的试验数据(成都龙泉曙光电炭厂数据)

原料	成形条件	配料/%			成形压力/MPa	生坯体积密度/(g·cm^{-3})
		焦粉	石墨粉	沥青		
煅烧焦	冷压	58	20	22	294.21	1.54
	热压	78		22	294.21	1.68

（4）保压时间。

维持高压时间适当长一些，有利于提高体积密度，试验数据见表6.9。

表6.9 维持高压时间与生坯体积密度的关系（成都龙泉曙光电炭厂数据）

原料	成形压力/MPa	维持高压时间/min	配方/%		生坯体积密度/(g·cm⁻³)
			粉料	沥青	
煅烧石油焦	294.21	20	77	23	1.65
	294.21	60	77	23	1.65

6.5.4 冷等静压成形

1.冷等静压成形的基本原理及主要特点

冷等静压成形的基本原理是遵循流体力学中的巴斯加定律，也就是说，是一个充满液体的封闭容器中，施加于液体中任一点的压力，必然以相同的力传到容器中的任一部位。

冷等压成形的主要特点为：

①能够压制具有凹形、空心等复杂形状的生制品。

②能够压制各向同性结构的制品。

③可以制造高密度的制品，而且制品各部位的密度比较均匀。

④所得生制品的强度较高。

⑤生制品的外形尺寸和表面光洁度不易得到保证，要留有充分的加工余量。

2.冷等静压成形的操作

将需压制的材料装入成形模内，装料时应同时振动，使在模具内初步密实。装料完毕后对模具略加整形，然后将模具口密封。为了使被压物料中的气体能在受压时充分排出，还应在物料中插入排气管，并接真空泵抽气。模具可以悬挂，也可以自由沉底，然后将压力容器入口封闭。启动高压泵，将液体介质注入压力容器。加压应分阶段进行，例如先将压力升至4.53 MPa，保持一段时间，使模具内气体排出。此时，因受压物料体积收缩，压力容器内压力有所下降。再次升压至19.61 MPa，待排出气体后，再一次升高到预定工作压力，并在此压力下保持20~60 min，减压，放出部分介质油，待压力降至常压后，打开压力容器，取出模具，从模具中取出已成形的生制品。

3.冷等静压成形的规律

在其他条件相同的情况下，等静压成形所得生制品的体积密度与加压压力成正比,表 6.10 给出了相应的关系。

表6.10 加压压力与生制品体积密度的关系

原料配方/%				加压压力/MPa	生制品体积密度/(g·cm⁻³)
生焦粉	煅后焦粉	石墨粉	沥青		
90			10	294.2	1.17
90			10	147.0	1.14
90			10	98.0	1.12
	55	20	25	294.2	1.53
	55	20	25	147.0	1.47
	55	20	25	98.0	1.39

在等静压成形升压过程中,模具内气体排出量对生制品的体积密度有很大关系。如果排气不够,不仅体积密度低,而且在放压及取出生制品时,往往发现制品开裂现象。这是因为保留在制品微孔中的气体具有很高压力,从而使制品胀裂。为了达到排气目的,采用真空泵,真空泵的真空度应达到-9.6×10^4Pa。

为了获得结构致密的生制品,可以在等静压成形的同时进行加热,使糊料在塑性状态下受压。

在高压下保持的时间对提高生制品的体积密度也有一定关系。保持高压的时间长一些,有利于提高生制品的体积密度。表 6.11 为保持高压时间与生制品体积密度的关系。

表6.11 保持高压时间与生制品体积密度的关系

原料配方/%		成形压力/MPa	保持高压时间/min	生制品体积密度/(g·cm⁻³)
煅后石油焦	沥青			
78	22	294.2	20	1.65
78	22	294.2	60	1.98

第7章 焙 烧

7.1 概 述

7.1.1 焙烧的定义和目的

各种炭素原材料经过混捏成形后,虽然在外形上具有一定的尺寸和形状,但它只是通过黏结剂的物理黏合作用形成的整体,黏合剂未炭化(或称为焦化),在机械强度上与理化性能上还远远达不到炭素材料的使用性能。所以在炭素生产工艺过程中还必须经过加热处理的过程,这种将生坯在加热炉内的保护介质中,在隔绝空气条件下,按一定升温速度进行加热处理的过程就称为焙烧。

焙烧过程实际上是使生坯通过热处理(大约 1 000 ℃)将黏结剂炭化为黏结剂焦的过程。即将压制好的生坯放置在焙烧炉内,隔绝空气进行加热,黏结剂在一定温度下,进行一系列的物理化学反应(总称为焦化反应或炭化反应),在炭骨料表面生成一定厚度的黏结剂焦膜。通过黏结剂焦而使炭粉颗粒与颗粒之间连接成具有一定机械强度和理化性能的整体。其目的为:

①获得黏合焦,使分散的炭颗粒能成为有机的整体,也就是使黏结剂完成炭化过程。

②使制品结构趋于更加均匀,且无内外裂纹、空洞与气孔等缺陷。

③使制品具有一定的几何尺寸、形状和机械强度及性能。焙烧制品的机械强度和性能取决于焙烧时黏结剂转变成黏结剂焦炭的数量,而机械性能与焦化值有直接关系。

7.1.2 焙烧过程

毛坯在焙烧过程中的焦化反应过程受到各种条件如升温速度、体系的气氛和压力、装炉方法、填充料等的影响而变得极为复杂,就焙烧过程而言,大致可分为以下四个阶段。

第一阶段为预热阶段,温度为室温至 200 ℃(指生坯本身实际温度,下同),在此阶段中主要是黏结剂软化。制品在此阶段中处于塑性状态,体积略有膨胀,液态的黏结剂缓慢地扩散、流动、重新分布。

第二阶段,温度为 200~300 ℃,毛坯随着温升高而排出水分、二氧化碳、轻油等,并部分进行脱氢缩聚反应,主要是沥青中的石油质和沥青质逐渐缩聚成相对分子质量更大的苯不溶物。300 ℃时,由于热分解而形成新物质的排出几乎占挥发物总量的 20%。

第三阶段为成焦阶段,温度为 300~750 ℃,此阶段是影响焙烧质量的关键阶段。黏结剂进行大量复杂的分解、聚合、环化、芳构化反应,使黏结剂基本上转变为黏结焦。从约 300 ℃开始,黏结剂进行分解并和分解产物的再聚合同时进行,形成中间相,中间相长大,形成前驱体。在 400 ℃时,制品开始出现焦结,但强度仍很低,而沥青的黏结性降低。500 ℃左右,虽然还有少量挥发分,但炭的基本结构已形成。在 500~550 ℃形成半焦,由沥青热分解而生成的挥发物,基本上在 600~650 ℃以前排出,700~750 ℃形成焦炭。

第四阶段为排出外围异类原子阶段,温度为 750~1 100 ℃。在此阶段中,黏结焦形成大型的芳香族平面分子,平面分子的外围异类原子及原子基团发生断裂被排出,随着温度的升高平面分子发生重排现象。900 ℃以上边缘氢原子逐渐断裂与排出,同时黏结剂焦进一步收缩及致密化。

焙烧过程是一个初期炭化过程,但它形成了对高温炭质的性质有决定意义的基本结构,是炭化中最重要的过程。特别是液相炭化过程,如果控制了炭化反应,就能制得高强度的黏结剂焦。

经过焙烧阶段,生坯发生显著变化,体积收缩,强度提高,但由于微孔的形成,体积密度稍有降低,而热导率和电导率大为提高。

加热升温过程很重要,然而,焙烧炉停止燃料燃烧加热后的冷却过程也不能忽视,冷却时出现以下现象:制品从四周开始冷却,但制品内部温度还在继续升高,同时还伴有收缩,而制品表面部分收缩已停止。这就加剧了由于制品各部分体积变化不均匀而产生的内应力。随着冷却的继续,制品表面部分再次收缩,因而制品的内应力降低,如果表面部分继续冷却的程度超过内部时,又重新使内应力增加。因为内应力可导致制品破裂(形成裂纹),特别是方形制品和超细粉制品,更容易形成裂纹。

以上是假定生制品加热到一定温度,简单而又概括地叙述了焙烧过程。实际上,焙烧炉中产生的变化是非常复杂的,因为不管对一个生制品而言,还是对装在炉室的全部制品而言,加热与冷却都是不均匀的。

更详细地说明温度对制品的作用,将在后面阐述。这里必须说明的是:根据所达到的温度和升温速度,在整块制品中造成了同时发生不同物化过程的条件。

在焙烧炉室中,在制品黏结剂进行焦化过程的同时还进行二次反应——碳氢化合物气体在焙烧品炽热的表面上产生分解反应。这些气体从焙烧制品中排出,并充满了整个炉室的空间,这些碳氢化合物的气体将进行分解生成固体炭,以固体炭层的形式沉积在焙烧品的气孔中和表面上,从而提高了产焦率,并使制品部分孔隙封闭,强度提高。

此外,某些工艺条件,如填充料的性质、负压条件、甚至焙烧炉的技术状况,对所描述的焙烧过程都有影响。

1. 焙烧过程中制品的收缩

在焙烧过程中,生制品外表尺寸在变化。通常它们是减小的,也就是收缩。但有时尺寸也可能出现增加即膨胀。根据生制品的尺寸来测定收缩量,有很重要的实际意义,因为收缩对制品的质量和结构都有影响。制品体积的不均匀收缩总是会导致内外缺陷,一直到形成裂纹。

收缩与很多因素(甚至还没有进行系统研究的)有关。最重要的一些因素是压形时的压实程度、压形方法、黏结剂的质量和含量、炭材料的煅烧程度、焙烧温度和加热速度以及进行焙烧的条件。这些因素彼此联系,通常是复杂地交织在一起,因而把它们一一分开研究有很大的困难。

收缩是随着温度的升高而逐渐产生的,收缩大小和最终温度有关。在恒速加热时,则在不同温度下收缩发展是不均匀的——在一些温度下收缩小些,而在另一些温度下收缩大些。由图 7.1 可见,某些制品在加热开始就产生明显收缩。在某些情况下,尺寸可能不会增加。开始收缩可能向较高温度方向移动,从 300~400 ℃ 起收缩速度开始急剧增加。这种现象差不多一直到 800 ℃ 之后收缩速度急剧下降,继续加热时还有收缩,然而其收缩速度很慢。

冷压成形制品出现收缩的温度最低,热压成形的孔隙率低的制品在开始加热时不产生收缩。在 100 ℃ 左右时,制品体积开始增加,到 400 ℃ 左右达到最大值,线尺寸可增长到 1%,继续加热时,各种制品都有很大的收缩。

制品收缩与压形时压实程度的关系见表 7.1,用于研究的试样是冷压法制成的。生制品密度越低和压形时单位压力越小,则收缩越大。

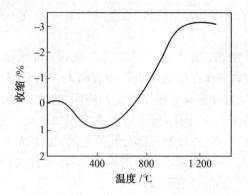

图 7.1 焙烧时制品的收缩

表7.1 制品收缩与压形时压实程度的关系(成都龙泉曙光电炭厂数据)

压形时的压力 /MPa	生制品的体积密度 /(g·cm⁻³)	焙烧品的体积密度 /(g·cm⁻³)	焙烧时的平均体积收缩 /%
6.4	1.348	1.440	2.3
32	1.425	1.467	11.9
96	1.554	1.536	9.2
127	1.594	1.541	8.0
256	1.654	1.564	6.2

收缩与配料中黏结剂含量关系较为复杂,改变黏结剂的含量,生制品的密度也改变。生制品的收缩与黏结剂含量呈线性关系(图 7.2)。生制品含黏结剂量过大时,它就产生变形并出现裂纹。

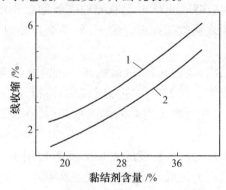

图 7.2 生制品的收缩与黏结剂含量的关系
1—高度方向收缩;2—直径方向收缩

　　黏结剂的性质对收缩也有影响,收缩的程度与焙烧时排出的挥发物数量有关。轻质地沥青的挥发物排出量大,因此,它对收缩的影响要比重质沥青的大。随着沥青中不溶物质含量的增加,收缩减小,当含量为 50% 左右时,制品的外表尺寸可能增加。

　　收缩与粒度组成的关系很复杂,混合料的粒度组成越细,收缩越大,因为细混合料的密实性差。所以,为了使糊料具有需要的可塑性,而在混合料中增加黏结剂的含量,往细粉中添加粗颗粒能使收缩减小。

　　制品收缩在很大程度上与焙烧条件有关。这些条件包括装入生制品的炉室尺寸和生制品在炉室中的分布位置、填充料的物理性质和粒度组成、燃气介质等。这些都是各种焙烧制品和同一根制品的不同部位发生不均匀收缩的最重要原因。

2. 焙烧过程中填充料的作用

　　为了防止焙烧制品的变形和燃烧氧化(它还具有传热的作用),用粒状材料填充在所焙烧的制品周围,这种粒状材料就称为填充料。

　　填充料属于辅助材料,它是由辅助工段或车间来提供。填充料应对制品焙烧的主要过程没有影响。所以在选择材料和制备填充料的方法时都是遵守廉价、方便和地区条件。一般填充料有石油焦、无烟煤、硅砂、河砂、高炉渣等。可视焙烧对象而选用,一般的制品,如炼钢电极和其他非高纯制品可用粗砂或高炉渣,这类材料在焙烧中不结块,不烧损;缺点是炉底重量负荷大。高纯制品则用少灰的石油焦或沥青焦作为填充料,以免制品的灰分增大。小型模压制品则可用煅后无烟煤颗粒。

　　在焙烧炉中,对所焙烧的制品是间接进行加热的,也就是通过料箱墙壁加热的。因而,焙烧时燃气流的热先传给料箱墙壁,然后再传给填充料,最后再传给制品。可见,把热传给焙烧制品的难易与填充料的性质有关,具有良好导热性的填充料使焙烧的结果良好。

　　填充料不但起保护功能,而且它对焙烧炉中燃气组成和压力也有很大影响。排出的挥发物——沥青焦化的产物,一部分被填充料吸附,一部分热解。热解炭的薄层沉积在填充料颗粒的表面上,根据其吸附性能,焙烧炉中的燃气气氛会发生变化,这也影响焙烧制品的性质。

　　吸附性与填充料的性质及其分散性和表面状况有关(见表 7.2)。填充料的吸附性越强和分散性越大,则对焙烧炉烟气中的气体吸收得越多,而且焙烧时制品质量损失也就越大。经研究证明,用活性炭作为填充料,则由于沥青焦化值的降低,焙烧制品的质量变坏。即使是石油焦、沥青焦或硅砂和炉渣等表面活性较小的填充料,在第一次使用时也有很强的吸收作用,只有在烧过第一轮之后,颗粒表面已生成一层热解炭膜,表面活性才有所降低,使用次数越多,表面活性就越低,对挥发分的吸收也越少,这种"吸收"包括生成热解炭膜的那部分挥发物。

表7.2 使用不同材料作为焙烧填充料其烧成电极的性质

填充料名称	填充料性质		黏结剂产焦率/%	体积密度/(g·cm⁻³)	比电阻/(Ω·m)	抗压强度/MPa
	粒度尺寸/mm	吸附性/(mg·g⁻¹)				
石英砂	1.5以下	6.0	63	1.58	36	68.7
热处理无烟煤	0.5~2	6.9	61	1.55	41	65.7
	0.5~2	7.3	62	1.56	40	67.0
冶金焦	0.5~6	11.0	59	1.50	49	53.9
	0.5~2	11.7	60	1.53	42	60.1
石墨化冶金焦	0.5~6	14.6	50	1.46	48	49.0
	0.5~2	21.3	51	1.48	47	50.5
炭黑	—	23.0	46	1.26	65	12.4

曾经对活性炭、冶金焦和河砂进行过研究,这些材料的粒度组成是一样的,其产焦率如下:活性炭为59.3%,冶金焦为60.7%,河砂为61.3%。因为这些材料的导热性不同,所以应该把以上的数据看作是热导和粒度的总效果。

可以利用不同材料作为填充料(见表7.3)。但这些材料应该满足下述要求:

表7.3 可以用作焙烧填充料的特性

材料名称	堆积密度/(kg·m⁻³)	热导率/(W·m·K)⁻¹	热容/(kJ·K⁻¹)
冶金焦	—	0.06~0.12	0.88
煅烧无烟煤	600	0.18	0.92
炉渣	1 000	0.29	0.75
粒状高炉炉渣	500	0.14	0.75
河砂	1 900	2.3	3.77

①在制品焙烧的温度下不溶化、不结焦。

②不论与焙烧制品还是与砌筑炉体的耐火材料都不发生化学反应。

③应优先采用具有良好导热性的材料做填充料。

　　为了保证制品焙烧的质量,所采用的填充料不管是材料的质量还是粒度组成都应稳定。

　　因为在焙烧过程中填充料有损失,所以需要用一些新的填充料和一定比例的旧填充料(返回料)均匀混合加以补充。最好的办法是:损失的填充料由炉室上面所加的新料来补偿,因为炉室上部的新填充料与焙烧的制品不接触。

　　在设计和建造焙烧车间时,应当有专门制备填充料的装置,以保证填充料性质的稳定。由表7.2和表7.3可见,在所有可能利用的材料中,最好的填充料是粗粒河砂。河砂的导热性最高,吸附性最低,而且价钱比较便宜,也不需要事先加工。但最好不用纯河砂,因为它具有很大的流动性,会通过焙烧炉缝隙流到炉底的空隙中去。为了避免这点,可把煅烧无烟煤以相应的粒度组成按1∶1比例与河砂混合使用。通常用冶金焦做填充料,这是最不好的填充料,因为它的导热性很差,吸附性又很高,而且易结焦,所以容易与焙烧的制品焦结在一起。

　　填充料的吸附性能、透气性和热导率都和它的粒度组成(表现为松装密度)有关。填充料的松装密度应该大些,这样可使其热导率增大,透气性降低。透气性低的好处是,一方面可给挥发物的通过造成一种阻力,以保持毛坯周围有较高的挥发物浓度,以及提高黏结剂的析焦量;另一方面可防止制品氧化。在填充料使用过程中,由于机械的粉碎作用和烧损,将产生细粉,因此每隔一定时间要将填充料中小于0.5 mm的细粉筛去,以降低填充料的吸附表面。同时也应避免过大的颗粒(大于6 mm),大颗粒与毛坯表面接触处会形成鼓出的气泡,气泡根部有许多小裂纹,其原因是由于大颗粒有较大的热导率,颗粒与毛坯接触处比其他地方结焦要早,在接触处结焦硬化之后,其他地方继续收缩,因此产生鼓出的气泡,总的要求是填充料的品种和粒度要保持恒定。

7.2　焙烧工艺

7.2.1　焙烧的工艺制度

　　在焙烧炉中,制品的焙烧工艺制度同很多因素有关:温度曲线、负压、热载体数量、炉子的技术状况等。对多室炉而言,还有焙烧系统的炉室数以及炉室开始加热和停止加热的操作等。

温度曲线一般是预先由试验确定的。但某些类型制品的焙烧温度曲线可根据积累的经验计算确定。图 7.3 为电极焙烧的典型温度曲线,图中绘出的只是部分焙烧曲线(加热),与电极冷却有关的一部分焙烧曲线则没有绘出。电极尺寸的大小主要对焙烧曲线长短有影响,小规格采用最短的曲线(200 h 左右),而大规格的则采用慢曲线(400 h 左右),出炉时电极自然冷却。在低温时焙烧曲线稍为倾斜,在高温时曲线则呈陡峭状。这种情况是焙烧炉结构对曲线影响所致的。图 7.3 为焙烧炉盖下燃气空间的温度变化情况,因为不可能测量焙烧制品的温度变化。升温速度之间,燃气介质最高温度和焙烧制品之间的温差很大,这种温差与焙烧炉的大小和结构有关。因而,处于焙烧炉中不同位置的制品是在不同的条件下焙烧的,它们在不同的升温速度下焙烧,其最终温度也不同。

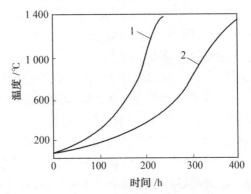

图 7.3　电极焙烧的典型温度曲线
1—快速升温曲线;2—慢速升温曲线

燃气的热量主要是通过火道和填充料传到毛坯,毛坯本身也传导热量。由于传导需要时间,故在同一时间内焙烧箱中各点的温度不同,热量的传导可用以下公式表述:

$$Q = \frac{t_1 - t_2}{h} \lambda S \tag{7.1}$$

式中,Q 为单位时间内传导的热量;h 为导热距离;$t_1 - t_2$ 为相距 h 时两点的温差;S 为导热面积;λ 为物料的导热系数。

由上式可见,如果 h、S、λ 不变,单位时间传导的热量与距离为 h 的两点温差($t_1 - t_2$)成正比。在炉拱和焙烧箱内各点的温差增大时,箱内各点升温速度也要增大,炉拱下的燃气温度受外界影响波动较大,焙烧箱上层的温度也受到它的影响,但中下层则由于物料的热阻波动并不大,如图 7.4

与表7.4所示为一个多室环式焙烧炉不同测温点试验结果。

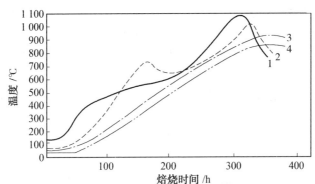

图7.4　一个多室环式焙烧炉不同测温点试验结果

1—炉拱下燃气温度;2—焙烧箱内深700 mm处的温度(上层);3—焙烧箱内深2 200 mm处的温度(中层);4—焙烧箱内深3 700 mm(距炉底500 mm)外的温度(下层)

表7.4　炉拱与焙烧箱下层的温差

炉拱/℃	440	585	665	765	920	980	1 145
焙烧箱上层/℃	340	650	660	700	745	790	935
焙烧箱中层/℃	230	445	515	565	640	690	800
焙烧箱下层/℃	195	425	500	545	600	685	740
炉拱与下层的温差/℃	245	160	165	220	320	295	405

从图7.4可见,炉拱温度达到最高值1 145 ℃时,下层温度为740 ℃,相差405 ℃;在停火降温以后,下层温度继续上升到845 ℃,与炉拱所曾达到的最高温度仍差300 ℃。

从表7.4可见,随着炉内温度的提高,炉和焙烧箱内的温差逐步增大的情况下,各层的升温速度也相应增大。在焙烧的关键温度区(制品实际温度在350~600 ℃),工艺规定升温速度为1.8 ℃/h,而实际上升的幅度是,上层为(600-350)/40=6.25 ℃/h,中层为(600-350)/105=2.5 ℃/h,下层为(600-350)/110=2.27 ℃/h。上层升温速度最高,这是由于接近炉拱,热距离短;大量挥发物在焙烧箱表面燃烧。下层温度的滞后很明显,所以,炉拱下的温度不能反映焙烧箱内的真实温度。当炉拱下的温度在350~600 ℃时减慢升温速度,对于制品的焙烧并没有重大意义,因为在这样的控制下,制品的实际温度从室温至350 ℃所经过的时间,上层约为100

h,中层约 140 h,下层约 155 h,而在这一温度内,毛坯还处于软化阶段,黏结剂尚未开始焦化。因此,按上述分析,可以缩短低温阶段的时间。如因炉内气流阻力大,升温慢,可适当减少炉室的个数。

要尽量减小焙烧箱内的温差,使炉箱内毛坯得到接近相同的升温条件,可通过下列途径:

①可减慢升温速度,这是由于通过耐火砖槽和填充料而传递的热量与时间成比例。

②可选择热导率较大的耐火材料和填充料,这是由于热量的传递与材料的热导率成比例。

③可采用小焙烧箱,这是由于热量的传递与导热面积的大小成正比并和传导距离成反比,可加大单位产品所分摊到的受热面积。

以上的正确应用,需视具体情况而定,对于大型制品,可减慢升温速度;对于小型制品,可采用较小的焙烧箱,甚至用坩埚或匣钵盛装毛坯。而填充料的导热本领无论在何种场合都要力求其大。

在炉拱燃气温度达到规定的最高点(一般不低于 1 150 ℃)以后延长保温时间有利于焙烧箱内温度的均衡,对于大型焙烧炉须保温 20 h 以上,小型焙烧炉须保温 8 ~ 12 h,维持终了。须控制降温速度,约(50±5) ℃/h,到 800 ℃以下自然冷却,这对于延长焙烧炉寿命,减少开裂废品都有益处。

在间歇式运转而且工作容积不太大的焙烧炉中,很容易执行提出的温度曲线,而多室炉通常难以做到这点。

焙烧制品应该达到的实际最高温度同制品的尺寸和种类有关,要石墨化的焙烧品,焙烧温度可降低到 800 ℃。而对于焙烧制品来说,因为焙烧是最后一个工艺过程,所以温度就应该高些。但高于 1 100 ℃以上时就不合适了,因为高于 1 100 ℃制品性质变化不明显。如果炉温是在燃气空间中测的,则上述温度值必须进行相应地修正。

焙烧达到的最高温度还与焙烧炉的结构以及砌筑炉体的耐火材料的质量有关。在由黏土耐火砖砌筑的炉室中,这个温度与黏土耐火砖的质量有关,可达 1 450 ℃。为了提高耐火材料的寿命,焙烧炉的工作空间温度通常不超过 1 350 ℃。

与规定的曲线相对应的最高温度不仅在制品表面应达到,而且在其内层也应达到。均衡温度需要的时间(在最高温度时保温)和热导率有关。焙烧制品的尺寸越大,则保温时间越长。

焙烧时间长短与制品的尺寸和密度成正比,但它不能比理论上确定的更短。实际上,中等规格生制品焙烧时间约 15 个昼夜,而大规格制品焙烧则可达 30 个昼夜。对于大规格细结构制品焙烧时间更长,而某些小规格生制品焙烧时间可缩短到 200 h 左右。

装入焙烧炉中的生制品通过炉室壁加热,炽热的燃气与炉壁接触,而把一部分热传给炉壁,将炉壁加热,然后炉壁将热量传递给制品。通过炉壁传给制品的热量与燃气的流速有关。所以为正确制定焙烧温度曲线,还应该给定各炉室的负压,以确定燃气流速。

对于环式炉,一个火焰系统的炉室数以及炉室启动、停炉操作对焙烧炉的热气流的利用和流速都有影响。所以这些操作都应保证稳定地、最大限度地把大量燃气的热量传递给焙烧制品。焙烧炉的技术状况(砌体的密实性、炉盖的装置等)影响着进入炉室冷空气量,而这对热的有效利用是有影响的。

对于隧道窑,窑车的数量、窑车位的温度控制、窑车的运行速度或窑车出炉与进炉间隙时间、进车与出车操作及炉头与炉尾的密封等都与焙烧炉热量利用有关。

对于倒焰窑,因为是单独操作,废气一般不再利用,所以热量利用率不高。

7.2.2 焙烧工艺操作

对于炭素制品,不论是挤压产品,还是振动成形和冷压制品或等静压制品,它有个共性,就是要经过焙烧,黏结剂要转化为炭素材料。不管是沥青黏结剂还是浸渍剂都是这样。对于含金属粉末的制品,则如前所述,主要是金属的固相反应,其工艺称为烧结。对于树脂类产品,则是固化。压形生坯若选用不同结构的窑炉焙烧,则焙烧工艺也因炉型不同而有许多差别。焙烧工艺基本操作工序是:装炉操作、点火升温、冷却操作、出炉、清砂及检测。

现在重点介绍多室连续焙烧炉(或称为轮窑与环式炉)的焙烧工艺操作,炉子的炉室数有 18 室、32 室、38 室等多种,每个炉室分隔成几个装料箱。炉室用煤气或重油燃烧加热,炉室上部为活动炉盖(也有无盖式)。

1. 装炉与出炉

(1)装炉。

装炉规范要求装炉前必须仔细检查炉内设施,排除毛病,吹烟气孔道。还必须注意到制品在加热时受自重作用而变形,特别在装炉操作上,应采用填充料加以支承制品不使它变形。同时还有一个特殊性,即制品受热遇氧气会氧化燃烧,这也要求制品隔离氧的侵入,必须采用填充料(如前述)。为避免填充料落入烟气孔道,应用挡板堵严。炉室的砌体缝隙修补质量对炉内的焙烧过程有重要影响。

炉室底铺 10~20 mm 厚的木屑层或草袋层、废纸板层,然后再铺 50 mm 填充料层,制品垂直规整地放在填充料层上。制品距炉墙间隔 35~50 mm,制品间距 20~30 mm。装小型制品时,可利用专门的装料架以便准确装炉。装炉制品间填入填充料,每箱装入若干层待焙烧的制品,视制品的长度而定,每层之间用 50 mm 厚的填充料隔开。装炉制品的顶部覆盖一层 250~350 mm 的填充料。对于细结构石墨制品,其炉底填充料厚度、距炉墙距离及顶层填充料厚度均比粗结构石墨制品要大些。

(2)出炉。

炉室冷却之后出炉,首先用抓斗或风动输送装置,除掉覆盖的填充料,然后,当制品露头后从炉室中取出。之后,再除掉填充料(露出第二层装炉制品),以此类推。被取出的填充料送入填充料(加工)部,重新加工至符合规格。

(3)清砂与检测。

清除掉黏附在出炉制品表面上的填充料,然后做定性(体积和体积密度、真密度、机械强度、电阻率等)测量。

2. 点火运行与焙烧温度制度

装好料的炉室需要依规定时间接入焙烧系统,同时应有一个焙烧至规定温度的炉室停火规程,违反了炉室点火停火规程,就会破坏火焰制度。

(1)点火。

在点火的下一炉室将火井盖严,对于带盖炉,先在炉室敞口四周安置炉盖的地方,铺一层耐火泥或黏土层,耐火泥或黏土层起密闭作用,将炉盖用行车吊到炉室敞口之上盖严。依下述方法进行点火:待点火炉室的一切准备工作就绪之后,迅速提起烟道闸阀,之后将炉室接通烟道,并将上一炉室与烟道的连接切断。炉室点火操作,因燃料(煤、重油)不同而不完全相同,对于煤气应有两人操作。先将点火铁棒烧红,然后一个调温工将点火棒从炉室看火孔伸入,将烧红端放在火井喷火嘴处。另一个调温工提起或旋动该喷火嘴所对应的煤气连通器或阀门,若喷火嘴处燃烧,即完成点火操作;若未燃烧,应马上关闭通往炉室的煤气,待 10 min 后,再重新点火。此外,应注意煤气与空气的配比,防止爆炸。

(2)运行。

在多室炉中焙烧的过程如下:一般只有一个炉室是大火(燃煤气),其余炉室都用燃烧焙烧挥发产物的热量加热。有时也在火焰进程的前方炉室点火燃烧,这是为了"应急",仅在必要时才这样做。燃烧煤气所需空气,经由冷却的炉室被加热到 600~700 ℃后输入点火炉室,其输入量视炉子负压高低及火焰系统规范而定。多室炉的温度与负压的数据见表 7.5。

表 7.5　多室炉的温度与负压的数据

点火炉室	1	2	3	4	5	6	7	8	9
温度/℃	1 300	1 080	830	680	560	430	340	260	180	110
负压/Pa	4.9	11	24	39	54	70	96	122	184	225

　　点火炉室的负压不能过低,应为-9.8 Pa。炉子的负压越高,送入点火炉室的热气越多,燃烧的煤气越大,则产生的燃烧产物也越多,当然这将更有效地加热与预热炉室。但是,合理的温度,不但要求提供大量的热气,同时也要控制输入炉内的空气量。但是,目前在多室炉结构中,尚未考虑此种类似强制供气的重要控制条件。

　　火焰(点火)系统的预热炉室数量为 6~8,实际上,这决定于废气温度。最后一台预热炉室的废气温度应为 150 ℃左右,因为继续利用废气热量已不合适,因含热量值不大,而对其余炉室造成的阻力将会显著降低火焰系统的负压,烟道负压应不低于 0.8 kPa。

　　也有另一种焙烧制度,即不仅在第一炉室点燃煤气,而在其后的第 3 或第 4 炉室中也点火。当然,只在一个火焰系统有 13~14 炉室时,才采用这种几个炉室点火的办法。这样做,是因为出现全部预热炉室的火焰系统的传热介质不足,因此,必须点燃前方炉室的火焰。当用第 3 或第 4 个炉室点火时,来自冷却炉室的热空气显然供不应求,所以需要利用冷空气。冷空气通过专门的空气通道直接送入燃烧嘴。输入冷空气当然会急剧降低燃烧温度,也会破坏炉子的负压制度。此外,热平衡试验证明,执行这种焙烧制度,炉子的热效率降低 10%~15%。

　　正如已经指出的那样,延长焙烧时间决定于焙烧制品的类别和规格。例如,大型制品焙烧 420 h,而小截面制品焙烧时间较短。各温度区间范围内的升温速度都是根据理论设想确定的,此外,由于炉子结构复杂的特殊性也在客观上影响着温度曲线。因此,下面这种情况就不难理解了。如果经过预热炉室系统的热烟气的含热量很快减少时,那么,依载热体实施热工制度控制的工艺条件就大大地被削弱了。

　　(3)焙烧温度制度。

　　温度曲线一般只规定一个炉室的焙烧制度,工艺技术人员的职责是制定焙烧系统中全部炉室的温度制度与火焰规范。

　　在焙烧炉中,不能直接测定焙烧制品的温度,这是一大缺点。因为工艺技术人员对工作炉室各部位进行的焙烧过程,经常是难以观测的。检查炉内负压与温度是根据对各个炉室空间的测定仪表的读数。但是,焙烧制品的实际温度与烟气温度并不相同,也无定量比例关系。不论在大火炉室或预热炉室,选择测温方法和部位时,都会遇到很大困难。

在带盖的多室炉中,采用热电偶测温,热电偶装在炉盖的测温点中。这种方法,对焙烧制品的温度和装入制品的炉室各部位的温度分布和升温速度都不能给以精确结果。

对焙烧炉室的多次测试,充分地提供了关于炉子工作的总状态。图7.5所示为420 h的焙烧温度曲线,曲线1表示炉盖下烟气温度;曲线2是距顶部0.5 m深处的设置在制品中间的热电偶的温度;而曲线3是距炉底向上0.6 m处,安设在制品中间的热电偶读数。对以上数据加以分析可知,非常难找出烟气温度曲线与炉箱中温度曲线之间的关系,两者达到的最高温度的绝对值和不同部位升温速度都有差别,后者尤其重要,因它对制品的热解过程有影响。在烟气中达到的最高温度是1 400 ℃(曲线1),炉箱下部的最高温度只不过820 ℃(曲线3),炉箱上部的温度达到1 040 ℃。有关炉室不同部位的升温速度可由表7.6数据判断。

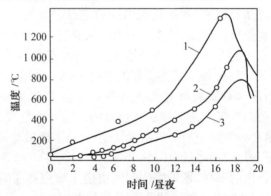

图7.5　焙烧炉的焙烧温度曲线(420 h)

1—炉盖下的烟气介质温度;2—料箱中心距上部0.5 m深处的温度;3—料箱中心距炉底0.6 m处的温度

表7.6　炉箱中不同部位的升温时间

炉箱中不同部位	曲线1	曲线2	曲线3
从80 ℃到200 ℃的升温时间/h	77	206	230
从200 ℃到300 ℃的升温时间/h	75	34	82

从 300 ℃到 500 ℃的升温时间/h	92	96	68

研究不同焙烧制度的延续时间,发现装料炉室不同部位的升温速度间的差异以及达到的最高温度的差异,从而可得到有关带盖多室炉的共同结论:

①炉室制品等的温差达到 200~250 ℃,烟气与制品的温差为 300~600 ℃,这种缺点是由炉子结构造成的,用工艺措施不易消除。

②炉室内不同部位的升温速度各异,它与烟气升温速度之差尤为悬殊,而且不可能确定出各部位升温速度的相对规律性。

③制品中的最高温度与烟气介质温度成正比关系。

④炉室烟气介质的升温差越大,焙烧速度越慢。

对于多室连续焙烧炉(36 室、32 室、18 室等),其散热计算特别复杂,其中炉盖计算最重要,只要找到了炉盖散热计算规律,其炉墙散热计算也可解决,同时炉子的热平衡就可计算。

多室连续焙烧炉一般是由 7~10 个炉室组成一个火焰系统串联加热。对于由 32 个炉室组成的多室炉,可分成两个火焰系统。对于 18 炉室多室炉只有一个火焰系统。多室炉的生产周期包括:每个系统包括 8~9 个加热的炉室,带盖冷却的炉室 2~3 个,敞开冷却的 1 个,装出炉各 1 个,准备装炉的 1~2 个。多室焙烧炉运转顺序示意如图 7.6 所示。

第一火焰系统(炉室运行移动方向)

1	2	3	4	5	6	7	8	9	10	11	12	13	14	15	16
加热	装炉	准备	出炉	冷却	冷却	冷却	冷却	加热	加热	加热	加热	加热	加热	加热	加热

32	31	30	29	28	27	26	25	24	23	22	21	20	19	18	17
加热	加热	加热	加热	加热	加热	加热	加热	冷却	冷却	冷却	冷却	冷却	装炉	加热	加热

第二火焰系统(炉室运行移动方向)

图 7.6 多室焙烧炉运转顺序示意图

3. 炉产计算

焙烧炉的生产能力,对于环式炉焙烧产量的计算公式为

$$Q_1 = Z\delta qTM/t \qquad (7.2)$$

式中,Q_1 为产量,t;t 为采用的焙烧时间,h;M 为每个系统加热运转炉室数量;T 为该月的日历小时数,h;q 为平均焙烧室的生制品装炉量;z 为表示一

台炉的同时生产系统数,$Z = 1,2,\cdots$;δ 为焙烧成品率,%。

如果计算全年的产量,则

$$Q_a = 24 \times 365 \cdot Z \cdot \delta \cdot q \cdot C \cdot M / t \qquad (7.3)$$

式中,C 为焙烧炉的利用率,%。

7.2.3　焙烧新工艺

1.多次浸渍-焙烧工艺

生产高密度高强石墨制品,为了提高制品密度,焙烧后须进行浸渍,为了提高焙烧效率,浸渍之后的制品,二次或多次焙烧时可采用低温焙烧,只要求浸渍沥青的初步炭化,故可适当缩短焙烧时间,待最后一次焙烧后,再送入石墨化炉石墨化,则可以达到好的效果。

由于浸渍后的焙烧温度与一次焙烧不同,浸渍后待焙烧的制品可放在更简便的焙烧炉中焙烧,多次浸渍-焙烧,体积密度可达 $1.80 \sim 1.85$ g/cm³,甚至大于 1.90 g/cm³。普通炭石墨材料对体积密度要求不太高,所以,一般不采用浸焙工艺,尽管用浸渍的办法可以提高制品的致密性、体积密度,但是,多次浸渍与焙烧费时费工,且很不经济。

2.加压焙烧工艺

对生产高密度高强炭石墨材料,除选用大型压机之外,采用加压焙烧工艺,可以提高制品的密度,一次焙烧达 1.75 g/cm³ 以上,而普通一次焙烧制品体积密度在 1.6 g/cm³ 以下,因为加压焙烧可提高黏结剂或浸渍剂的析焦量,从而提高密度。

制品在一定压力下加热焙烧,可以缩短焙烧时间,快速升温也很少使制品开裂,目前加压焙烧有多种方式。

(1)气体加压焙烧。

制品在 $4 \sim 5$ MPa 压力下焙烧,12 h 可升到 750 ℃,制品失重 6.49% ~7.79%,(非加压制品烧损为 10% ~ 11%),黏结剂析焦量达 74.04% ~78.37%,制品质量见表 7.7。加压焙烧装置示意图如图 7.7 所示。加压焙烧试验性的技术参数见表 7.8。加压焙烧可以提高沥青析焦量。装置的内压力是由于氮气因升温产生体积变化而造成的,同时因装置加热时密封,气体排不出去,升温达 1 000 ℃ 造成气体高压。制品和填充料处于气体高压体系内焙烧,加压压力以 $2.94 \sim 4.90$ MPa 为宜。

表7.7 加压焙烧与通常焙烧的半成品石墨化后质量比较(成都龙泉曙光电炭厂数据)

质量指标	加压焙烧	通常工艺焙烧
体积密度/(g·cm^{-3})	1.68	1.65
抗压强度/MPa	43.9	41.1
电阻率/(Ω·mm^2·m^{-1})	15.0	16.3
真气孔率/%	23.8	24.9

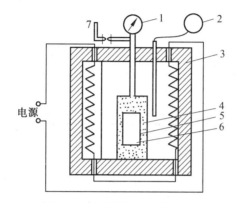

图7.7 加压焙烧试验装置示意图

1—压力表;2—测温仪表;3—炉壳;4—密封铁筒;5—焦粉;
6—被焙烧的试样;7—放气管

表7.8 加压焙烧工艺条件及试验结果

炉次	加压焙烧工艺条件/MPa	烧损/%	沥青残炭量/%
1	不加压	11.1	44.4
	加压0.19	9.27	53.7
	加压0.49	7.5	62.9
	加压3.92	4.27	78.5
	加压9.80	4.27	78.7
2	不加压	12.5	37.6
	加压1.47	7.72	61.6
	加压1.96	7.07	64.3
	加压2.94	6.51	67.5
	加压9.80	5.27	73.7

（2）气压与机械同时加压焙烧。

有一种只要几分钟至十几分钟就能将制品焙烧到 1 400 ℃的新工艺，这一工艺特点是除气体加压外同时进行机械加压。这种同时加压的试验装置结构如下：

①厚壁钢筒，内衬陶瓷与炭材。

②石墨坩埚套放在钢筒膛内，并用焦粉填塞四周空隙，坯品放在坩埚内。

③钢筒体坐落在立式压机工作台面上，由上压头对坯体加压，压力达27.45 MPa。

④电加热坩埚。

⑤在上压头一侧设有气体通道，可排气也可送氮气入内加压，压力可达4.11～9.80 MPa，温度高达 1 000～1 400 ℃，同时加压焙烧工艺条件与产品质量分析见表7.9。

表7.9 同时加压的焙烧工艺条件与产品质量分析

焙烧工艺条件		试验编号						
		1	2	3	4	5	6	7
生坯中沥青含量/%		10	10	10	20	20	20	20
焙烧总时间/h		45	52	46	36	35	81	46
焙烧最高温度/℃		1 200	1 400	1 000	1 100	1 100	1 250	1 100
气体加压压力/MPa	开始	0	0	4.1	0	0	4.11	6.86
	最大时	0	3.43	6.86	0	6.86	11.27	10.29
机械加压压力/MPa		27.45	27.45	27.45	22.35	22.35	22.35	22.35
焙烧后质量分析 体积密度/(g·cm⁻³) 电阻率/Ω·mm²·m⁻¹ 抗折强度/MPa		1.565 75 83	1.569 61.4 11.27	1.567 57 12.8	1.549 64.5 14.9	1.649 63.5 16.3	1.652 61.0 18.1	1.629 63.5 17.9

总之，加压焙烧已经取得了明显效果，获得了常规焙烧不能取得的制品密度、强度。但是，耐压构件的制造困难是使此种焙烧不能大型化的主要原因。

3.压形-焙烧一体化

制品成形达到规定压力后在模具内不卸压，不脱模，在模具外通电或在加热介质中热至焙烧温度，然后，降温卸压、脱模，这一工艺就称为压形-焙烧一体化。

7.3 焙烧的影响因素

7.3.1 升温速度的影响

升温速度是影响焙烧过程的一个十分重要的因素,升温速度首先决定制品的温度分布以及整个炉室装炉产品的温度分布。由于制品各部分温度不同,因而在同一时间它们发生不同的热解反应,这就引起制品体积收缩的不均匀性,而且还产生有害的内应力。这个内应力在低温时可导致塑性变形;在较高温度制品硬化变脆时,这个内应力会使制品龟裂。加热速度对黏结剂产焦量也有很大影响,随着升温速度的变慢,产焦率总是提高的。已经证明,焙烧时随着产焦率的增加,制品的强度与密度提高。但焙烧的升温速度放慢会引起炉子产能降低。所以焙烧应该是最佳化的,它应该既保证工艺要求,又满足焙烧过程的经济效益。

1. 升温速度对制品性能的影响

生坯在焙烧过程中,随着各个温度区的升温速度不同,对制品的收缩、电导率、机械强度等的影响也不同,各区升温速度对收缩率的关系为

$$\delta = 0.31 - 0.096V_1 + 0.05V_2 \tag{7.4}$$

式中,δ 为制品的相对收缩率,% ;V_1 为在 0 ~ 250 ℃ 区间的升温速度,℃/h;V_2 为在 250 ~ 600 ℃ 区间的升温速度,℃/h。

式(7.4)中的系数适用于焙烧阳极制品,从式中可知制品的收缩取决于 600 ℃ 以下的加热速度。此时,在 0 ~ 250 ℃ 区间加热速度越快,收缩就越小,且在 250 ~ 600 ℃ 区间随着加热速度增大,收缩的有限数也就增大了。

焙烧温度对电阻率有影响,电阻系数的方程式为

$$\rho = 11.74 - 0.062\,2T \tag{7.5}$$

式中,ρ 为电阻系数,$\Omega \cdot mm^2/m$;T 为最终的焙烧温度,℃。

表 7.10 为焙烧升温速度对产品性质的影响。

从式(7.4)与(7.5)和表 7.10 看出,焙烧的升温速度和最终温度对制品物理和化学性质有很大的影响。

冷却过程中,如果降温太快同样会引起制品内外收缩不均而产生裂纹废品,此过程虽然不在焙烧升温范围之内,但也必须引起重视。一般在最高温度下降时,将降温速度控制在每小时 50 ℃ 以下,到 800 ℃ 以下则可以任其

自然冷却。出炉时制品温度不高于300 ℃,对于细结构石墨应不高于200 ℃。

表7.10 焙烧升温速度对产品性质的影响(青岛西特炭素有限公司数据)

升温速度 /(℃·h⁻¹)	理化性能				
	密度 /(g·cm⁻³)	孔隙度/%	电阻系数 /(Ω·mm²·m⁻¹)	抗压强度/MPa	体积收缩率/%
16	1.53	22.5	60.9	56.94	2.2
25	1.51	23.3	64.6	52.94	2.7
50	1.48	24.5	65.8	52.55	4.56
100	1.47	26.7	77.3	42.45	6.56
200	1.44	27.5	78.2	40.92	7.90

2. 升温速度对产焦率的影响

由生产实践和研究证明,慢速升温并不是对所有的温度范围都是正确的。

慢速升温只在黏结剂进行深度热解反应形成焦炭的温度范围内才被应用。这个温度范围就是350~500 ℃,也就是形成半焦的温度。

图7.8为不同产地半焦(在500 ℃时制得)煅烧到1 000 ℃时挥发物排出量的曲线。所有曲线一条紧靠一条地分布,几乎重合在一起。气体排出的特性也相同。但主要还是半焦本身,加热条件对挥发物排出量没有影响。实践证明,在500~1 000 ℃,以不同速度(0.5 ℃/h 和 20 ℃/h)加热的半焦时,其挥发物排出量相近。如果在真空和大气压力下分别煅烧半焦,则挥发物排出量相同。500 ℃时,半焦的元素组成:碳平均为93.85%,氢平均为3.35%,均在允许误差范围内波动。

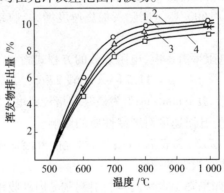

图7.8 不同产地的半焦加热到1 000 ℃时挥发物排出量

1,2,3,4—软化点分别为51 ℃、67 ℃、75 ℃和90 ℃的沥青制得的半焦

从上述可得出两个重要结论:第一,任何半焦向焦炭转化的过程(更正确地说是过程的机理)都是一样的,而和制取半焦的原始原料的性质无关;第二,半焦在热处理时,其升温速度对产焦量没有影响。

500 ℃以下的升温速度对黏结剂产焦率的影响完全是另一种形式。表 7.11 为焙烧时升温速度与挥发物总排出量的关系。图 7.9 所示为焙烧时挥发物释出量与升温速度的关系。由表 7.11 与图 7.9 可见,降低焙烧时的升温速度,制品的挥发物排出量也降低,黏结剂的产焦率却相应地增加。煤焦油和沥青在焦化时,升温速度快慢的影响有类似关系(图 7.10)。这种关系的机理是,慢速加热时,不饱和分子能进行聚合反应,当快速加热时,它们则挥发掉,随着加热速度的增加,排出物中冷凝产物含量也增多。

表 7.11 焙烧时升温速度与挥发物总排出量的关系(%)

升温速度/($℃ \cdot h^{-1}$)	物质	炭电极	石墨电极半成品
200	冷凝物	11.8	12.5
	气体	2.1	3.0
	总计	13.9	15.5
100	冷凝物	8.0	8.8
	气体	3.5	4.9
	总计	11.5	13.7
70	冷凝物	6.0	7.2
	气体	4.1	6.0
	总计	10.1	13.2

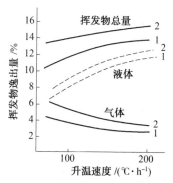

图 7.9 焙烧时挥发物释出量与升温速度的关系

1—炭电极;2—石油焦制品

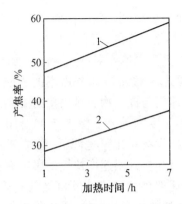

图 7.10　产焦率与加热速度的关系
1—沥青;2—煤焦油

　　但是,0~500 ℃的温度范围本来就相当大,显然,急剧发生成焦反应是在该温度范围内的一个较窄的范围。这些参数的精确值对确定生坯制品最有效的焙烧曲线是必需的。

　　理论上不可能确定这个温度范围,所以必需借助于试验数据(见表7.12)。根据表中列出的数据可以看出,在300~425 ℃时,聚合反应比在较低温度时进行更有效,而且速度很快。太快地越过425 ℃这个温度界限,会使能够参与成焦反应的产物发生蒸馏作用,故一般升温速度控制在1~2 ℃/h,对于细结构石墨的升温速度应更小些。

　　在较低温度条件下也可以得到最大产焦率,但需要很长的时间。例如,沥青在170 ℃左右保温120 h可以使产焦率增加5%左右。

　　为了确定焙烧温度曲线,以保证最大产焦率,在375~425 ℃范围内,升温必须很慢,约50~60 h。在300 ℃左右时,保温对产焦率起良好的影响。在较低的温度下(如300~350 ℃),长时间(约200~250 h)保温可以得到很高的产焦率。

　　在350 ℃以下和450 ℃以上,升温速度对黏结剂产焦率没有明显的影响。但是,如果制定焙烧曲线单纯是为了得到最大的产焦率那是不正确的。因此,获得均匀、致密而又没有内外缺陷的制品是很重要的。故350 ℃以下和450 ℃以上的升温速度对这些要求是有重要影响的。

　　由上述可得出一条对焙烧曲线而言最重要的结论:即为了制取没有内外缺陷的制品,通常是在慢焙烧曲线条件下获得的。慢焙烧曲线也有助于产焦率的提高。但是,为不断增加每平方米炉底焙烧的产能,迫使工艺师强化焙烧曲线,其结果势必导致产焦率降低,并使表面缺陷的废品增加。

表7.12 热处理温度和沥青产焦率的关系

温度曲线/℃	500 ℃时产焦率/%	半焦/%		1 000 ℃煅烧后产焦率/%
		C	H	
等温加热试验				
300 ℃以下1 h,300~500 ℃以下120 h	70.2	93.89	3.30	67.4
300 ℃以下1 h,300~500 ℃以下220 h	71.2	94.27	3.38	68.5
保温试验				
200 ℃以下,3 h;200 ℃,46 h;200~500 ℃,3 h	61.6	98.59	3.31	58.9
300 ℃以下,3 h;300 ℃,46 h;300~500 ℃,3 h	63.8	93.88	3.32	60.8
370 ℃以下,3 h;370 ℃,46 h;370~500 ℃,3 h	65.3	93.76	3.32	62.6
400 ℃以下,3 h;400 ℃,46 h;400~500 ℃,3 h	71.3	93.75	3.33	66.2
425 ℃以下,3 h;425 ℃,46 h;425~500 ℃,3 h	69.2			64.2
450 ℃以下,3 h;450 ℃,46 h;450~500 ℃,3 h	64.0	93.74	3.36	60.1

7.3.2 气氛的影响

焙烧时炭素生坯是装在耐火砖砌筑的炉箱或坩埚内,生坯周围覆盖填充料,炉箱或坩埚被炽热的气流包围着,热是通过坩埚与填充料传到生坯,生坯内黏结剂的热解和聚合便是在这样的环境中进行的,这一空间就构成一个焙烧体系。假定焙烧体系是一个封闭体系,黏结剂热解形成的气体从生坯(或称毛坯)逸出,扩散到整个窑室,气体的压力逐渐增大,直到一个极限,即黏结剂的饱和蒸汽压。此时,如果温度不继续上升,则在单位时间和单位表面积上逸出的气体分子数是恒定的,同时,在毛坯表面和填料上凝结的气体分子数也是恒定的。它们的数量相等,达到一个平衡状态。如果从这一平衡体系中抽出若干气体,则黏结剂又将分解出一部分气体,以恢复原来的压力。

实际的焙烧并不是在封闭体系中进行的。黏结剂分解生成的气体不断地透过毛坯和填料随着流过窑室的热气流通往烟道而排出。起初,黏结剂的蒸汽压随着温度升高而增大,当蒸汽压大于外压时,气体就能从毛坯内部逸出,在它的通路上阻力不甚大的情况下,毛坯外面的气体浓度就会因气体的不断流走而降低,这样造成毛坯内外挥发物的浓度差。而且,在毛坯内层和外层,填料的内层和外层都存在着挥发物的浓度梯度。气体逐渐扩散,其扩散速度与浓度梯度成正比。因此,当填充料间和窑室上部空间中分解气体的浓度越低,分解气体从毛坯中扩散出来的速度就越大,这就促进了黏结剂分解反应的进行,由于分解产物的排出能进行再聚合的分子因而减少,故黏结剂的析焦量要减少。反之,如果分解气体排出的速度慢,析焦量就要增多。

焙烧体系中挥发气体的浓度梯度也和填料的透气度及烟囱抽力有关。填料的透气度和烟囱抽力越大,浓度梯度就越大。因此,为了保持焙烧条件的恒定,填料的透气度和烟囱抽力必须保持稳定,这样才能使黏结剂的析焦量保持稳定。

黏结剂的氧化主要是在400 ℃以内,氧源除干料和填充料原来吸附的解吸放出的以外,主要是从燃气中扩散而来,燃气中的氧含量占10% ~ 16%(包括碳的氧化物中的氧),还有炉壁砖槽密封不良侵入的热空气等。扩散到焙烧毛坯中的氧气量和氧的浓度与作用时间成正比。在氧能扩散进去的深度内,黏结剂就受到氧化,因而提高了黏结剂的析焦量(高达7% ~10%),毛坯表面的收缩率降低,造成毛坯内外层的不均匀收缩。这一现象对于模压制品更为显著,因为模压毛坯的透气度比热挤压的大,氧可以扩散到相当的深度,视达到400 ℃的时间而定,时间越长扩散越深。由于毛坯内外收缩率不相等,就产生硬壳型废品,外壳层和内层之间出现裂纹。由于毛坯在炉室中所处位置不同,和氧接触的情况也不同,这种裂纹往往在靠近窑室壁或砖槽壁一侧出现较多。有些毛坯并不产生裂纹,只有颜色较深结构疏松的芯层。

在焙烧过程中,制品外壳层析焦量的提高,实际上是因空气(氧气)的渗透使制品中作为黏结剂的沥青提高了软化点,使中温沥青变成为高温沥青,一般软化点提高10 ~20 ℃,若氧化严重一点可使中温沥青软化点提高到140 ~150 ℃。影响中温沥青向高温沥青转化的因素包括:在空气参与下的加热温度、空气的总耗量和接触的持续时间。空气的总耗量取决于气体通过填料的移动速度、气体中氧含量和从周围介质向制品体内扩散的速度等。

气体通过填料的速度取决于颗粒材料的流体动力层,即

$$V = \frac{k(p_1^2 - p_2^2)}{2\mu h} \tag{7.6}$$

式中,V 为气体流动速度,cm/s^2;$p_1 - p_2$ 为炉室内的压力差(大气压);h 为炉内填料层高度,cm;k 为填料的渗透率;μ 为填料的黏滞系数,cP($1\ cP = 1\ MPa \cdot s$)。

由于炉室高度与气体黏滞系数是固定不变的,因此气体流动与炉室内沿炉子高度方向的负压差及填料的渗透率成正比。

周围气体中的氧含量由进入炉子的空气量来决定,一般为 10% ~ 16%,从周围的气体中向制品内扩散的氧的数量,按下式计算

$$G = -C \cdot LF \frac{dc}{dx} \cdot T \tag{7.7}$$

式中,C 为氧的扩散系数,$0.064\ T^2 m^2/h$(负号表示从浓度高处向浓度低处扩散);F 为正常扩散方向的表面积,m^2;L 为扩散深度,m;$\frac{dc}{dx}$ 为单位距离的扩散浓度变化;T 为时间,h。

因此,扩散到制品中氧的含量与周围气体中的氧的浓度和热处理时间成正比,由于沥青与空气中氧的持续接触,不可避免地使中温沥青向高温沥青转化。

$$\frac{\lg G}{1.857} + \frac{\lg T}{2.4} = 1 \tag{7.8}$$

式中,G 为空气消耗量,kg/h;T 为接触时间,h。

如果沥青与空气中的氧接触时间延长了,那么中温沥青转化为高温沥青时,氧的浓度便降低;如果接触时间非常长(如超过 120 h),那么氧的浓度就极其微小了。在 400 ℃之前,由于氧化作用,提高了制品表面层沥青的软化点,其收缩率比制品内部低,从而产生了内部裂纹。在比较高的温度情况下,焦炭填料的氧化反应就逐渐明显了。特别是透气性能和氧的渗透性能都很大的细颗粒填料更为明显。当温度高于 400 ℃时,沥青氧化的可能性便很小了,所以一般应控制在 400 ℃以前的焙烧升温速度。在这段温度范围内升温过慢,就延长了黏结剂的氧化时间,将使废品增加。从表 7.13 可以看出,在 400 ℃前升温时间与制品废品数的关系。

表 7.13　室温到 400 ℃升温时间与开裂废品数的关系

20~400 ℃平均加热时间	57	77	97	115	134	151	178	216
带硬壳形裂纹块数/%	0.30	3.22	4.00	5.47	6.91	11.11	11.97	27.97

因此,装炉前必须将砖槽修补严密,必要时可在砖槽四壁和上下铺一层 2~3 mm 厚的薄铁板,以阻止含氧气体进入,对于预防模压制品的硬壳形开裂废品有显著效果。对于大型模压毛坯,最好在靠火一侧铺上薄铁

板,并用小制品隔离,或装入坩埚。

对于挤压制品,它在低温时透气性较低,含氧气体不易扩散进去,但使制品与氧隔离的措施对于减少硬型壳形废品仍然有明显效果。

7.3.3　压力的影响

焙烧过程中黏结剂的热分解,与聚合反应实际上是一种气-液、气-固、液-固相中进行的一种多相反应,这种反应同样符合勒夏特列(Lechate-lier)原理:如果在一平衡体系内改变其中一个条件因素(如压力、温度或浓度),则该体系将发生一种削弱这种改变影响的变化,或给这种影响以一种阻力,在进行一种多相反应中,随着反应的进行,其体积增加或减少。将炭素毛坯压块置于高压罐中高气压下焙烧,当焙烧体系达到一定温度时,例如 300 ~ 450 ℃,煤沥青的分解反应和聚合反应同时进行,并在一定的温度和压力下达到平衡。

由于外界压力较大,则根据勒夏特列原理,反应将向体积缩小的方向,即聚合方向移动,聚合反应速度增大。同时,使第一次反应物在焙烧体系中(即制品内部的孔隙内)停留时间增长,得以进行第二次聚合反应,这样就使沥青质和炭青质增加,因而增大了黏结剂的析焦量。表 7.14 为在不同气压下焙烧时的黏结剂的析焦量。

表 7.14　在不同气压下焙烧时的黏结剂的析焦量

平均起始压力/MPa	最高压力/MPa	黏结剂的析焦量/%
2.86	3.78	85.0
2.86	7.30	86.5
2.86	7.65	86.8

煤沥青的总碳含量为 90% 左右,但作为炭素制品的黏结剂在常压下炭化时,其析焦量只有 50% ~ 60%,有 30% 以上的碳随挥发物逸出而损失掉,使制品中留下许多气孔,直接影响制品的一系列性能。

加压焙烧不仅提高析焦量,增加制品体积密度,而且能改善制品的内部结构。这是因为在一定温度和一定压力下,焙烧生坯处于软化塑性状态,在黏结剂进行剧烈的热分解与聚合反应时,由于外部的压力大于内部的压力,从黏结剂分解出来的低分子化合物由于蒸气压较大,大部分呈液体状态,进一步对微小气孔及气孔壁上的微小裂缝进行渗透,这样使毛坯进一步致密化。同时由于是保持一定的压力下进行焦化,在液体的表面张力下,使得新产生的气孔内壁呈平滑的圆形状态,避免像在常压下焦化形成多角形气孔产生应力集中的现象。由以上这些原因,使得高压焙烧的制品具有较高的机械强度。通过实验,它比同种材质的常压焙烧的抗压强度要增加30%左右,抗张强度提高40%左右。

生坯在常压焙烧中,要产生膨胀和收缩的过程。在一定压力下焙烧制品,可以消除生坯的应力弛放过程。同时,加压焙烧必然是一个密封系统,这样可以防止毛坯氧化,在加热过程中使内外收缩均匀,甚至可以使收缩增加。因此加压焙烧,可以进行快速加温,缩短焙烧周期,而不至于使制品开裂,相反能得到高密度的制品。如 $\Phi100$ m 制品常压焙烧时需 150 ~ 200 h,而采用高压焙烧仅 50 h 就行了,这样大大节省了人力、物力及能源。

制品在焙烧过程中,发生比较剧烈的分解与聚合反应、体积收缩,完成半焦状态,基本上是在 600 ℃ 以下完成。所以,一般高压焙烧温度可以控制在 650 ℃ 左右,然后进入大窑,进行快速升温到 1 000 ℃,完成焙烧的全过程。

7.3.4 不同炭材料的影响

众所周知,不同炭材料的细粉与沥青烧结后,其强度也不一样。例如,石墨表面上虽然形成大量的黏结剂焦炭,但石墨烧结性比焦粉弱很多。如上所述,显然石墨同沥青焦炭的黏结只靠黏附力来实现。分子结构与密实度程度差的焦炭,因为它们还没有受到高温的影响,还保存一些化学活性,它们可以与黏结剂起化学作用。

不同的炭材料对产焦率的影响是不一样的,表7.15列举了不同炭材料与产焦率的关系。其中活性最大的为石墨,最小的为沥青焦。不同炭材料的主要区别与其吸附的沥青特性有关。

表7.15 不同炭材料和产焦率的关系

细粉含量/%	产焦率(占沥青的百分数)%		
	沥青焦	木炭	天然石墨
0	45.8	45.8	45.8
20			51.5
30	49.8	51.3	55.9
50	50.8	52.7	58.4
70	55.2		65.0
90	54.2	60.6	67.4

不仅骨料的物理性质对产焦率有影响,而且烧结时细粉的比表面对产焦率也有影响。产焦率与骨料含量及细粉状材料的表面积关系如图7.11

所示。当骨料含量少时,产焦率提高不太大,当混合料中细粉含量超过
40%时,产焦率迅速增长。但增加细粉含量在产焦率达到极限后,再增加
细粉产焦率就不增加了。显然,这时产生"饱和"(黏结剂膜的厚度达到极
小值),表面继续增大已不能使产焦率明显提高。相反,黏结剂含量多时,
其产焦率甚至出现降低。这可能是由于以下情况产生的:如果黏结剂膜的
厚度大于最佳厚度,则表面上即发生沥青焦化,这时表面对产焦率的影响
就急剧减小。

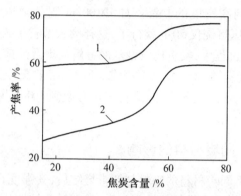

图 7.11　黏结剂产焦率与骨料含量的关系
1—沥青;2—焦油

在不同加热速度下,骨料含量对产焦率的影响如图 7.12 所示。慢速
加热时,这种影响在很大程度上表现出来。除此之外,骨料还加强了产焦
率与加热依赖关系,产焦率随着骨料含量的增加而急剧上升。

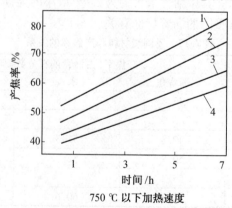

750 ℃ 以下加热速度

图 7.12　产焦率与骨料含量及加热速度的关系
1—80%(骨料);2—60%(骨料);3—50%骨料;4—40%(骨料)

7.4 烧结机理

7.4.1 炭粉的烧结机理

散粒材料在加热时,其主要组分不熔化而变为固体称为烧结,在炭素生产工艺中称为焙烧。烧结是从松散度几乎没有明显减小到材料转变成坚硬的固体。一般颗粒本身强度大于颗粒间的黏结强度,而烧结程度与散粒材料颗料间黏结数量和黏结强度有关。

烧结程度可用烧结材料的强度和硬度来表征。通常用测定破碎强度的方法(如采用在转鼓中破碎的方法)和用各种测定硬度的方法来测定。

为了使颗粒材料黏结,必须在散粒材料颗粒的边界上形成均匀的具有黏结性能的物质,使之形成由一个颗粒向另一个颗粒的连续过渡层。可见,烧结强度与颗粒间过渡层的强度有关,也与这种物质对颗粒表面黏结强度以及在单位体积的烧结材料中颗粒间黏结的数量有关。

在炭素生产工艺中,散粒材料颗粒间的黏结剂过渡层一般是由煤沥青生成的焦炭。这种沥青添加在混合料中,散粒材料在与黏结剂混捏压实时,沥青润湿了固体颗粒,并把它们黏在一起,这种现象称为可逆黏结。如果把沥青溶解,则材料又重新形成散粒状。

为了使沥青与散粒材料颗粒表面黏结牢固,必须使以后形成焦炭的沥青润湿颗粒表面。然而,只有呈液体状态的沥青分子才具有足够的流动性,才能在表面张力的作用下直接与固体表面润湿接触,在沥青冷却硬化成固态或炭化转为焦炭后黏结作用仍然能保存下来。

但是,炭材料烧结时出现许多情况和特点——不同的黏结剂(如不同的沥青),其烧结效果也不一样。烧结强度还与沥青的含量和散粒骨料的种类、粒度组成和加热速度等因素有关。

为了有效地控制焙烧过程,对产生这些情况的不同原因都需要弄清楚。

不同种类的炭粉和沥青烧结后的强度也不一样。例如,在石墨表面上虽然形成大量焦炭,但石墨与炭黑或焦炭相比,其制品硬度小,强度也较差。石墨制品的强度和硬度随晶格尺寸的增加而降低。相反,炭黑和木炭可制得既坚固而又坚硬的制品。现已发现,烧结与细粉物质的种类有关,毫无疑问,这与颗粒表面和黏结剂焦炭之间的黏结强度也有关。烧结强度还与炭材料的粒度组成有关。细粉烧结强度比粗粉烧结强度大,这是由于颗粒间有更多的接触点造成的。而单一粒度细粉烧结时比不是单一粒度的弱,因为后者在大颗粒之间有小颗粒填充。

炭粒烧结强度也与焦炭的煅烧温度有关,即随煅烧温度的升高,强度降低。这种现象是由于骨料颗粒和黏结剂焦炭同时收缩形成紧密结合结构的缘故。没有受到高温处理的焦炭,其结构密实性差,并含相当多的其他原子,因此,它保存了某些化学活性,有可能与黏结剂焦炭相互产生化学作用。焦炭颗粒表面上的原子团可以在沥青转化为焦炭时与沥青一起反应。当煅烧温度升高时,这种可能性就降低了,显然,石墨同沥青焦炭的黏结仅靠黏附力来实现,这可能是烧结强度降低的原因。可见,散粒材料颗粒表面的状态对烧结强度有着决定性的作用。

烧结强度与材料的粒度组成有关,细粉烧结强度比粗粉烧结强度大,这是由于颗粒间有更多的接触点造成的,而单一粒度烧结强度比不是单一粒度的烧结强度的弱,因为后者在大颗粒之间有小颗粒填充。

关于烧结强度(P)和产焦率(K)之间的关系,对黏结剂含量相同的混合料而言,其烧结强度与产焦率成正比,

$$P = CK$$

式中,C 为比例常数,也可以称为烧结强度系数,它与沥青的化学性质无关,而与粉状骨料的混合料中的沥青含量有复杂的关系。对相同的混合料含不同沥青而言,烧结强度也与产焦率成正比,这种情况已由试验所证实。试验是用沥青焦粉和不同黏结剂进行烧结的试样,并以锤式粉碎机破碎后在球磨机中的耐磨性来测定焦化试样的强度。这些试验的某些结果见表7.16。

表7.16　不同含量骨料的烧结强度系数

骨料含量/%	沥青	焦油	平均
0	3.2	4.0	3.6
20	4.2	4.7	4.5
30	5.0	5.0	5.0
40	6.8	7.3	7.1
50	4.9	4.9	4.9
60	2.2	2.5	2.3
70	1.8	1.7	1.7
80	1.2	—	1.2

沥青烧结能力和其产焦率是对应的,因为烧结强度与黏结剂产焦率成正比,而与黏结剂的性质无关。当然,不可能证明各种沥青的黏结焦强度是完全一样的,例如,煤沥青的烧结强度虽然比煤焦油大一些,但这种差异不大。

7.4.2 焙烧过程中煤沥青的热解与黏结剂焦的形成

煤沥青是与焦粉混合并成形后的坯体件,且周围有填充料或坩埚装载,因此,煤沥青炭化时外部条件(气氛、压力等)与一般纯煤沥青的炭化过程有不同之处,下面讲述生坯制品在焙烧过程中其煤沥青的热解与成焦原理。

1. 焙烧过程中煤沥青的热解

黏结剂的热解是一个十分复杂的过程,问题在于焦炭网格的形成过程伴有复杂的分解反应和缩聚反应,同时生成很多较重或较轻的饱和或不饱和碳氢化合物。在这些反应中,生成较轻的那部分碳氢化合物从焙烧品中排出,这些碳氢化合物不但造成了特殊的气氛,而且对炉室焙烧制品中所发生的过程也有很大影响。剩下较重的那部分碳氢化合物发生一连串的反应,不断形成含碳高的分子。在制品的整个焙烧时期,该过程都在连续不断地进行。由于发生各种不同的反应,因此,各种因素对所生成的化学分解产物的性质有影响,其中影响最大的是黏结剂的化学组成和进行焙烧过程的工艺条件。

焙烧过程中出现两种类型热解化学变化:一种是分解或分子的断裂;另一种是分子的化合或合成反应。分解反应实质上是单分子反应,它和反应物质的浓度无关。其反应速度与压力也无关,而只是温度的函数。分子的断裂是由于质点振动所产生的力而引起的。新生成的分子能再次分解,并再一次与其他不饱和的分子化合。大多数情况下缔合反应是双分子和均质反应,这种反应速度与压力有关。

这些反应的活化能为 146.5 kJ/mol,只是热解活化能(272.4 kJ/mol)的 1/2,与分子大小无关。由于不挥发性残渣原子的重新排列,结合最牢的分子结构富集起来,结合弱的分子结构则消失。根据键的强弱确定热解时分子聚合的方法,也就是说,分子结构不断密实,因为分子结构越密实,分子就牢固。

加热时可出现分子断裂,分子断裂的位置由化学键的强度和这些键在分子中的位置而定。有机化合物分子中通常是杂化原子键最不牢固,这表现在当较低温度时,H_2O、H_2S、NH_3的脱掉和在复杂的分子中氧、硫、氨键的断开。

在较高温度时,碳氢化合物键链开始断开,这时相对分子质量大的比其相对分子质量小的同系物更容易断开。分子中价键断开的位置和其结构有关,有支链的比没有支链的更容易断开成小的分子。环烷烃环比开链烃牢固,所以在它们中首先断开的还是侧键链,侧链越长,越容易断开。

芳香族键比脂肪族键牢固得多,在这些化合物中首先断开的也是侧链。侧链越长,也就是芳香环值越少,越容易断开。

碳氢化合物热裂化的一般规律具有重要意义,即随着温度的升高,热解越来越不对称,低温时中心附近分子首先断开。随着温度的升高,断开的位置移向键链的端部,所以在馏出物中出现越来越多的轻质分子——相对分子质量小的碳氢化合物,而最终出现的是氢,见表7.17。

表7.17 碳氢化合物的分解随温度的变化

气体形成的温度/℃		500	700	1 000
气体组成/%	CO	4.5	8.2	11.7
	H_2	13.6	36.4	66.0
	CH_4	45.5	39.1	18.5
	C_2H_6	36.4	16.3	3.8

当温度超过700 ℃时,分解反应具有脱氢的特征,该反应可看作为最不对称的热解反应。

在不挥发性残渣中,由于原子的重新排列,最牢固的分子结构富集起来,因为分子结构越密实,它就越牢固。因而,热解过程相应的就是获得最致密残渣的过程。芳香结构是最密实而又最牢固的结构,所以,所有热解过程都是不挥发性残渣的芳构化过程。这个过程进行的特点就是富集碳的不挥发性残渣。密度的变化,因为在有机化合物中碳与其他原子的结合键通常比碳原子之间的结合键弱。

众所周知,煤沥青主要是由多环和杂环芳香族化合物组成,芳香族烃与其他所有的碳氢化合物不同,它的耐热性能强。这在很久以前就已发现,热解时这些化合物芳香环断开的百分率非常少。众所周知,芳香化合物不但有较牢固的C—C键(1 720.5 kJ/mol),而且还有牢固性差的C—H键(425.8 kJ/mol)。这种状况决定芳香族化合物的反应能力高,即能进行众多反应的能力,在这些反应中,芳香环的氢可被任何其他官能团或基所取代。沥青组分中的芳香族化合物的转化可以看作是把芳香族官能团代替芳香环中的氢。因而,当煤沥青形成焦时,主要是芳香族化合物的缩聚反应。

事实上,所有脱氢的芳香族烃的缩聚反应可看作是连续的密实阶段直到炭化,在液相中的焦化是多环芳香化合物缩聚的明显证明。生成高度富碳的物质称为炭青质。

2. 黏结剂焦的形成

在有机化合物中,苯环中的 C—C 键强度要大于碳和其他元素间的键。因此,芳烃热解时,异类原子首先分解逸出,其中 C—C 单键易断开(键能 358 kJ/mol),C—H 键则较难(键能 413.2 kJ/mol),氮、硫、硼等则视它们与碳结合的形式而定,结合得紧的,大部分可留在焦炭内(例如:硫、硼等,甚至在 2 500 ℃石墨化后也不能完全除尽)。这样,由于除碳原子外其他原子的大量排出,碳原子就富集于未挥发的残渣中,成为焦炭。

分解和聚合反应是平行进行的,由于分子的热分解,在断裂处就产生不饱和力(不成对的电子),这种具有不饱和力的分子互相接触就容易聚合起来,它们又在更高的温度下把外围的异类原子或基团分解出来,再度与其他具有不饱和力的分子聚合,这样连续聚合和分解下去,联结得最牢固的分子就在未挥发残渣中集积,按化学键的强度进行淘汰,进而生成巨大的平面分子。这些由许许多多六角形碳原子网格组成的平面分子作乱层堆积,就是炭青质。由于层间非定域 π 键的作用,700 ℃以上热处理的焦炭电导率急剧增大。

有研究者认为,炭青质是一种特殊的物质,它的分子结构与其他有机化合物比较,其密实程度高、完全不溶解、呈黑色、不透明。不要与通常称为游离碳的地沥青炭青质或不溶残渣混淆。地沥青炭青质,也就是沥青中不溶解部分,它有不同的化学组成。其中包含有上面所讲的炭青质,但是,在大多数情况下,它是由通常的高分子有机物组成的。

炭青质本身的分子结构是解释其物理性质、化学反应、形成条件及 X 射线分析法的基础。

炭青质的密度接近于石墨的密度,它具有电子的导电性,随着碳含量的增加而增加。炭青质的导电性是由于炭青质中存在容易流动的电子,它和石墨中碳原子层面间有金属键在本质上是一样的。炭青质的比热容实际上与石墨的热容相等。

炭青质的形成过程如下:由于热对有机物质的作用而形成芳香结构,芳香环化合成多环缩聚结构,这就形成平面原子层,碳原子紧密地分布在

249

六角形的各角中。由于明显的不等轴性,这些层很容易互相平行取向,而使分子结构继续密实,因而形成堆积的原子层状结构。堆状原子层的层间距离比石墨层的层间距离稍大一些(即 0.344 ~ 0.366 nm),而石墨为 0.335 nm。这些原子层的相互作用使原来固定在芳香环中的第四个价电子跑到原子层间的空间里,并变成很容易运动的电子。这种具有运动电子的平行原子层的堆状结构就是炭青质结构。炭青质不具有芳香族化合物的化学功能,它不氮化、不硫化,也不氢化。它只在高温时才发生氢化作用,这时炭青质完全破坏而生成甲烷。当加热到 1 000 ~ 1 200 ℃后,形成焦炭已不含有同炭青质结构结合的基团。

　　由于热作用而发生这些转化的结果使物质的性质也发生变化,这可由电阻与密实程度的关系来说明。当炭青质形成时,电阻下降(图 7.13),而到开始石墨化的温度时,电阻再次下降。开始形成炭青质的温度大约为 700 ℃,电阻急剧降低的原因是由于形成了类似金属键的大 π 键。

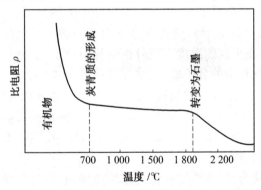

图 7.13　电阻与有机物分子结构密实程度的关系

　　各种有机化合物转化为炭青质是由于分子中原子重新排列的结果,因而这种转化是化学反应。但是,为了使焦炭具有石墨的性质,只靠这种物质分子结构的有序性是不够的,因此需要继续加热才能使焦炭转变为石墨,而这已不依附于化学规律了,是物理变化。

　　黏结剂在焙烧时,焦化是在干料颗粒表面进行的,它不同于纯黏结剂或渣油的焦化,认识这一点是很重要的。黏结剂的焙烧焦化具有氧化脱氢缩聚的特征。

　　炭素生坯的焙烧实验证明,在加热到300 ℃左右,炭粉对黏结剂中的各组分做有选择的化学吸附(可以用溶剂萃取法检出)。这是由于炭粉表面在与黏结剂混合前已不同程度地吸附了氧、氮、一氧化碳、二氧化碳等,具有与黏结剂分子或官能团发生氧化-还原反应的活性。图 7.14 为石油焦粉和中沥青混合物焙烧的差热分析曲线。从图中可见,在 270 ~ 300 ℃ 范围内有很强的放热峰,而纯沥青加热则没有或很弱。证明在这一温度范围炭粉表面与黏结剂有放热反应的化学结合;对于炭黑-沥青混合物,则放热峰在 230 ℃ 出现,这是由于炭黑表面有更大的吸附活性。

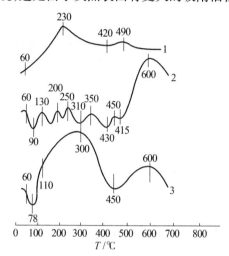

图 7.14 炭粉和沥青混合物与纯沥青差热曲线的比较
1—60% 炉黑和热裂石油沥青的混合物;2—煤沥青;3—
3% 煤沥青和煅后焦的混合物

炭粉表面吸附的氧和碳的氧化物将促进黏结剂分子的脱氢缩聚作用,也将促进粉粒表面和黏结剂间横向键的形成和沥青的提前固化。与此相应的是这种放热反应将妨碍中间相小球体的生成,从而降低黏结焦的石墨化程度。黏结剂中含氧量超过 7% 时,中间相便完全被抑制,从而得不到可石墨化炭,这主要是因为黏结剂提前固化,阻碍了平面分子的定向排列。

进一步说,氧化能使黏结剂分子形成新的官能团,它们能参加缩聚反应形成芳醌或芳酮。黏结剂的氧化脱氢缩聚反应的结果是析焦量增大,焙烧块的密度和强度提高。但是,这种反应如果不是在整块制品上均匀进行,就会引起收缩不均而开裂。

7.5 煤沥青的黏结性能

沥青的组成是很复杂的,且各组分的作用也是不同的。为了便于研究,把煤沥青分为甲苯不溶物(称为游离碳或 α-组分)和甲苯可溶物两大组分。对于 α-组分又可分为不溶于喹啉的 α_1-组分和溶于喹啉的 α_2-组分;而对于甲苯可溶物又分为石油质(溶于汽油)或 γ 组分和不溶于汽油的沥青质或 β 组分,下面分别介绍它对焙烧黏结性能的影响。

7.5.1 沥青的甲苯不溶物(游离碳)对焙烧黏结性的影响

1.煤沥青的黏结性能

沥青中的甲苯不溶物,俗称游离碳,或称为"不溶残渣"及 α-组分。更准确地说,所谓游离碳,它不是由纯碳组成的,它是成分不定的高分子有机化合物,近似试验式可为 $C_{112}H_{58}O_3N_2$。

不溶残渣在沥青中呈悬浮状态,因而对沥青的物理性能有很大影响。游离碳不能溶化,没有黏结性能,不能成为黏结剂,但它对减少制品在焙烧时的裂纹起良好的影响。游离碳使制品在焙烧时收缩减少,但是黏结剂中含大量的游离碳可使黏结性能降低。

煤沥青的黏结性能取决于黏结剂炭(焦化值)和游离碳的差值,即黏结炭-游离碳 = 结焦炭。沥青的黏结性能是沥青中的沥青质(β-组分)和 γ-组分在焦化时所形成的焦炭决定的,这种焦炭称为黏结焦炭。黏结焦炭含量越高,烧结性能越强。所谓黏结炭,是指沥青试样在 800 ℃时煅烧 3 h,挥发分排出后以焦炭形式留下的那部分。可以肯定沥青的黏结性能与焦化值呈线性关系。

2.沥青中游离碳含量对焦化值的影响

众所周知,游离碳的焦化值为 90% ~95%,游离碳结焦时,升温速度对焦炭残渣值没有影响。随着沥青中游离碳含量的增加,沥青的焦化值(产焦率)也随着增加。但是,随着沥青中游离碳含量的增加而引起焦化值逐步达到某一最佳值。当高于最佳值时,再增加游离碳时焦化值不再增加。游离碳含量高于 35% 时,焦化值稳定于 46%。

3.沥青中游离碳的最佳含量

沥青中游离碳应为 15% ~18%,黏结剂中 α_1 组分的最佳含量为 14% 左右,也有认为 α_1 组分含量为 18% 左右的沥青为最好(指沥青中不溶于喹啉部分)。可根据电极配方混合料的堆积孔隙来确定游离碳的最佳含量,如干料的堆积孔隙为 30%,则黏结剂沥青中游离碳最佳含量为 15% ~16%;如干料的堆积孔隙为 36%,则黏结剂沥青中含游离碳的含量应为 20%;而干料的堆积孔隙为 51%,则黏结剂沥青中游离碳含量不少于 35%。但是,当今世界上所有的电极工业都采用含 25% ~30% 游离碳的沥青进行生产。

电极的比电阻随着 α_1 组分含量的增加而升高，α_1 组分含量每增加 1%，可使电极比电阻增加约 1 $\Omega \cdot mm^2/m$。众所周知，电极的比电阻增加 1 Ω，可使每吨钢消耗电极增长 1%。

因此，沥青中游离碳的最佳含量应与最终产品的用途有关。如对于高机械强度的制品，其黏结剂可采用游离碳含量高的沥青，可大于 30%，而对于炼钢电极，游离碳含量应很低，特别是 α_1-组分应该很低。

4. 沥青中的游离碳的烧结性能与增强性能

前面讲到游离碳没有黏结性，但后来的研究发现，焙烧过程中游离碳颗粒彼此互相接触焦化，由此形成了焦炭网格，使试样具有强度。因而，焙烧加热时，游离碳经过可塑状态阶段，并参与生成焦炭网格。当进一步将游离碳中的煤粉除去，研究时发现剩下的部分在加热时既不会溶化，也不会烧结。这就是说，游离碳的烧结作用是游离碳中的煤粉。因此，对于沥青的甲苯不溶部分（游离碳）应看作是由下面物质组成的复杂混合物。

①由碳氢化合物在焦炉中热解及处理煤焦油时生成的"游离碳本身"。

②往焦炉中装入煤料时带入的煤粉，这种煤粉没有经过高温处理。

③焦化过程中被煤气带入的焦粉。

另外，游离碳的高分散性，能提高沥青中可溶部分的产焦率，这在间接上促使强度的提高。总之，游离碳的最重要功能就是提高制品的强度。

在焙烧中，黏结剂沥青与骨料颗粒间形成黏结剂焦炭层，使固体炭材料颗粒烧结，这层黏结剂焦炭同颗粒表面连接的强度，由颗粒之间焦层的强度和这种物质对颗粒表面的黏附强度而定。

虽然不溶物质不能引起烧结，不能形成均匀而牢固的焦化层，但是，不溶物质在熔体中均匀分散并同它形成均匀胶体系的条件下，参与形成焦炭的黏结层。这种不溶物质可以是游离碳，也可以是炭黑或分散的细粉炭材料。在这种情况下，它们的参与不是没有作用的，而在一定含量的范围内使烧结强度提高。

煤沥青吸附强化表现非常剧烈，它的强化作用随着骨料分散程度的提高而增强。这种强化只有在黏结剂浸润和均匀分布在骨料颗粒表面上时才有可能。为此，在生产中黏结剂应加热溶化或在液体中溶解。如果只有一部分转变为液体，则其余部分应具有相当高的分散性及在整个体积中均匀分布，不溶部分（游离碳）的材料也要均匀分散在液体中，这一点很重要。

5.游离碳对焙烧制品性能的影响

游离碳对制品性能的影响很大,游离碳对焙烧制品性能的变化关系如图 7.15 所示。机械强度随着黏结剂中游离碳含量的增加而急剧提高,但导电性相应下降(电阻率提高)。其原因不单纯是由于游离碳形成的焦炭比电阻高和它的含量增加。同时,收缩现象对制品性能也有很大影响,由图可见,随着黏结剂中游离碳含量的增加,制品收缩减小。结果是制品体积密度比较低,制品形成较多的孔隙,因而导电性下降。由于收缩减小,因而减少了焙烧的开裂。此外,游离碳形成的焦炭很难石墨化,使制品比电阻升高。

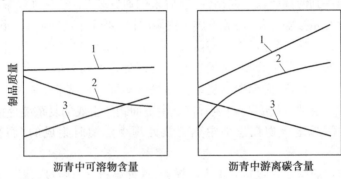

图 7.15　黏结剂中游离碳与可溶物含量对焙烧制品性能的影响
1—机械强度;2—比电阻;3—收缩

在某一范围内游离碳是有益的,它是增加沥青可溶部分产焦率的先决条件。但游离碳超过一定的范围,又会带来不利因素。

7.5.2　煤沥青中甲苯可溶部分对焙烧的影响

沥青中的甲苯可溶部分可分为石油质(γ-组分)和沥青质两部分。

1.γ-组分

γ-组分没有烧结性(或作用很小),但它能使沥青具有流动性,并使沥青的软化点降低,促进沥青对干混合料的浸润,并是沥青中其他一些物质的溶剂。在混捏时,能促进混合料中组分均匀分布,是黏结剂的黏结性和烧结性的载体。γ-组分可起沥青质的溶剂作用,能降低沥青质的熔点,能改善沥青的塑性,对成形有利。但 γ-组分在焙烧中则是有害的,因为它沸点低(300 ℃),能使挥发物增加。

制品在焙烧中沥青产焦率为 60% ~ 65%,α-组分焦化时产焦率为 85% ~ 95%;β-组分焦化时产焦率为 50% ~ 60%;γ-组分的产焦率约为 52%(计算值),它接近沥青质组分的产焦率。由此可以肯定,在工业焙烧炉中,沥青中的 γ-组分是形成焦炭时的供料介质,可使沥青产焦率大大提高(纯沥青的焦化值约为60%)。随着黏结剂中 γ-组分含量的增加,制品在焙烧时的体积收缩急剧增大,体积密度和机械强度及电导率都随之提高。当黏结剂中的 γ-组分含量减少时,焙烧制品体积收缩减小,因而导致制品体积密度降低,制品质量变坏。这实际上是挥发物数量减少了,但质量不是提高,而是出现相反的现象——质量变坏。由此可知,γ-组分不仅在混捏成形时需要,而且在焙烧时也需要。

2. 沥青质(β-组分)

一般认为沥青质是沥青中最宝贵的部分,它的焦化值越大,烧结性能越好。黏结剂沥青中沥青质含量增加,制品的电导率和强度等性能都提高。

由沥青质得到的焦炭具有与石油焦结构相似的粗纤维结构,它的石墨化程度良好。但有研究者发现,单一沥青质生成的焦炭比混有 γ-组分生成的焦炭的石墨化程度差。

对于炭素生产用黏结剂沥青,其沥青质含量高才是最好的黏结剂。在炭素生产中采用的任何黏结剂,其主要组成都是它的可溶部分,因为它们本身就决定黏结剂的塑性和烧结性能。

7.6 焙烧废品分析

焙烧出现的废品类型有裂纹(内外裂及分层)、弯曲与变形、空头、氧化、杂质等。

7.6.1 裂纹

1. 裂纹的形状和分布

根据毛坯中裂纹的形状和分布能够分析其形成的原因,因为裂纹的形成可能与毛坯的形状、毛坯成形时形成的内部结构及其在焙烧炉室内的位置有关。

裂纹可分为外部裂纹和内部裂纹,还包括分层。外部裂纹出现在制品和毛坯表面,并延伸到制品和毛坯内部,它们往往是在毛坯的成形和焙烧温度的急剧变化或受外力作用下形成的。外部裂纹可分为敞开型和封闭型两种。敞开型裂纹的形成与塑性变形有关,而封闭型裂纹与弹性变形有关。

内部裂纹通常不露在毛坯表面。大型热压制品(挤压成形)经常出现很多内部裂纹,制品的外部裂纹在正常生产中很少出现。内部裂纹通常是单独的,有时呈树枝状的或由许多平行的细小裂纹构成束状裂纹。脆性材料的裂纹特点是单独的。塑性材料的裂纹特点是束状裂纹,有时称其为"层状裂纹",并容易与成形时形成的层状裂纹相混淆。

一些毛坯上的裂纹从外表上看是各种各样的。如果从同样毛坯中取大量试样进行比较,则可发现裂纹分布的规律性,这是与裂纹形成的原因有关系。在焙烧时发现位于炉室壁处的毛坯容易出现裂纹,位于炉室壁较远处的同一批毛坯几乎没有出现开裂,因此人们采用屏蔽方法进行焙烧。重要用途产品毛坯放置在炉中间,小型制品毛坯放在靠近炉壁,或将毛坯装入坩埚。有时裂纹的分布取决于毛坯的形状,如方形毛坯的棱角处,杯形毛坯内孔底角处,由于容易造成应力集中而开裂,圆筒形毛坯易出现管状裂纹。

含有大量鳞片石墨的或成形压力过高的冷压坯,在焙烧时易开裂。在这种情况下裂纹的分布是平行于成形时鳞片石墨的取向的(即弹性后效形成)。毛坯压制得越致密,焙烧时越易开裂。

焙烧采用大颗粒填充料时,有时在毛坯与大颗粒接触处周围产生收缩性裂纹。

2. 焙烧时形成裂纹的原因

产品开裂的主要原因是由于收缩不均匀引起的,但对产生收缩不均匀的原因看法不一致。其实,焙烧开裂情况比较复杂,首先应该从焙烧本身(如加热、挥发物逸出)进行分析,同时也应从成形时形成的毛坯结构中去寻找原因,甚至还应从原料、煅烧、配方及混捏中进行分析。有资料(见表7.18)认为,裂纹是在 $200 \sim 300$ ℃产生的,它与一般认为毛坯裂纹是在最大收缩温度区(即 $400 \sim 500$ ℃)产生的论点不同,值得重视与研究。

表 7.18 毛坯在焙烧炉室内加热后的性能变化

温度 /℃	加热持续时间 /h	失重 /%	密度/(g·cm^{-3})		体积收缩 /%	开裂废品率 /%
			加热前	加热后		
133	69	没有	1.401	1.452	3.41	没有
210	114	没有	1.400	1.476	5.15	33
300	151	0.9	1.409	1.469	5.05	100
410	209	3.96	1.402	1.427	5.65	100
600	309	6.08	1.387	1.432	9.01	100

注:毛坯是由含30%黏结剂的沥青焦粉,单位压力为320 kg/cm^{2}压制成的

200~300 ℃时,毛坯实际上处于软化状态,承受断裂应力弱,在这个温度区内黏结剂的明显蒸发和热解尚未出现。因此,在毛坯内的挥发物压力不会影响破裂。但收缩达到5%,当对制品继续加热到400 ℃时挥发物大量蒸发,其收缩量增加的甚微。

毛坯表面层的收缩小于内部收缩。毛坯表层难以收缩的原因是与黏结剂的氧化有关系。因为通常认为焦炭填充料能防止毛坯氧化,但没有注意到,只是在高于400 ℃时才可能防止氧化(此温度下填料本身开始氧化)。

在各种条件下采用人工形成氧化或排除氧化作用,如将毛坯装在密封的铁坩埚内焙烧,毛坯没有产生裂纹及形成致密硬壳。如果往坩埚内通入空气,则毛坯会像放置在炉室壁附近处一样产生裂纹和形成硬壳。如用不含氧的气体(如氮气)代替空气通入坩埚内,则毛坯不会产生裂纹。

根据生产经验,证实位于炉室中间的焙烧毛坯的平均密度高,内外密度差不超过 0.05 g/cm³,而烧损小(2.5%),收缩也较小。此外,毛坯表层密度比其内部高 0.1~0.2 g/cm³,这也是导致毛坯破裂的原因之一。至于炉壁处毛坯裂纹废品多,那是因为炉壁处的毛坯内黏结剂氧化剧烈的结果。

黏结剂沥青约在200 ℃时开始氧化,并促使其开始缩聚,因而其分子结构密度增高。氧化导致沥青的黏度及其析焦率增高,后者表明靠近炉室壁处的加热毛坯表层挥发物的逸出速度的降低较毛坯内部快(见表7.19)。在200~300 ℃时,靠近炉室壁处氧气浓度最高,这是在加热时形成的蒸汽及各种气体,将空气从由炉室内部挤出,空气沿炉壁气孔进入到烟道中,由负压的作用排出,因此,位于炉壁处的毛坯内黏结剂的氧化最剧烈。

表 7.19　炉壁处毛坯的不同部位挥发物的逸出情况

温度/℃	挥发物的逸出/%		
	朝着炉室壁的毛坯表面	毛坯中部	背着炉室壁的毛坯表面
0		14.7~15.1	
132	14.6	14.8	14.6
200	11.4	12.8	12.0
230	9.2	10.8	9.7
300	6.5	10.6	7.7
410	3.0	2.9	3.3

根据上述情况,裂纹形成的机理是在开始加热黏结剂处于液流状态时,受表面张力的作用,黏结剂重新分布到毛坯的气孔中,伴随这一过程产生了收缩。如果这时毛坯表层发生氧化,沥青黏度增大,从而阻碍收缩,并使液流状态的黏结剂由毛坯内部沿毛细管向毛坯表层移动,导致毛坯表层形成致密的硬壳,其硬壳的收缩小于毛坯内部。

冷压大型毛坯形成裂纹的主要原因是由于黏结剂的氧化导致不均衡的收缩。对于热压毛坯来说,这种因素也是同样存在的,但不是主要的。因此需要探讨导致形成裂纹的其他因素,例如讨论挥发物质气体压力的作用,需要研究挥发物由焙烧坯块中逸出的条件。如果在毛坯气孔表面形成的挥发物,显然在毛坯内不能形成大的压力,因为易于排出。但是毛坯内黏结剂产生挥发物质,如果这种材料有足够的黏滞性,那么挥发物不能很快由毛坯内逸出,而且开始形成气泡,随着气泡逐渐增大引起材料膨胀。这就解释为什么在焙烧时制品处于软化状态时体积增大的原因,在 350 ℃ 左右体积膨胀达到最大。沥青 - 焦炭组分毛坯在焙烧温度高于 400 ℃ 时,体积开始缩小,这说明材料的黏滞性降低,其透气性增高。

在生产中含油量多时,有时是由于挥发物的压力产生裂纹。这是在生坯块表面形成相当硬的脆性外壳,而其内部仍处于半液体状时发生的气泡膨胀导致材料开裂。但是,根据现有的资料还不能肯定,是温度高于 350 ℃ 时形成挥发物的压力使毛坯开裂,还是在较低的温度下由于膨胀导致的毛坯开裂。

关于填充料的影响还缺乏系统的资料,可以认为,填充料的透气性不应该太大,因为在这种情况下它会更好地阻止毛坯氧化与挥发物的逸出。

在粒状填料与毛坯表面接触而形成凸起,在凸起处将产生许多小裂纹。这是因为颗粒与毛坯接触处由于较激烈的传热比邻近的其他处硬结早,而其他相邻处的材料仍在继续收缩,从而产生凸起与裂纹。

在防止冷压制品氧化的各种条件下进行焙烧。焙烧后毛坯均没有裂纹,上端如果不采取防氧化措施,毛坯的表面布满裂纹,由此可见填充料的防护作用可阻止挥发物的逸出。

毛坯成形对裂纹形成的影响:

①采用热料挤压大型毛坯产生的裂纹,在焙烧时容易闭合和烧结。因此无疑地在加热时毛坯的急剧软化和收缩有利于消除成形时形成的裂纹,热挤压制品的大量裂纹是在焙烧时形成的。大量的外部裂纹未被烧结消除掉,可能与表面氧化有关。

②冷压毛坯成形产生的裂纹不能通过焙烧消除。主要是与毛坯材料密度有关系,随着毛坯的密度增高,焙烧时毛坯的开裂废品率明显增高,毛坯密度高于 1.6 g/cm³,给焙烧带来更大的难度。

当单位压力小于 100 MPa 时,毛坯的密度与这个参数有着密切关系,尽管将压力调整到了最佳值,若不考虑焙烧条件的因素是行不通的。大型毛坯的单位压力最好为 120 ~ 150 MPa。焙烧后毛坯的气孔率为 18% ~ 20%,当单位压力高于 150 MPa 的毛坯,在焙烧和石墨化后,其密度增高甚微,而开裂废品率明显增高。只有采用超细粉压制毛坯(例如高强高密材料、抗磨材料),才值得使用高于 150 MPa 的单位压力。

收缩的绝对值对裂纹的形成没有直接影响,将粉末自由地装到硬盒中(不加压)制成坯块进行焙烧的试验,体积收缩达到 33%,但没有导致开裂。如果坯块未采取防氧化措施,单位压力为 220 MPa 毛坯的收缩率仅为 6%,而裂纹却很多。裂纹的形成与材料的耐热性有关系,材料的耐热性是随着毛坯密度增高而降低。

此外,压坯的密度不均,也易造成焙烧开裂。

综上所述,造成裂纹的原因有:

①原料煅烧程度不足,在焙烧过程中焦炭颗粒强烈收缩引起的裂纹一般是从一点向几个方向扩展的裂纹,而且在同一根(块)产品上,裂纹也比较多。

②产品装炉时距炉墙太近,产品靠炉墙一侧局部升温过快,在这一侧容易产生裂纹。

③整个炉温上升过快,毛坯内外温差大,表面层的收缩与制品内部的收缩不一致而造成裂纹。

④炉室内温度梯度过大,造成制品不同部位温度梯度过大而造成裂纹。

⑤降温时冷却速度过快或热制品出炉时置于潮湿而冷硬的地面上也会造成裂纹。

⑥有些裂纹的产生与混捏质量及成形操作有关。如黏结剂用量过少,粉状颗粒料过多,混捏不均匀,压形时两批料交接处等都可能产生裂纹。

⑦冷压制品成形压力太大,易形成层裂。

⑧挤压制品,当挤压比过大,制品生坯被快速挤出,易产生分层。

⑨装炉、出炉及吊运过程中因碰撞而产生裂纹或碰坏。

7.6.2　弯曲与变形的原因

①沥青用量过大。焙烧时低温阶段生坯软化时升温速度太慢而引起变形。

②成形后生制品冷却不够,或堆放得不平稳,制品在装炉前已经弯曲或变形。

③装炉时生制品不垂直,斜歪,四周填充料不均匀。

④装炉时,炉箱内温度过高,装入制品后又未及时用填充料埋上。

⑤装炉时生坯间距太小,中间没有填充料,甚至两块制品互相靠住粘在一起。

⑥炉底局部漏料引起局部软化变形。

7.6.3　空头与氧化

1. 空头

空头是制品一头结构疏松,甚至出现蜂窝及空洞。造成的原因是配料黏结剂用量过多。焙烧过程中黏结剂溶化后因自重下沉现象,而制品上部产生空头。

2. 氧化

氧化是因为制品局部暴露于填充料处与火焰接触而造成的,其原因有:

①顶部覆盖填充料太薄。

②填充料不密实,局部下沉造成顶层料也下沉,产品露出。

③出炉温度高于空气中氧化。

④炉室壁裂缝,空气由裂缝进入,靠近裂缝处制品氧化。

⑤填充料太湿,升温时引起收缩造成局部填充料塌落,使产品部分暴露。

第8章　炭石墨材料的密实化工艺

炭石墨材料是一种多孔性材料,大量气孔的存在必然会对制品的理化性能产生一定的影响。密实化工艺,是以不同形式的炭物质,或金属与合金或其他非金属物质,填满炭石墨材料的气孔或涂层表面。

密实工艺的目的,主要是为了提高制品的密度、强度、电导率、热导率、耐腐蚀性和耐磨性等,有时,也为了保证制品对气体与液体不渗透。但是,密实是有限度的,不可能要求密实制品的全部气孔,而只能密实到一定程度或制品深度不大的一层,或沉积于石墨零件表面。其覆盖层能明显改变零件性能,因为沉积的炭层成了零件的工作面。

密实化可包括浸渍与表面处理,浸渍又可分为液相浸渍与气相浸渍,对于液相浸渍,又可根据浸渍剂或浸渍目的不同分为:浸沥青、浸入造树脂、浸油脂、浸金属与合金、浸无机化合物及其他浸渍剂和特种用途浸渍。对于表面处理可分为表面涂层和表面热解炭沉积(也可称为气相浸渍)。

8.1　浸　　渍

8.1.1　浸渍的定义与目的

浸渍是将制品置于高压釜内,在一定温度和压力下,使液体浸渍剂透到制品的气孔中,从而改善制品的某些理化性能的一种物理化学过程。它是炭和石墨生产中一个辅助加工工序。

目前工业条件下使用的各种浸渍方法是先将制品在预热炉中加热至规定温度,其目的在于:

①去除微孔中吸附的气体。

②排除空隙中吸附的水分。

③制品本身的温度与浸渍剂的温度相匹配。

浸渍的目的,在于将熔融沥青等浸渍剂,充填到这种气孔以及骨料焦炭颗粒中原来存在的开口气孔里,经过二次焙烧,使气孔率或开口气孔率减少,同时,提高了坯料的密度、强度、弹性模量、线胀系数,或者可提高耐腐蚀性与耐磨性,降低气液渗透性,提高导电性等。

　　所谓浸渍剂就是用于填充气孔的物质。浸渍剂的选择是很重要的,浸渍剂影响成品的化学稳定性、热稳定性、机械强度等性能。对浸渍剂应有如下基本要求:

　　①具有较高的化学稳定性。

　　②具有易于浸入炭石墨材料微孔的流动性。

　　③具有良好的吸附性及浸后的良好不透气性。

　　④能最大限度地提高材料的机械强度。

　　浸渍处理后将使密度增加,表 8.1 是某石墨制品用煤沥青浸渍前后,制品气孔率的变化。由表 8.1 可见,未经浸渍时,气孔率为 31.24%,经一次浸渍后降为 23.52%,二次浸渍后降为 18.00%,气孔率下降了 43%;体积密度由 1.53 g/cm³ 提高到 1.79 g/cm³。图 8.1 为两种制品(一种为粗颗粒原料,另一种为细颗粒原料)经一次浸渍后气孔分布的变化。由图 8.1 可见,两种制品浸渍前气孔体积分布主要集中在半径为 2.5 ~ 5.0 μm 的气孔处,而浸渍后气孔为 2.5 ~ 5.0 μm 的气孔明显减少,而半径为 0 ~ 2.0 μm 的气孔体积百分数增加。说明浸渍只对半径大于 2.5 μm 的气孔有效。

表 8.1　浸渍后制品气孔的变化

指　　标	未经浸渍	经一次浸渍	经二次浸渍
体积密度/(g·cm⁻²)	1.53	1.68	1.79
气孔平均半径/μm	5.26	3.74	4.53
气孔率/%	31.24	23.52	18.00
理论气孔率/%	32.41	25.66	20.57
未填满气孔率/%	1.17	2.16	2.57

　　如上所述,通常对焙烧品进行浸渍,有时可根据情况将浸渍附加在最后一道工序(加工前或加工后)上。这时,可按使用目的采用合成树脂、金属和合金、无机物质或有机物质以及油脂等各种各样的浸渍剂。除了上述目的外,浸渍还可提高不透气性以及耐磨性、耐腐蚀性、耐氧化性和滑动性能等。

　　加压浸渍剂可提高浸渍效率,加压的压力通常为 0.7 ~ 1.5 MPa,使用金属等特殊浸渍剂时,要采用更高的压力。浸渍温度根据浸渍剂的种类选定,沥青的浸渍温度一般为 150 ~ 200 ℃。浸渍主要是以液相方式进行的,也有以气相方式进行的。

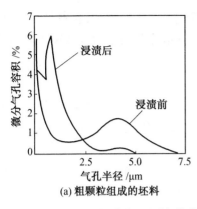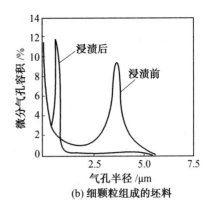

图 8.1 浸渍处理(重新焙烧后)引起的孔径分布的变化

8.1.2 浸渍的分类

1. 液相浸渍

被浸坯料在浸渍前必须进行充分的干燥(或加热)和减压脱气处理。浸渍能填充的气孔的尺寸取决于浸渍剂的黏度及其对坯料的润湿(接触角)特性。浸渍处理后,浸渍制品大多通过热处理、化学处理或冷却处理,使浸渍剂炭化或进行固化。目前主要使用的主要浸渍剂有以下几种。

(1)炭素质材料。

炭素质材料大多采用沥青,不过,为了控制填孔率,往往将焦油或沥青与焦油、杂酚油或范等低炭化率和低黏度的炭素质材料混合使用。它们在浸渍后都是通过热处理(二次焙烧)进行炭化的,所以进入气孔中的残留物质只是炭。因此,即使存在上述的结晶度等差异,也全是由炭构成的材料,这同下述的其他浸渍剂的情况不相同。

(2)合成树脂。

通常把初期缩合物或单体浸渍到制品基体中,浸渍后,通过热处理或固化剂的作用,浸渍剂在气孔中完成聚缩作用。浸渍的目的除不透气化(不透性石墨的制造)外,主要是提高耐腐蚀性、耐磨性和强度。在像聚四氟乙烯那样没有适当溶剂的情况下,有时也以悬浮液的状态进行浸渍。

(3)油脂。

油脂大多可以采用亚麻仁油和桐油等干性油。以前,在隔膜法电解氯化钾用阳极中,一直使用浸油脂,它在防止电解中阳极气孔内的 SO_4^{2-} 放电引起的氧化消耗方面有明显的效果。为了同样的目的,有时采用经氯化处理的鱼油等浸渍,并在浸渍后用浓硫酸进行固化的方法。

油脂类物质一般具有疏水性,为了防止溶液的渗透,它被经常采用(电解板的导电棒、集电用滑块等)。有时石蜡等非油脂物也被用于同样的目的。

(4)金属。

主要采用巴氏合金等熔点较低的合金以及铜和铝等金属,根据石墨材料的使用条件的不同,浸渍用金属与合金有铅、铜、锌、银及锡、锑、铝等为主的合金。它大多用于无轨电车滑块、电触头和电刷等电气零件。

作为一个特殊的例子,电解氟用阳极可采用浸铜炭质电极。由于金属一般黏度高且对炭的润湿性差,所以浸渍时需要高压(通常为 2.0 ~ 7.0 MPa)和使被浸金属保持低黏度、液态状、高温,所以,浸渍设备也必须特别考虑

(5)无机化合物及其他浸渍剂。

无机化合物主要以水溶液的形式使用,有时也以悬浮液的形式使用,主要应用有:以提高耐氧化性为目的的磷酸盐或氧化铝的浸渍,以增强水银法电解氯化钾的解汞能力为目的的铁盐或钼盐的浸渍,以防止航空(飞机用)电刷异常磨损为目的的金属卤化物的浸渍,等等。

还有用各种润滑剂浸渍,其主要目的是为减少电刷摩擦,以达到减振和降低电耗与磨损的目的,也可作为润滑物质。此种浸渍法,可在极大程度上提高电刷在真空的使用效果。例如,硬脂酸铅、有机润滑剂、石蜡与精制地蜡的混合物等。

另外,为了赋予不透气性和耐腐蚀性,有时也进行水玻璃的浸渍。浸渍无机盐类时,浸渍后大多进行热处理,不过,处理温度及其热处理条件由浸渍剂的种类和材料的使用目的来决定。

2. 气相浸渍

气相浸渍法也称为 CVD(chemical vapour deposition)法。例如,使碳氢化合物在炭素材料的气孔中热分解且析出炭时,可获得浸渍炭的炭素材料。以碳纤维为基体,用这种方法在此基体上气相热分解炭,所得的材料是一种碳-碳复合材料。

用羰基金属或金属卤化物作为浸渍气体,使该气体在气孔中分解时,气孔被各种金属及其碳化物所填充。在制造的过程中,由于有选择地在气孔中进行浸渍剂的分解,所以往往预先在气孔中附着催化剂。气相浸渍的条件控制是十分微妙的,它的特点是,如果选择适宜的条件,那么可以浸渍到比液相浸渍更小的微细气孔里。

8.1.3 浸渍效果评价

浸渍效果的好坏可以从测定浸渍后的增重大小来判断,增重率的测定是根据称量浸渍前后的产品质量再按下式计算出来的。

$$增重 = \frac{w_2 - w_1}{w_1} \times 100\% \qquad (8.1)$$

式中,w_1 为浸渍前产品质量,kg;w_2 为浸渍后产品质量,kg。

另一种判断浸渍效果的方法,是测定浸渍的填孔率,即浸渍剂进入气孔所占据的体积与开口气孔之比。填孔率可按下式计算:

$$填孔率 = \frac{浸渍增重率}{浸渍比重 \times 开口孔率} \times 100\% \qquad (8.2)$$

8.2 浸渍原理

8.2.1 接触角与表面张力

1. 接触角

当液滴自由地处于不受力场影响的空间时,由于界面张力的存在而呈圆球状。但是,当液滴与固体平面接触时,其最终形状取决于液滴内部的内聚力和液滴与固体间的黏附力的相对大小。当一液滴放置在固体平面上时,液滴能自动地在固体表面铺展开来,或以与固体表面成一定接触角的液滴存在,如图8.2所示。

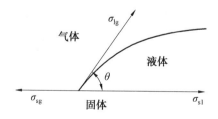

图 8.2 接触角

假定不同的界面间力可用作用在界面方向的界面张力来表示,则当液滴在固体平面上处于平衡位置时,这些界面张力在水平方向上的分力之和应等于零,即

$$\sigma_{sg} = \sigma_{sl} + \sigma_{lg}\cos\theta \qquad (8.3)$$

式中,σ_{sg}、σ_{lg}、σ_{sl} 分别为固 – 气、液 – 气和固 – 液界面张力;θ 为液体与固体间的界面和液体表面的切线所夹(包含)液体的角度,称为接触角,θ 在 90° ~ 180° 之间,接触角是反应物质与液体润湿性关系的重要尺度,$\theta = 90°$ 可作为润湿与不润湿的界限,$\theta < 90°$ 时可润湿,$\theta > 90°$ 时不润湿。

2. 润湿

润湿的热力学定义是,若固体与液体接触后体系(固体和液体)的自由能 G 降低,称为润湿。自由能降低的多少称为润湿度,用 W_{sl} 来表示。润湿分为三类:黏附润湿、铺展润湿和浸湿,如图 8.3 所示。

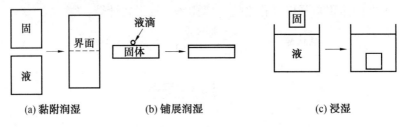

(a) 黏附润湿   (b) 铺展润湿   (c) 浸湿

图 8.3　三类润湿

(1) 黏附润湿

如果原有的 1 m² 固体表面和 1 m² 液体表面消失,形成 1 m² 固 – 液界面,则此过程的 W_{sl}^g 为

$$W_{sl}^g = \sigma_{sg} + \sigma_{lg} - \sigma_{sl} \qquad (8.4)$$

(2) 铺展润湿

当一液滴在 1 m² 固体表面上铺展时,原有的 1 m² 固体表面和一液滴(面积可忽略不计)均消失,形成 1 m² 液体表面和 1 m² 固 – 液界面,则此过程的 W_{sl}^s 为

$$W_{sl}^s = \sigma_{sg} + \sigma_{lg} - \sigma_{sl} \qquad (8.5)$$

(3) 浸湿

当 1 m² 固体表面浸入液体中时,原有的 1 m² 固体表面消失,形成 1 m² 固 – 液界面,则此过程的 W_{sl}^l 为

$$W_{sl}^l = \sigma_{sg} - \sigma_{sl} \qquad (8.6)$$

对上述三类润湿,σ_{sg} 和 σ_{sl} 无法测定,如何求 W_{sl},分别介绍如下:

① 黏附润湿。将式(8.3)代入式(8.4),可得

$$W_{sl}^s = \sigma_{lg}(1 + \cos \theta) \qquad (8.7)$$

因液体表面张力 σ_{lg} 为已知,故只需测定接触角 θ 即可求出 W_{sl}^g。

② 铺展润湿。将式(8.3)代入式(8.5),可得

$$W_{sl}^s = \sigma_{lg}(\cos\theta - 1)$$

因 $\cos\theta < 1$，故 $W_{sl}^s \leqslant 0$。但 W_{sl}^s 是自由能降低，结果表示可以有一个自由能增加或不变的自发过程，这显然违反热力学第二定律。错误在于误用了式（8.3），此式只适用于平衡态。若液滴自动铺展以完全盖住固体表面，这就表示液滴与固体表面不成平衡态，所以不能将式（8.3）代入式（8.5）中。这里应该指出，不能将铺展润湿认为 $\theta = 0°$，而在此情况下根本没有接触角。$\theta = 0°$ 的正确理解应是有一个角，恰好等于 $0°$。

设有固体与压力逐渐增加的蒸气接触以吸附此蒸气，当压力达到饱和蒸气压 P_0 时，固体表面上即有一层极薄的液体。由 Gibbs 吸附原理知，表面自由能降低为 $RT\int_0^{P_0}\Gamma\mathrm{d}\ln p$。因此

$$W_{sl}^s = \sigma_{sg} + \sigma_{lg} - \sigma_{sl} = RT\int_0^{P_0}\Gamma\mathrm{d}\ln p \tag{8.8}$$

③ 浸湿。将式（8.6）中的 σ_{lg} 去掉，即得 W_{sl}^l，即

$$W_{sl}^s = \sigma_{sg} - \sigma_{sl} = RT\int_0^{P_0}\Gamma\mathrm{d}\ln p \tag{8.9}$$

由式（8.7）可知，当 $\theta = 0°$ 时，$\cos\theta = 1$，$W_{sl}^g = 2\sigma_{lg}$，自由能降低为最大，则认为固体完全被液体润湿；当 $\theta = 180°$ 时，$\cos\theta = -1$，$W_{sl}^g = 0$，自由能降低为 0，则固体完全不被液体润湿，即完全不润湿。这种情况是理想的，因为液体与固体之间多少有一些相互吸引力存在。

3. 接触角的测定

对理想平的固体表面，当液滴在表面达到平衡后，只有一个符合 Young 方程的接触角。但实际固体表面是非理想的，因而会出现滞后现象，致使接触角的测量往往很难重复。但经过精心制备和处理的表面，有可能得到较重复的数据，特别是高分子的表面。表面的制备和处理的目的是要得到较光滑、干净、理想表面，但具体的手续因样品而异，这里不作更多的介绍。这里主要介绍一些常用的接触角测定方法，它们都是针对气 - 液 - 固体系的接触角而设计的。但其中有些方法，只需略加修改，亦适用于液 - 液 - 固体系接触角的测定。

（1）量角法。

液滴角度测量法是测量接触角的最常用的方法之一，如图 8.4 所示。该方法是将固体表面上的液滴，或将浸入液体中的固体表面上形成的气泡投影到屏幕上，然后直接测量切线与相界面的夹角，直接测量接触角的大

小。

如果液体蒸气在固体表面发生吸附,影响固体的表面自由能,则应把样品放入带有观察窗的密封箱中,待体系达平衡后再进行测定。此法的优点是:样品用量少,仪器简单,测量方便。准确度一般在 ±1° 左右。

(2) 量高法。

如果液滴很小,重力作用引起液滴的变形可以忽略不计,这时的躺滴可认为是球形的一部分,如图 8.5 所示。接触角可通过高度的测量按下式计算:

$$\tan \frac{\theta}{2} = \frac{2h}{d} \tag{8.10}$$

式中,h 是液滴高度;d 是滴底的直径。

若液滴体积小于 10^{-4} mL,此方法可用。若接触角小于 90°,则液滴稍大亦可应用。

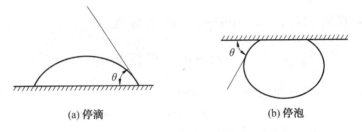

(a) 停滴　　　　　　　　　(b) 停泡

图 8.4　量角法示意图

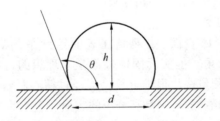

图 8.5　量高法示意图

液滴在纤维上的接触角也可用量角法测量,把纤维水平拉直。置于样品槽内,然后投影到电脑屏幕,直接测定液滴与纤维表面的夹角。如果液滴很小,接触角也可用量高法测量,通过式(8.8)来计算。

实际固体表面几乎都是非理想的,或大或小总是会出现接触角滞后现象,因此,需同时测定前进角和后退角。对于躺滴法,可用增减液滴体积的办法来测定。增加液滴体积时测出的是前进角,如图 8.6(a) 所示;减少液滴体积时为后退角,如图8.6(b)所示。

　　为了避免增减液滴体积时可能引起液滴振动和变形,在测定时可将改变液滴体积的毛细管尖端插入液滴中,尖端插入液滴不影响接触角的数值。

　　决定和影响润湿作用和接触角的因素很多。例如,固体和液体的性质及杂质、添加物的影响,固体表面的粗糙程度、不均匀性的影响,表面污染等。对于一定的固体表面,在液体液相中加入表面活性物质常可改善润湿性质,并且随着液体和固体表面接触时间的延长,接触角有逐渐变小趋于定值的趋势,这是由于表面活性物质在各界面上吸附的结果。

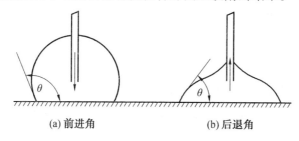

(a) 前进角　　　　　　　　　　(b) 后退角

图 8.6　前进角和后退角的测定方法

4. 表面张力的测定

　　利用悬滴法(图8.7)研究表(界)面张力的想法在19世纪末就提出来了,但第一个有实用价值的研究是1937年Andreas等人的工作,他们比较了用过的五种方法的优劣,提出用选面法确定悬滴外形参数的方法。令

$$S = \frac{d_s}{d_c} \tag{8.11}$$

$$H = -\beta \left(\frac{d_c}{b}\right)^2 \tag{8.12}$$

式中,d_c是悬滴外形的最大直径;d_s是与悬滴底部顶点的垂直距离等于d_c处的直径,如图8.7所示;β和b分别是Bashforth – Adams方程中的形状因子和大小因子。

　　表面张力的计算公式如下:

$$\sigma = \frac{(d_1 - d_v)gb^2}{\beta} = \frac{(d_1 - d_v)gd_c^2}{\beta} \tag{8.13}$$

式中,d_1和d_v分别为液相和气相密度。

　　因此,用投影法测出d_c和d_s以后,设法取得H值,即可计算出表面张力。Andreas等人发现$\frac{1}{H}$与S有对应关系。他们测定了各种形状和尺寸的

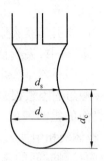

图 8.7   悬滴法示意图

电导水悬滴的 d_c 和 d_s，计算出 S 值。又根据电导水的表面张力（25 ℃，72 MN/m）按照式（8.11）算出 $\frac{1}{H}$ 值，做出 $\frac{1}{H} - S$ 数据表。这是第一个悬滴选面法参数表，是经验性的结果，准确度受他们所用电导水表面张力准确性的限制。后来，Banell 和 Nicederhouser 及 Fordham 各自独立地应用 Bashforth - Adams 方程数值解推算出理论的 $\frac{1}{H}$ 值和 S 值，给出 S 值从 0.670 到 1.002 间隔为 0.001 的 $\frac{1}{H} - S$ 表。两份表在整个范围内，直到小数第四位都完全相同，说明结果的准确性。后来，Stauffer 又从理论计算出 S 值从 0.3 到 0.66 的 $\frac{1}{H} - S$ 表，扩大了悬滴法的应用范围。

悬滴法具有完全平衡及便于研究液面老化等优点，数据处理比停滴法方便，此法关键在于保持悬滴稳定不变和防止振动，Ambwani 等人根据大量测定结果认为此法所得表面张力的相对误差在 0.15% 之内。

8.2.2   毛细管原理

浸渍工艺的本质是，将液态物质在一定的温度和压力下浸渗到制品的微孔中去，其基本原理就是毛细管原理。其主要影响因素有毛细管的孔径、气孔率、液体黏度、基体材料的平衡接触角（或称为润湿角）、液体压力以及制品的大小等。

一般讨论液体向具有毛细管结构的固体浸渗时，都是假定在恒温恒压下的自发过程，而且液体是牛顿流体。但是，炭素制品的浸渍则是在较高压力下（0.7 ~ 2 MPa）进行的，而且浸渍剂（沥青、人造树脂等）为非牛顿流体，故其与浸入量有关的各因素间的关系式就要稍加改变。

对于牛顿流体，由物理学中的扬格公式（Young's Forouloe）可知：

$$\cos \theta = \frac{\sigma_{sg} - \sigma_{sl}}{\sigma_{lg}} \qquad (8.14)$$

式中,θ 为液体与固体表面接触时,固 - 液 - 气三相间的平衡接触角;σ_{sl},σ_{lg},σ_{sg} 分别为固 - 液、液 - 气、固 - 气界面间的表面张力或比表面能($er g/cm^2$),脚标 s,l,g 分别表示固相、液相和气相。

在恒温恒压条件下,液体自动渗入固体毛细管中的条件是:

$$\gamma(\sigma_{sg} - \sigma_{sl}) = \sigma_{lg}\cos \theta' > 0 \qquad (8.15)$$

式中,γ 为固体表面的粗糙度,定义为固体的实际面积与几何表面积之比,它对平衡接触角有一定影响。因此,$\cos \theta' = \gamma\cos \theta$。

从式(8.15)可见,当 $\theta' > 90^0$,即 $\cos \theta' > 0$ 时,式(8.15)有效。

如图 8.8 所示,当 $\theta' < 90^0$ 时,毛细管内液体弯月面下有一附加压强 Δp 指向毛细管内,其大小为

$$\Delta p = \frac{2\sigma_{lg}}{R}$$

式中,R 为弯月面的曲率半径,由图 8.8 可知 $R = \frac{r}{\cos \theta'}$,$r$ 为毛细管半径,cm。

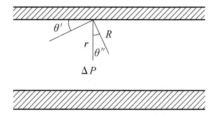

图 8.8   当 $\theta' < 0$ 时毛细管中的弯月面

代入上式得

$$\Delta p = \frac{2\sigma_{lg}\cos \theta'}{r} \qquad (8.16)$$

在附加压强 Δp 的作用下,液体渗入毛细管为层流流动,其速度由泊肃叶定律决定,当毛细管处于水平状态时,流速 v 为

$$v = \frac{r^2}{8\eta} \cdot \frac{\Delta p}{h_t} \qquad (8.17)$$

式中,η 为液体的黏度;h_t 为液体经 t 时间后渗入毛细管的深度,cm。

将式(8.16)代入式(8.17)得

$$v = \frac{r^2}{8\eta h_t} \cdot \frac{2\sigma_{\text{lg}}\cos\theta'}{r} = \frac{r\sigma_{\text{lg}}\cos\theta'}{4\eta h_t} \qquad (8.18)$$

将渗入毛细管深度对时间取导数,得

$$v = \frac{\text{d}h_t}{\text{d}_t} = \frac{r\sigma_{\text{lg}}\cos\theta'}{4\eta h_t}$$

所以

$$h_t\text{d}h_t = \frac{r\sigma\cos'\theta'}{4\eta}\text{d}t$$

将上式两边积分,得

$$\frac{1}{2}h_t{}^2 = \frac{r\sigma_{\text{lg}}\cos\theta'}{4\eta}t$$

$$h_t = \sqrt{\frac{r\sigma_{\text{lg}}\cos\theta'}{2\eta}} \cdot \sqrt{t} \qquad (8.19)$$

由此可知,液体自动进入毛细管的深度 h_t 与浸渗时间 $t(\text{s})$ 的平方根成正比。

式(8.19)只适用于牛顿流体,而非牛顿流体(如沥青、树脂),则其对剪应变的阻力与剪切速度有关,即流速越大,则液体内部的阻力亦越大,故上式应作必要的修正。

液体的浸渗量与外加压强和受浸物体的表面积成比例,同时与该物体的开口气孔率大小有关,故在单位时间内浸入液体的体积可表示为

$$V = S \cdot \sqrt{\frac{\varepsilon^2 r}{2}} \cdot \sqrt{\sigma_{\text{lg}}\cos\theta'/\eta}\sqrt{t} \qquad (8.20)$$

式中,V 为浸入液体的体积,cm^3;r 为气孔的平均直径,cm;S 为与浸入方向垂直的物体表面积,cm^2;σ_{lg} 为浸渍剂的表面能,J;ε 为开口气孔率,%。

式(8.20)中 $\sqrt{\frac{1}{2}\varepsilon^2 r} \cdot \sqrt{\sigma_{\text{lg}}\cos\theta'/\eta}$ 为浸渍系数,其中 $\varepsilon^2 r$ 是气孔因素,$\sigma_{\text{lg}}\cos\theta'/\eta$ 是浸渍剂因素。但这一公式中缺少压力的因素。在浸渍之前,真空度越高,浸入量越多,浸入量也与所施加气压压力成正比。

8.2.3　炭和石墨制品的总气孔率和开口孔率

炭和石墨制品的总气孔率可根据测得的试样真密度和体积密度计算,即

$$总气孔率 = \frac{d_{\text{u}} - d_{\text{k}}}{d_{\text{u}}} \times 100\% \qquad (8.21)$$

式中,d_u 为真密度,g/cm^3;d_k 为体积密度,g/cm^3。

总气孔率(一般简称为气孔率)中包括两种不同形式的气孔,一种是和外界大气相贯通的开口气孔,另一种是不和外界大气相贯通的闭口气孔。浸渍对闭口气孔是不起作用的。开口气孔的孔径大小差别极大,对石墨化电极类制品,一般气孔的孔径为 0.01 ~ 100 μm,其中,大于 1 μm 孔径约占开口气孔的 50% 以上,0.1 ~ 1.0 μm 孔径的占 10% ~ 25%,孔径为 0.01 ~ 0.1 μm 的占 10% ~ 20%,小于 0.01 μm 的一般在 10% 以下。对于细结构石墨的孔径,一般小于 1.0 μm,0.01 ~ 0.1 μm 的约占 50% ~ 60%。浸渍剂一般都是高分子材料,因此浸渍只能对较大孔径的开口气孔起渗透和填充作用,而对微小孔径的气孔则渗透不进去,因此为了得到满意的浸渍效果,必须对炭和石墨制品的开口气孔数量及不同孔径的开口气孔的比例进行测量和比较。要知道开口气孔的多少,必须先进行试样吸水率的测定。吸水率的测定是将定量的试样称重后,放入定量的蒸馏水中煮沸 3 h,冷却后取出试样。测定试样在蒸馏水中所占的体积大小。再将试样表面擦干后称重。开口气孔可根据上面测试结果计算,即

$$开口气孔率 = \frac{q_2 - q_1}{V} \times 100\% \qquad (8.22)$$

式中,q_1 为试样原质量,g;q_2 为吸水后试样质量,g;V 为试样在蒸馏水中所占体积,cm^3。

气孔的孔径分布可以用水银孔度计测定。

8.2.4　浸渍剂的物理性质对浸渍效果的影响

影响浸渍效果有两方面的因素:一方面是浸渍工艺条件(如温度、压力),另一方面是浸渍剂的物理性质,如密度、黏度、表面张力、浸渍剂对产品表面的接触角、浸渍剂中悬浮物的形状和大小、热处理后性质的变化、结焦残炭率。其中比较重要的是密度、黏度、结焦残炭率三项。

浸渍效果通常用增重来衡量。浸渍剂的密度对增重有直接的影响,为此,需要知道加热温度对密度的影响,因为有些树脂材料加热时体积膨胀,密度就有变化。

黏度是影响浸渍效果的主要因素。浸渍剂在一定温度下能够进入炭和石墨制品的气孔中,主要靠黏滞流动,因此使用低黏度的浸渍剂则比较容易渗透到较小的气孔中,所以达到同样的增重所需浸渍的压力及时间可适当减少。对于热塑性材料(如煤沥青),最常用的降低黏度的方法是提高加热温度。不同产地的煤沥青在低温加热时的黏度差别较大,但加热到

较高温度时黏度则接近一致。表8.2为某地所产沥青随温度变化的黏度值。

表8.2　不同温度下沥青黏度

沥青种类	不同温度下的黏度					
沥青Ⅸ	温度/℃	100	112	133	150	170
	黏度/P	1 133.4	207.7	48.7	4.8	1.6
沥青Ⅹ	温度/℃	103.8	112	133	150	167
	黏度/P	338.7	250.7	66.7	3.9	1.5

注:1 P(泊)= 10^{-1} Pa · s

在煤沥青中加入少量煤焦油或蒽油可以降低其黏度,增加流动性,特别是对气孔孔径较小的产品,浸渍效果要好一些。

焦化后的结焦残炭率(%)也是一个重要指标,对于以提高密度和强度为目的而进行浸渍的石墨化制品来讲,浸渍剂的结焦残炭率越高越好。软化点为65～75 ℃的煤沥青的结焦残炭率比较高(50%左右),所以用煤沥青浸渍最有利于提高密度和强度。为了降低煤沥青的软化点和黏度而加入的部分蒽油(煤焦油),要适量,过多的加入蒽油(或煤焦油)会降低焦化后的结焦残炭率。

用于生产不透性石墨的浸渍剂一般是各种有机树脂,通常是用热固性的有机树脂。热固性树脂在常温下是可流动的液体,加热到一定温度即固化。但有些树脂在常温下放置较长时间后也能固化。有机树脂对提高炭和石墨制品的不渗透性效果较好。用有机树脂浸渍后的产品固化温度只有100多度。一般情况下,产品使用温度不能超过固化温度,超过了会引起树脂进一步分解,破坏产品的不渗透性。

为了提高石墨化阳极使用寿命,一般用干性油或经过氯化处理的其他动物油及植物油浸渍,国内则以采用桐油和亚麻仁油浸渍为主。为了降低桐油或亚麻仁油的黏度,使之较易渗透到孔径较小的气孔中去,并使浸渍及固化后生成的油膜较薄,可以用松节油作为稀释剂进行稀释。松节油在固化时蒸发,并可回收。

8.3　浸渍工艺及其效果

由于浸渍目的和选择的浸渍剂不同,各种炭素制品的浸渍工艺也有差别,但其基本操作步骤是一致的。先将待浸渍制品在预热炉内加热至规定的温度,目的在于脱除吸附在制品微孔中的气体和水分,并使之与浸渍剂的加热温度相适应。预热后立即装入浸渍罐内,在保持一定温度下,抽真空以进一步除去气孔中的空气。达到一定的真空度后,加入浸渍剂。在加压情况下将浸渍剂强制浸入制品的气孔中去,维持加压一定时间后,取出被浸制品,或立即进行固化处理,以防止浸渍剂的反渗而流出。

常用的各种浸渍工艺条件见表8.3。

表8.3　各种浸渍工艺条件

浸渍剂	酚醛树脂	糠醇树脂	中温沥青	易熔合金	润滑剂	聚四氟乙烯
制品预处理	105 ℃烘干	在 8% ~ 25% 盐酸中浸 24 ~ 48 h			105 ℃烘干	105 ℃烘干
预热温度/℃	30 ~ 40	30 ~ 40	300	300	30 ~ 40	30 ~ 40
抽真空/MPa	>0.098 30 ~ 35 min	>0.098 60 min	>0.093 30 ~ 40 min	>0.1 60 min	>0.095 30 ~ 60 min	>0.1 60 min
输入浸渍剂	50%浓度树脂	中等黏度树脂	软化点65 ~ 70 ℃中温沥青	熔融金属	铝基或铅基润滑剂	60% 聚四氟乙烯乳液 + 5% ~ 6%X-10 乳化剂水液
加压/MPa	0.5 ~ 2.0 1 ~ 4 h	0.5 ~ 2.0 1 ~ 4 h	0.5 ~ 2.0 5 ~ 8 h	5.0 ~ 10.0 氩或氮中 5 ~ 10 min	0.5 ~ 2.0 1 h	0.5 ~ 2.0 2 h
后处理	5% NaOH 清洗	在 20%盐酸中浸24 h	冷水冷却		汽油清洗	在 120 ℃烘干 1 h
热处理	蒸压罐内压力 0.4 ~ 0.5 MPa 室温~130 ℃ 10 ℃ ~/h 120, 130 ℃保温 1 h	热压罐内压力 0.4 ~ 0.5 MPa 20 ~ 80 ℃ 5 ℃/h 80 ~ 130 ℃ 2 ℃/h 130 ℃保温 10 h	二次焙烧至 1 000 ℃以上		在 200 ℃ 烘干 30 min	在真空炉内 20 ~ 250 ℃内升温 250 ℃保温 30 min 300 ℃保温 30 min 320 ~ 330 ℃ 50 ℃/h 330 ~ 350 ℃保温 60 min 980 ℃保温 50 min

8.3.1　煤沥青浸渍工艺

浸煤沥青以降低制品的气孔率,提高制品的强度时最常用的是浸渍工艺。煤沥青的一般是浸渍工艺流程如图 8.9 所示。

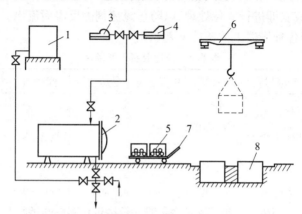

图 8.9　煤沥青的一般浸渍工艺流程

1—浸渍剂贮罐;2—浸渍罐;3—真空泵;4—空压机;5—制品;
6—吊车;7—装罐平车;8—预热炉

用煤沥青浸渍细结构石墨制品、小规格石墨电极、电极接头以及石墨阳极的工艺过程如下:

焙烧后的半成品清理表面后装入产品筐,放入预热炉,预热炉的温度为 240～300 ℃,预热 4 h 以上。预热后的制品连同铁筐一起迅速装入浸渍罐(浸渍罐在装入制品之前要预热到 100 ℃ 以上),然后关闭罐盖封严,开始抽真空,罐内负压应低于 0.08 MPa,抽真空的时间为 30～60 min,停止抽真空后向浸渍罐放入已加热到 160～180 ℃ 的煤沥青(有时在煤沥青中加入少量煤焦油或蒽油,使沥青软化点降低到 50～80 ℃)。沥青液面应保证加压结束后比产品顶端高 10～20 mm,沥青加入后用压缩空气对沥青液面加压。加压时间视产品直径大小或厚薄而定,一般应在 0.45～1.8 MPa 压力下保持 1.5～4 h,同时浸渍罐内应保持加热到 150～180 ℃。加压结束后,将沥青压回储罐。在沥青全部压回后再往浸渍罐里放入冷却水冷却产品并吸收烟气,冷却后放走冷却水,再打开罐盖取出产品。

有时为了达到较好的效果,可以多次浸渍,即每次浸渍后进行焙烧,焙烧后再浸渍。为降低沥青的黏度,也可在沥青中加入少量的煤焦油或蒽油。浸渍后的沥青可重复使用,但如果重复使用时间太久,沥青中的游离碳含量和悬浮杂质将不断增加,从而影响浸渍质量,因此必须定期更换煤沥青,并定期清理煤沥青储罐。

8.3.2 人造树脂浸渍工艺

浸树脂的主要目的是制造不透性石墨,作为化工设备的结构材料和机械密封材料。浸后制品的化学稳定性取决于所用树脂的性能。最常用的是浸酚醛树脂(耐酸),浸糠醇树脂(耐碱)或环氧树脂(提高机械强度)。对在较高温度(不超过260 ℃)下使用的耐磨密封材料,可用聚四氟乙烯乳液浸后进行焙烧,浸后制品除具有气体、液体不渗透性外,还具有更好的润滑性和耐磨性。

浸渍酚醛树脂前后石墨制品的理化性能的变化见表8.4。

表8.4 浸渍酚醛树脂前后石墨制品的理化性能比较

理化性能	浸前	浸后
真密度/$(g \cdot cm^{-3})$	2.2 ~2.27	2.03 ~2.07
体积密度/$(g \cdot cm^{-3})$	1.4 ~1.6	1.8 ~1.9
布氏硬度	10 ~12	25 ~35
热导率/$(W \cdot (m \cdot ℃)^{-1})$	116 ~127	104 ~127
抗压强度/MPa	19.6 ~23.5	5.8 ~68.6
渗透性	有压即漏	0.6 MPa 不透
增重率/%		15 ~18
浸渍深度/mm		12 ~15

酚醛树脂不可久存,因它在空气中能进行聚合。大量生产时,一般都以甲醛和苯酚为原料,需用多少配制多少。配制的酚醛树脂应符合的条件见表8.5。

表8.5 酚醛树脂指标

项目	水分	黏度	游离酚	游离醛	聚合时间/min
指标	不大于20%	20 ~60 s(7 mm 漏斗法)	19% ~21%	3% ~3.6%	4 ~5

树脂中水分过多,会影响固化物的强度和抗渗透性,增大气孔率。大量水分逸出,将造成树脂的抗渗透性变差。游离酚的含量过大,会使树脂硬化速度降低,影响制品的物理机械性能。一定的含量能增加树脂可溶性、流动性和弯曲性。游离醛的存在,在树脂固化时容易逸出,制品气孔率

增加,所以也要严格控制。

浸渍工序分为以下三个阶段。

1.热固性酚醛树脂的制备

①将甲醛、苯酚按1.2∶1(摩尔质量比)放入反应釜中,搅拌并使之均匀混合,温度保持在35~42 ℃。

②搅拌15 min后加入氨水(氨水∶苯酚=0.05∶1),加热搅拌从35 ℃升到85 ℃。氨水是作为催化剂而用的。

③停止搅拌,自然升温至104 ℃。

④到104 ℃出现回流,继续搅拌,继续回流。

⑤出现水分、树脂分层。树脂与水之比大约为5∶1。

⑥脱水。抽真空脱水,当质量合格,然后按一定规范降温。

2.浸渍操作

①将加工好的石墨制品装入浸渍罐,关闭罐盖,升温至120 ℃左右,烘干水分。

②抽真空,停止加热,罐内负压为0.086~0.096 MPa,产品冷却至30~40 ℃。

③在真空状态下加入树脂,树脂液面应保证加压结束后高出产品10~20 mm时停止抽真空。

④加压0.5~0.6 MPa,维持3~4 h。

⑤浸渍结束,将罐内树脂压回储罐,产品继续留在罐内。然后进入固化阶段。

3.树脂固化操作

浸好的石墨放置6 h以上,一边加压0.6 MPa(一般比浸渍的压力高0.05 MPa),一边升温。其目的是防止在升温过程中因残存于制品空隙内的空气膨胀而使树脂反渗,并防止树脂因黏度降低而从孔内溢出。加压升温有利于聚合,其升温与时间的关系见表8.6。

表8.6　升温与时间的关系

温度/℃	室温~50	50~100	100~130	130
时间/h	3	10	3	恒温3~4

恒温结束后,自然冷却至室温。

生产化工设备用不透性石墨,一般需要反复浸渍和固化三四次。固化也称为"热处理"。

热处理是为了使浸入制品内部的树脂固化,以达到不透性和提高耐磨、耐腐蚀、耐温等性能。热处理的温度与时间对浸渍后石墨材料的耐酸性与耐温性及薄壁制品在高温下的抗渗透性等均有一定影响。酚醛树脂浸渍石墨材料的性能受到不同的固化温度的影响,见表8.7。

表8.7 热处理温度对耐腐蚀性能的影响

热处理条件	腐蚀介质	温度/℃	耐磨蚀性	备 注
常温至300 ℃共24 h	大于70%硫酸	沸点	不耐	树脂已基本固化
常温至180 ℃共48 h	70%硫酸	130	耐	树脂高度聚合,耐腐蚀性与耐高温性能提高
常温至180 ℃共48 h	93%硫酸	70	耐	树脂高度聚合,耐腐蚀性与耐高温性能提高
常温至300 ℃共72 h	小于40%氢氧化钠溶液	常温	耐	树脂已炭化,强度下降

注:把经过130 ℃热处理的产品,再放入加热炉内逐渐升温(20 ℃/h)至180 ℃并保温48 h,然后降至50 ℃,用稀树脂反复浸渍1~3次

浸渍后材料的化学稳定性根据浸渍剂性能而定。例如,用酚醛树脂浸渍的材料,在温度仅有180 ℃的空气介质中就开始破坏,结果,浸渍石墨材料逐渐恢复基体材料的液体渗透性。因此,浸渍石墨的最高使用温度,则以浸渍剂的耐热性能而定。

8.3.3 浸润滑剂工艺

浸润滑剂的目的是提高制品的抗磨性,降低摩擦系数,用于含油轴承、滑动触点、高空或水下用电机的电刷等。它通常是在机械加工后进行。

选择润滑剂时,需根据所浸对象的使用条件而定,如浸渍防潮电刷和电触点用石蜡的煤油溶液(50%)浸渍,特殊电机电刷(如飞机上的电机电刷)可用硬脂酸铅或硬脂酸铝的机油溶液浸渍。

使用这类浸渍剂也是在浸渍罐中进行。将欲浸渍的制品装入浸渍罐中,然后,把罐内抽成真空(表负压为666~1 330 Pa),保持30~40 min,然后注入浸渍溶液。之后,在浸渍罐内加压到0.3~0.4 MPa,在此压力下保持约1 h。

浸渍后的制品,需经清洗和烘干。清洗时要使用溶剂,烘干则在烘箱中进行。装入烘箱的制品经缓慢加热到100~110 ℃,并根据润滑剂不同决定烘干时间,一般在此温度下烘干3~10 h。

8.3.4　浸渍油脂工艺

为了提高石墨阳极使用寿命,用桐油或亚麻仁油作为浸渍剂。其浸渍和固化工艺如下:

向桐油(或亚麻仁油)中先加入等量的松节油搅拌均匀,储于罐中,一般常温使用而不用加热,经过石墨化及机械加工后的制品放进筐内,其液面高度应保证加压结束后超过制品 10 ~ 20 mm。通压缩空气,加压 0.3 ~ 1.4 MPa,并保持 30 ~ 60 min,此时浸渍罐不必加热。加压后将油压回储罐,打开罐盖取出产品,将产品放入固化罐中(固化罐带有加热夹套)开始升温,由常温升至 60 ℃,开动真空泵抽真空,松节油逐渐蒸发出来,通过冷凝器回收。进一步将罐温升至 220 ℃时,保持 2 ~ 3 h,继续升温到 250 ℃左右时,停止抽真空,再升温至 280 ℃止,此时固化已经完成,再逐渐降温至 200 ℃以下,即可出罐。固化后产品增重为 5% ~ 6%。

8.3.5　金属浸渍工艺

浸金属的炭素制品主要用于生产耐磨炭素制品,如轴承、活塞环、转子发动机刮片、滑动电触点等。常用的金属是低熔点的,如铅锡合金(Pb95%,Sn5%)、铜锡合金和铝锡合金等。浸渍用合金及成分见表 8.8。浸金属的制品具有机械强度高、耐冲击负荷大,抗磨性高等特点。浸渍金属后的石墨制品的物理性能见表 8.9。

表 8.8　浸渍用合金及成分

合金牌号	金属成分/%							
	Si	Fe	Mg	Cu	Zn	Ni	Pb	Al
Al-9	0.7	0.3	0.32	0.2	0.3			余量
Ak-2			0.6	0.4		2.0		余量
62-1				余量	37		1	

表 8.9　金属浸渍石墨物理力学性能

力学性能	浸渍 Al-9 铝合金的石墨		浸渍 62-1 铅黄酮的石墨	
	浸渍前	浸渍后	浸渍前	浸渍后
抗压强度/MPa	176.5	460.0	49.0	133.3
抗弯强度/MPa	53.9	107.8	24.5	45.6
真气孔率/%	15	0.5	20	2.5

因为常用金属都具有熔点高、且熔融金属表面张力大的特点,所以浸渍时压力大于 9.8 MPa 时,温度为 400~1 000 ℃。浸渍方法有两种:一种是浸渍罐放入产品后先抽真空,后用氮气加压,另一种是用机械压力加压。

抽真空用氮气加压的浸渍过程,是将产品放入盛有熔融金属浸渍罐内,使罐温保持金属呈熔融状态,关闭罐盖,先抽真空负压为 0.096~0.098 MPa,然后停止抽真空,再通入高压氮气对金属液面施加 5.9~9.8 MPa的高压(压力大小视产品而定),使熔融金属浸入产品气孔中。

用机械压力的浸渍过程,是将产品投入浸渍罐后,待金属液面气泡消失,用喷雾或水冲的办法将金属液面冷却凝固一层(内部仍是液态)。再将浸渍罐送到压力机上加压至 58.84 MPa 并保持 10~15 min。为了避免上压头与金属黏结,加压前需涂一层石蜡脱膜剂。压力去掉后再加热浸渍罐,使表面金属熔化,然后取出产品。

8.3.6 无机物浸渍工艺

无机物浸渍工艺,是将无机物浸入炭石墨材料的气孔,使之与被密实制品的炭化合。如能正确选择石墨气孔结构、浸入无机物之数量及升温制度时,按此方法实际上可制成不透性材料。作为此种方法的浸渍剂,可采用金属元素与盐类。热处理使金属元素或盐类与零件中碳相互作用而生成金属碳化物。在生成金属碳化物的同时,体积增大,从而完全覆盖住石墨材料上的气孔。

硅、锆、钛等这些金属的氯化物也可作为密实物质。上述金属的氯化物,在正常条件下都是液体,能水解,而其水合物在适当的条件下易用炭还原出金属。为密实石墨制品,如用硅,则以四氯化硅形式浸渍。四氯化硅在制品气孔中直接水解,水解之后,制品在 100~500 ℃ 情况下,经第一次热处理,然后在较高的温度下经第二次热处理,此时氧化物还原,金属与制品中的碳进行反应生成碳化硅。相类似的也可用液体氯化钛进行浸渍。若第一次浸渍未达到要求时,可进行再次浸渍。

采用金属氯化物浸渍时,需经三道工序浸渍氯化物;第一次热处理和第二次热处理浸渍是与前述的金属浸渍所不同的。

8.3.7 影响浸渍效果的因素

影响浸渍效果的因素:一是浸渍工艺条件(如温度、压力),二是浸渍的理化性质。

1.工艺条件的影响

（1）浸渍温度。

当用沥青做浸渍剂时,需在一定的浸渍温度下进行。适当提高温度,有利于降低沥青的黏度,提高沥青的流动度。但若温度太高,由于沥青产生热解,影响沥青的组成,且分解产生的气体浸入制品气孔内,妨碍了沥青的渗透。表 8.10 为浸渍温度对沥青质量的影响(浸渍时不加压,浸渍时间均为 1 h)。

表 8.10　浸渍温度对浸渍质量的影响

浸渍温度/℃	待浸制品的体积密度/(g·cm⁻³)	浸渍增重/%	二次焙烧后制品的体积密度/(g·cm⁻³)	焙烧后体积密度增加/(g·cm⁻³)
180	1.654	12.1	1.741	0.087
210	1.677	11.9	1.754	0.080
250	1.666	7.4	1.744	0.076

（2）浸渍前真空度与浸渍时压力。

为减少浸渍剂渗透时的阻力,浸渍前必须在浸渍罐内抽真空,以排除气孔内的空气。实验结果表明,真空度越大,浸渍效果越好,见表 8.11。

表 8.11　真空度对浸渍效果的影响

罐内余压/kPa	待浸制品的体积密度/(g·cm⁻³)	浸渍增重/%	二次焙烧后制品的体积密度/(g·cm⁻³)	焙烧后体积密度增加/(g·cm⁻³)
8.0	1.674	11.9	1.754	0.03
21.3	1.659	7.3	1.719	0.06
28.0	1.670	4.75	1.710	0.04
101.8	1.659	3.56	1.697	0.038

为保证浸渍剂更好的渗透到制品内部,在浸渍时,需施加一定压力。随着压力升高,浸渍效果提高显著,使浸渍深度增加。但当压力增加到一定值时,浸渍量达到饱和状态。一般小规格的制品,浸渍压力可低一些,规格较大的制品或高密度制品,需要较高的浸渍压力。目前使用的浸渍压力一般为 0.5～1.5 MPa,对于一些高密度制品,浸渍压力需要提高到1.96 MPa。

（3）浸渍时间。

浸渍时间是指加压时间,不包括制品预热和浸后冷却所需时间。浸渍时间取决于浸渍压力,浸渍前真空度及制品的尺寸等。浸渍前真空度大,浸渍压力高及被浸制品尺寸小,都可以缩短浸渍时间,反之,应延长浸渍时间。当浸渍压力为 0.5 MPa 时,浸渍时间不应少于 2~4 h。

2. 浸渍剂的理化性质的影响

①浸渍剂的密度越大,结焦残炭率就越高,浸渍效果越好。

②黏度适当为好。浸渍剂的黏度越小,流动性越好,就比较容易渗透到较小的气孔中去,但黏度太小则析焦量势必减小。

③浸渍剂液体表面张力越大越好。表面张力越大,则对产品的表面的润湿接触角越小,致使毛细渗透压越大,对产品的润湿就越好,浸渍效果就比较好。

④浸渍剂中的悬浮物越小且呈球形越好。球形细粒的穿透力强,则浸渍效果较好。

浸渍剂热处理后的结焦残炭率越高越好。结焦残炭率高,浸渍后产品在石墨化后体积密度大、强度高、真气孔率低、导电性好。因此,一般炭石墨制品都用中温沥青浸渍,其残炭率在50%左右,有利于提高制品的密度和强度。浸过几次的沥青其成分发生变化,浸渍剂黏度也逐渐增高。为了降低其黏度,又不至于降低其结焦残炭率,可适当加入一些蒽油或煤焦油来进行调整。

8.4 表面处理与涂覆

涂覆是基材的表面被其他物质所覆盖,表面处理是化学反应等其他某些方法使表面变质,可以说它们是不均质的复合。处理目的是赋予耐腐蚀(耐氧化)性、增大强度和不透气性等。

8.4.1 表面涂层

涂覆的代表性例子是碳化硅(SiC)涂层,涂覆碳化硅的石墨材料被广泛用作为半导体硅的外延生长用基材(发热体),这时,基材使用高纯石墨材料。

为了提高耐氧化性,可以将氧化铝或各种陶瓷材料涂覆到石墨材料的表面,有从涂覆到喷镀的各种方法。电炉炼钢用石墨电极采用这种方法,来减少氧化消耗而降低每吨钢电极的消耗量已实用化。

在涂层制造过程中,最重要的是涂层物质与基材的密合性,希望两者的边界面是化学性的结合,为此,大多对基材石墨进行表面处理。

另外,基材与各种涂层材料的结合,也常常是通过对两者都具有亲和性的中间层进行的,当不能期望化学性的结合时,也可以使材料表面变粗以便界面结合更紧密。这种材料在高温下使用时,若两者的线胀系数存在差异,就容易引起剥离。

8.4.2 热解石墨(热解炭)的生成原理与工艺

热解石墨(热解炭)是含碳化合物在热炭石墨基体表面上的分解产物,在低温(800~1 100 ℃)下碳氢化合物的热解产物称为热解炭。在高温(1 400~2 200 ℃)下碳氢化合物的热解产物称为热解石墨。

热解石墨(或热解炭)主要用于火箭推进器喷嘴临界截面的衬料、火箭推进器燃烧室的涂层、炭电阻涂层、高温气冷核反应堆热元件的气密涂层、热交换器的致密、熔炼高温金属的坩埚涂层、化学和光谱分析用电极涂层,在腐蚀性液体介质中使用的材料的涂层、高温加热器的涂层、冶炼用结晶器的涂层等,甚至生物用碳(如对人造心脏瓣膜)涂层。

热解石墨是唯一的一种能用气相炭化方法进行工业化生产的炭素材料,也称为 Pyrographite、Pyrocarbon、热解炭,大多缩写成 PG 或 PC。

热解石墨的制造原理非常简单,通过碳氢化合物(甲烷、丙烷、苯和乙炔等)接触加热到高温的基材(通常用人造石墨),在它的表面生成一层沉积层。因此,一般炭素材料需要 2~3 个月制造时间的这一普通概念,同这种新型炭素材料完全不同。但是,即使热解石墨的沉积速度达到最快,那也只是约 1 mm/h。另外,由于下述的基于高度各向异性的热形变,故一般认为,均质热解石墨的可能制造厚度通常在 10 mm 左右,最大也不超过 20 mm,必须注意,由于存在这方面的问题,它的应用范围被制约。

这样,热解石墨的生成可以说无非是碳氢化合物的高温分解,但是,当因热分解而生成炭时,或是作为热解石墨沉积在基材上,或是完全在气相下变成炭黑,这主要取决于制造条件,也就是说,作为热解石墨的生成条件,就是防止在气相下碳氢化合物完全分解而生成炭黑,为此,要选择如下的条件:保持气相下的碳氢化合物气体的温度尽可能低,接触高温的基材表面之后开始完成炭化。

1. 热解石墨的生成条件

一般认为,热解石墨不是碳氢化合物因热分解在气相下生成碳且沉积在基材表面上的,而是因碳氢化合物的脱氢和聚合产生的巨大芳香族碳氢化合物分子冲撞高温的基材表面后沉积的。新的巨大分子接连不断地沉积结合在这一巨大分子周边的活性点上,通过表面反应生长成热解石墨。其影响因素是载气和碳氢化合物浓度,氢作为载气最合适。例如,以丙烷(C_3H_8)为原料时,氢中的丙烷浓度(体积分数)由下述条件决定,但实际最高浓度超不过15%。

①温度效应。沉积(基材)温度越高,碳氢化合物浓度就应越低(例如,沉积温度在1 900 ℃以上时,碳氢化合物浓度小于5%(体积分数))。

②压力效应。反应器内的气体压力越低,碳氢化合物浓度可越大。

③流速效应。气体的流速越大,可以取越大的碳氢化合物浓度,这是因为流速对气体温度的上升有抑制作用。另外,如果气体中存在水蒸气和氧,很容易产生大量炭黑。

2.热解石墨的结构和生成机理

同上述的生成条件相比,热解石墨的生成机理在解释它的特征方面显得特别重要,下面作详细说明。

如上所述,热解石墨的性质依赖于具有高度取向性的层状结构,也就是说,虽然热解石墨的结晶 a 面(层面)大体上平行于基材的沉积面取向,但它的性质因沉积条件的不同而有明显的差异,尤其是密度在沉积温度为1 600 ℃左右时变成极小值,而在小于1 200 ℃或大于2 000 ℃的温度下,取接近于石墨的理论密度值(图8.10)。另外,不管热解石墨的密度多大,它的透气率极小,同玻璃一个等级(透气率为$1×10^{-6}$ cm^2/s)。总之,通过对1 500~2 300 ℃下生成的热解石墨及其经2 600~3 200 ℃热处理的热解石墨的 X 射线衍射及光学和电子显微镜观察所得的结果,在沉积后未经热处理的状态下,微晶尺寸因与沉积温度成正比而异,但L_c和L_a的值分别不超出几十乃至一百几十埃的范围,而且,越在高温下沉积,取向性越佳,但仍然存在相当程度的紊乱,晶体结构是二维的,显示三维结构的(101)X 射线衍射图形几乎看不到,完全处于炭质的状态。

这些晶体因热处理使有序取向逐渐增强,同时,微晶尺寸也随温度成正比地增大,热处理温度大于3 000 ℃时,L_c达到近似于100 nm 以上,L_a也达到近似于100 nm 的值,差不多显示接近于理想石墨的晶体排列。沉积温度不同的热解石墨因热处理引起的点阵参数和微晶尺寸的变化见表8.12。

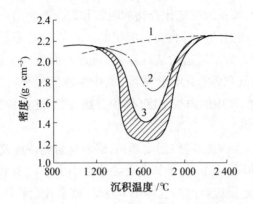

图 8.10　热解石墨的密度与沉积温度之间的关系

1—甲烷 1.7×10^{-2} mmHg；2—甲烷 5 mmHg；3—丙烷
10%～20%（体积分数）炉内气体压力为 50～150 mmHg

表 8.12　沉积温度不同的热解石墨因热处理引起的点阵参数和微晶尺寸的变化

沉积温度 /℃	体积密度 /(g·cm⁻³)	沉积后未经热处理的状态				沉积后经 3 200 ℃热处理的状态			
		C_0/nm	α_0/nm	L_c/nm	L_a/nm	C_0/nm	α_0/nm	L_c/nm	L_a/nm
2 100	2.17	0.683 8	0.245 6	8.3	17	0.671 8	0.246 4	>100	98
1 700	1.45	0.688 1	0.245 1	3.1	11	0.671 3	0.246 5	>100	75

　　图 8.11 是热解石墨的沉积面和断面结构的电子显微镜照片。图 8.12 是由 X 射线衍射求得的表示结晶取向程度的取向分布函数，即使经过 3 200 ℃热处理的热解石墨，仍然有不超过十几度的倾斜角（口面相对于基材面的倾斜），这归结为由热解石墨特有的圆锥状结构带来的曲面。

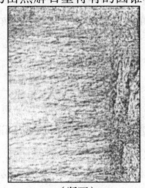

（断面）
2 100 ℃ 沉积 PG

图 8.11　热解石墨结构的显微镜照片

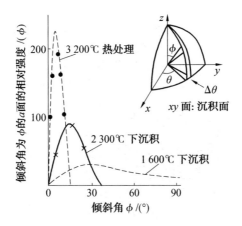

图 8.12　热解石墨结晶的取向分布函数

综合这些实验事实,可以认为热解石墨的沉积模型具有图 8.13 所示的板状小晶体的叠合结构。另外,作为沉积过程的模型,若把它近似看作如图 8.14 所示许多硬币(巨大芳香族碳氢化合物分子)在振动容器中下落的过程,那么容器的振动能相当于沉积速度(下落到基材上的硬币参与取向的振动时间的倒数),即容器的振动越激烈,硬币越容易平行容器底面排列而变成高密度,另一方面,即使容器具有某种程度的振动,如果硬币下落频繁,那么在它们还未达到充分取向的时候,在它们的上面接连不断地产生新的堆积,故变成低密度。

(a) 低密度热解石墨　　　　(b) 高密度热解石墨　　　　(c) 热处理热解石墨
　(含许多闭气孔)

图 8.13　热解石墨的沉积结构模型

总之,由于沉积温度(有助于结晶取向的振动的热能)和沉积速度的协和效应,密度(结论性的各种物性)上产生差异,在低温领域又一次引起密度的增大,可明确解释为是由于振动能小而振动时间长(沉积速度慢)。

3. 热解石墨的性质

在通常的 2 000 ℃ 左右的温度下沉积的热解石墨的特性见表 8.13。由上述的热解石墨的结构和生成机理,可以预料它具有高度各向异性的特异性质,在物理性质中,主要取决于结晶取向的电阻率、导热系数和线胀系

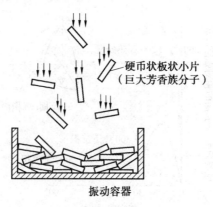

图 8.14 热解石墨的沉积过程模型

数对沉积温度的依赖性。另外,各向异性因沉积后的热处理得以进一步加强,尤其经过 3 000 ℃ 以上(希望在拉伸或压缩应力下)的热处理,其各向异性值接近于单晶石墨。

热解石墨的导热系数与其他物质的比较如图 8.15 所示。垂直于沉积面(c 轴)的方向是热的绝缘体,平行于沉积面(a 轴)的方向为热的良导体,它的导热系数可与铜媲美。热解石墨的电阻率也同样,它在常温下对沉积温度的依赖性及其随热处理的变化如图 8.16 所示。热解石墨平行于沉积面和垂直于沉积面方向的线胀系数如图 8.17 所示。由图可知,后者为前者的 10 倍以上,这将成为热解石墨沉积后冷却时产生大的变形,从而容易引起层状龟裂和剥离的原因,这也使制造均匀热解石墨的可能厚度受到限制。

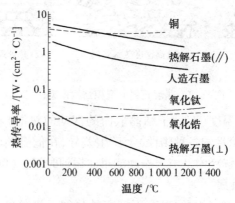

图 8.15 热解石墨的导热系数与其他物质的比较

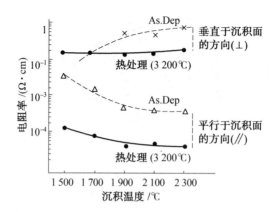

图 8.16 热解石墨的电阻率与沉积温度的关系

　　强度在平行于沉积面的方向较大,约为一般人造石墨的 10 倍,但在垂直于沉积面的方向较小,容易产生层状剥离,因此,使用时需考虑这一特征。热解石墨(2 300 ℃下沉积)在空气中的氧化速度如图 8.18 所示。由图可知,热解石墨的耐氧化性在 700 ℃ 以下非常好,但在 800 ℃ 以上与人造石墨没有明显的不同。

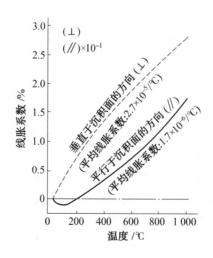

图 8.17 热解石墨(2 300 ℃下沉积)的线胀系数

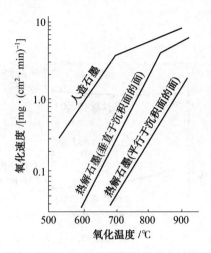

图 8.18　热解石墨(2 300 ℃下沉积)在空气中的氧化速度

表 8.13　热解石墨特性

特性(室温)		热解石墨	普通石墨
体积密度/(g·cm⁻¹)		1.80~2.20	1.62~2.0
抗拉强度/MPa		105~140	14~28
热导率/(cal·(s·cm·℃)⁻¹)	//	0.38~0.93	0.45
	⊥	0.004 8~0.008 3	
比电阻(//)/(Ω·cm)		(200~250)×10⁻⁶	800×10⁻⁶
线胀系数(//)/℃		0.67×10⁻⁶	(1~2)×10⁻⁶
强度/密度(MPa·(g·cm⁻³)⁻¹)		70	9.38
气孔率/(cm³·g⁻¹)		<0.01	

4. 热解石墨的用途

热解石墨纯度高,核性能好,不透气性和耐热性好,故适合于用作核燃料的包覆材料。这种热解石墨的包覆通常是以流动床方式进行的。

利用热解石墨的热学各向异性和比强度大,考虑用作火箭喷管、喉衬部和鼻锥等航天飞机材料;利用热解石墨具有电气各向异性的半金属性质,考虑用于电子和微波的领域;利用热解石墨的不透气性和经热处理的热解石墨的塑性,考虑用作耐高温和耐腐蚀性流体的密封圈;利用热解石墨的热膨胀的各向异性,考虑用作高温计及其他热屏蔽材料、加热器、冶金用坩埚、舟皿和分析用电极等方面。另外,除工业性应用外,它作为能人工制造的最接近单晶的多晶石墨和从学术研究角度很有意义的炭素材料,也正在引人注目。

第9章 石墨化工艺

9.1 石墨化的目的与方法

9.1.1 石墨化的目的与作用

石墨化是把焙烧制品置于石墨化炉内保护介质中加热到高温(2 300 ~ 2 500 ℃),使六角碳原子平面网格从二维空间的无序重叠转变为三维空间的有序重叠,且具有石墨结构的高温热处理过程。其目的与作用是:

①提高材料的导热和导电性能。

②提高材料的热稳定性和耐热冲击性及化学稳定性。

③提高材料的润滑性能和耐磨性。

④排除材料中的杂质,提高制品的纯度。

石墨化后,制品的理化性能的变化见表9.1。从表9.1中可知,焙烧品经石墨化后,电阻率降低70% ~ 80%,为原来的1/3 ~ 1/4,真密度约提高10%,导热性提高10倍左右,线胀系数降低约1/2,氧化开始温度也有所提高,杂质汽化逸出,灰分降低。

表9.1 焙烧品与石墨化理化指标对比表(青岛西特炭素有限公司数据)

项目	电阻率 /($10^{-6}\Omega \cdot m$)	真密度 /($g \cdot cm^{-3}$)	体积密度 /($g \cdot cm^{-3}$)	抗压强度 /MPa	孔隙度 /%	灰分/%	热导率 /($W \cdot (m \cdot K)^{-1}$)	线胀系数 /K^{-1}	开始氧化 温度/℃
焙烧品	40 ~ 60	2.00 ~ 2.05	1.50 ~ 1.60	24.5 ~ 34.3	20 ~ 25	0.5	3.6 ~ 6.7 (175 ~ 675 ℃)	1.6 ~ 4.5×10^{-6} (20 ~ 500 ℃)	450 ~ 550
石墨化品	6 ~ 12	2.20 ~ 2.23	1.50 ~ 1.65	15.7 ~ 29.4	25 ~ 30	0.3	74.5 (150 ~ 300 ℃)	2.6×10^{-6} (20 ~ 500 ℃)	600 ~ 700

9.1.2 石墨化方法分类

自1895年E.G艾其逊(A.Cheson)发明石墨化炉(称为艾其逊炉)以来,人造石墨生产已有百多年历史了,在此期间,人造石墨生产虽都以艾其逊炉原理为基础,但是随着工业的发展,石墨化设备及结构却有了许多的改进和发展。如艾其逊炉有交流电炉和直流电炉,除了艾其逊炉以外,还有内热串接式炉、n 型炉、PC 炉、连续式石墨化炉等。

石墨化方法分类如下:

①按加热方式,可分为直接法和间接法。所谓直接法,通常是指电源与制品直接接触,制品本身就是导电体,通过电阻加热,使制品达到石墨化温度。这种方法又有有电阻料的艾其逊法和无电阻料的卡斯特纳法(或称为内热串接石墨化)。所谓间接法,是电源与制品不直接触,热能是通过感应或辐射的途径传递,一般说来,制品可以在炉子中移动,例如连续式石墨化炉。

②按运行方法可分为间歇式和连续两种,艾其逊炉和串接式炉都是间歇式石墨化。

③按电流的整流与否分交流石墨化和直流石墨化。目前一般采用直流石墨化。

在人造石墨生产中,一般多采用艾其逊炉。对于大规格和特大规格制品,目前国内开始采用内热串接式石墨化炉,并有广泛推广之势。对于电炭等小制品,可采用连续石墨化炉;对于电弧炭棒等小炭棒,可将电源两极直接接在炭棒的两端,接通电流后,仅几秒或十几秒就使产品石墨化了。PC 炉原理与卡斯特纳炉相似,为前苏联所研制并使用。

9.2 石墨化机理

人造石墨生产一百多年来,石墨化的转化机理一直是人们不断研究的一个课题,通过研究,人们提出了各种假说。其中有影响的、有以下 3 个理论假说。

9.2.1 碳化物转化理论

碳化物转化理论是美国人艾其逊在合成碳化硅时发现了结晶粗大的人造石墨为依据而提出来的。他认为碳质材料的石墨化首先是通过与各种矿物质(如 SiO_2、Fe_2O_3、Al_2O_3)形成碳化物,然后在高温下分解为金属蒸气和石墨。这些矿物质在石墨化过程中起催化作用。由于石墨化炉的加热是由炉芯逐渐向外扩展,因此,焦炭中所含的矿物质与碳的化合首先在炉芯进行。以生成碳化硅为例,发生如下化学反应:

$$SiO_2 + C \longrightarrow SiC + 2CO\,(1\ 700 \sim 2\ 200\ ℃) \tag{9.1}$$

$$SiC \longrightarrow Si(蒸汽) + C(石墨)\,(2\ 235 \sim 2\ 245\ ℃) \tag{9.2}$$

高温分解产生的金属气化物又与炉芯靠外侧的炭化合形成碳化物,然后又在高温下分解。这样一来,少量的矿物质可以使大量的碳化物转化为石墨。

在石墨化炉中,确实可以发现一些碳化硅晶体,在人造石墨制品表面也常发现有分解石墨和尚未分解的碳化硅。但已有研究表明,这种由碳化物分解形成的石墨与焦炭经过结构重排,转化而成的石墨在性质上是不同的。少灰的石油焦比多灰的无烟煤可以达到更高的石墨化度。如预先对石油焦或无烟煤进行降低灰分处理,则它们更易于石墨化。

事实上,当石墨化度较低时,某些矿物杂质对石墨化有催化作用,但催化机理不局限于生成碳化物这种形式。当石墨化度较高时,矿物杂质的存在往往会使石墨晶格形成某种缺陷,妨碍石墨化度的进一步提高。因此,碳化物转化理论对分解石墨来说是正确的,但对多数碳质材料的石墨化来说,就不符合实际了。

9.2.2　再结晶理论

塔曼根据金属再结晶理论引申而提出石墨化再结晶理论。

再结晶理论假定碳素原材料中原来就存在极小的石墨晶体,他们借碳原子的位移而"焊接"在一起成为大的晶体,另一方面,再结晶理论还提出了石墨化时有新晶生成,新晶是在原晶体的接触界面上吸收碳原子而成长的。石墨化的难易与炭质材料的结构性质有关。对于多孔和松散的原料,由于碳原子的热运动受到阻碍,使晶体连接的机会减少,所以就难于石墨化。反之,结构致密的原料,由于碳原子热运动受到空间阻碍小,便于互相接触和晶体连接,所以就易于石墨化。同时该理论还认为,石墨化程度与晶格的成长有关,但它主要取决于石墨化温度,高温下的持续时间也有一定影响。此外,该理论认为,只有当第二次结晶的温度高于第一次结晶的温度时,二次结晶才能发生。

显然,再结晶理论比碳化物转化结论前进了一步。但是再结晶结论没有说明碳质原料中存在的微小石墨晶体形成的过程和条件。根据 X 射线衍射对晶体分析,在大多数原始碳中并没有石墨晶体的存在,所以,所谓的"热焊接"或新晶生成也就缺乏根据,用该理论解释石墨晶体的转化过程也就难以使人信服。

9.2.3 微晶成长理论

1917 年,德拜和谢乐在研究无定形炭的 X 射线衍射图谱时,发现它与石墨谱线有相似之处,有些谱线两者可以重合。因此他们认为无定形炭是由石墨微晶组成的,无定形炭与石墨的不同,主要在于晶体大小的不同。在此基础上,德拜和谢乐提出了石墨化微晶成长理论。由于以后研究者的充实和发展,这一理论已为较多的研究者所接受。该理论认为:碳质材料的初始物质,都是稠环芳香烃化合物,这些多环化合物由于热的作用,经过连续不断的分解与聚合等一系列反应,最终生成含碳量很高的碳青质,碳青质的结构单元是二维平面原子网格的堆积体。网格的边缘有各种侧链,如机能团、异类原子等,由于它们之间原子力的相互作用,使得平面网格作一定角度的扭转,这是一种特殊的物质,既不是树脂或玻璃体一样的非晶体,也不是晶体,微晶成长理论中把它称之为"微晶"。这种微晶可以视为一些大原子团,它们有正六角形规则排列的结构,具有转化成石墨结构的基础。由于含碳物质原来的化学组成,分子结构的不同,炭化后这些原子团的聚集状态也不一样,可石墨化性也大不相同,一般以平行定向堆积和杂乱交错堆积来区分原料石墨化的难易程度。无定形炭在高温下通过"微晶"增长而转化为石墨。在 1 600 ℃ 以前,其变化并不明显,但当温度升至 1 600 ℃ ~ 2 100 ℃ 时,"微晶"的变化明显加快,此时"微晶"边缘上的侧链开始断裂或气化,或是进入碳原子的平面网格,进而使"微晶"的结构发生变动,即一些大致平面定向的"微晶"在高温的作用下逐渐结合成更大的平面体。与此同时,随着过程的进行,"微晶"将在 a 轴上增长,并在 c 轴上也进行重新排列,从而使有序排列的厚度增加,这一过程可一直延续到 2 700 ℃,即当"微晶"从二维空间的无序排列逐渐转化为三维空间的有序排列,并最终形成石墨晶体时才基本结束。

总之,石墨化机理比较复杂,有许多问题还在研究之中。

9.3 石墨化的热力学和动力学分析

为了了解石墨化原料的性能随石墨化温度的变化,寻求最佳加热制度,需要研究两方面的问题:一是石墨化热力学,即在一定的外部条件下,炭-石墨体系中的热力学平衡状态;二是石墨化动力学,即原料的性能在石墨化过程中变化的速度。

9.3.1　石墨化过程中的热力学分析

1. 石墨化过程中炭–石墨体系的熵变

无定形炭和低结晶度石墨是亚稳态的,储存着一定的内能,只能在高温下,它们的内能才能放出,连续过渡到具有一定转化率的多晶石墨,而引起状态函数的变化,利用熵变的计算,可以确定石墨化进行的方向、过程中体系的能量变化,以及石墨化进行的限度等数据。

求熵值的方法是通过测定材料在不同温度下比热容(c_p),按热力学公式计算:

$$S_T^{\ominus} = S_{298}^0 + \int_{298}^T c_p \frac{\mathrm{d}T}{T} \tag{9.3}$$

式中,$S_T^{\ominus}$ 为材料在温度 T 时的绝对熵,cal/(mol·K);S_{298}^0 为材料在 298 K 时的摩尔标准熵,cal/(mol·K);c_p 为材料的比热容,eal/(mol·K);T 为温度,K。

物质的比热容与温度的关系,按梅尔–凯里(Maier–Kelly)比热容多项式计算,为

$$c_P = a + bT + cT^{-2} \tag{9.4}$$

式中,系数 a、b、c 由实验求出。由实验测得不同温度处理过的石油焦基块体的比热容系数见表 9.2。

表 9.2　石油焦基炭–石墨块的比热容系数

热处理温度/K	1 473	1 723	1 923	2 123	2 273	2 473	2 673	2 773	天然完善石墨
b/(J·mol^{-1}·K^{-2})	3.68×10^{-3}	3.77×10^{-3}	3.56×10^{-3}	3.48×10^{-3}	3.60×10^{-3}	3.68×10^{-3}	3.60×10^{-3}	3.43×10^{-3}	4.27×10^{-3}
$-c$/(J·K·mol^{-1})	11.68×10^5	11.78×10^5	12.60×10^5	13.10×10^5	12.23×10^5	11.72×10^5	12.35×10^5	13.40×10^5	8.79×10^5

注:在所有温度下 $a = 17.2$ J/(mol·K)

体系的温度从 T_1 升至 T_2 时的熵变 ΔS 为

$$\Delta S = S_{T_2}^0 - S_{T_1}^0 \tag{9.5}$$

当 $T_1 = 298$ K 时,则

$$\Delta S = S_{T_2}^0 - S_{T_1}^0 = \int_{298}^{T_2} c_p \frac{\mathrm{d}T_2}{T_2} \tag{9.6}$$

上式说明 ΔS 只取决于初态,与过程无关。

体系的石墨化进行的方向,由石墨化过程的不可逆度来判别,而过程的不可逆度是由过程的热温熵差来决定的。体系的热量 $Q = \int_{T_1}^{T_2} c_p \mathrm{d}T$,则石

墨化过程的不可逆度由下式决定,即

$$\frac{Q}{T_{环}} - \Delta S = \int_{T_1}^{T_2} c_p \frac{\mathrm{d}T}{T_{环}} - \Delta S < 0 \tag{9.7}$$

式中,Q 为体系的热量;$T_{环}$ 为体系的环境温度。

石墨化是一种不可逆过程,但当温度达到恒定,在等温维持时间内对无定形炭转化为石墨的效应减少到最小以后,石墨化过程就转为可逆状态,即碳原子排列的有序化和由于热运动导致的无序化过程达到平衡。

为了明白石墨化全过程的体系的熵差变化,利用公式(9.6)和表9.2的热容系数计算了两种炭素物质的熵差随温度而变化的关系曲线(图9.1)。

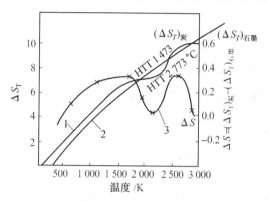

图9.1　石油焦基炭块在1 473 K焙烧后和2 773 K
石墨化的熵变与温度的关系
（在300 ~ 2 800 K间测定）

由图9.1中曲线3可见,焙烧块和石墨化块的熵变差值$(\Delta S_T)_{石墨}$ 一 $(\Delta S_T)_{炭}$ 不呈单调变化,焙烧块的熵变随着温度的提高比石墨化块更快些。从1 000 ~ 1 700 K,其差值从0.94 J/(mol·K)增大到1.29 J/(mol·K),说明在这一温区炭块是吸热的,所增加的能量促进了二维乱层结构从1 700 K开始到2 200 K差值很快降到0.24 J/(mol·K),说明随着二维排列的形成,体积收缩,体系放出潜热,熵差值降低。从2 200 ~ 2 500 K,焙烧块的熵变差又急剧增大,体系再次吸热,这与材料中碳化物的形成和分解、杂质的排除以及三维排列的形成都有关系,以后随着温度的提高,焙烧块已进行石墨化,熵变差为零,即两种材料的石墨化度相等。

2. 石墨化过程中炭 – 石墨材料的热焓

热力学的另一个重要参数是热焓(H),它是物质内能 U 的函数,储藏在炭素物质中的内能可能在燃烧时释放出来,燃烧热与内能成正比。无定形炭经高温处理转化为石墨的热效应,可按其石墨化前后燃烧热的差值来衡量。炭素物料的结构越完善,则它的热焓(表现为燃烧热)便越小。表9.3为不同来源的石油焦的试验数据。

表9.3　石油焦燃烧热及其他物理试验数据

石油焦	燃烧热/(kcal·mol⁻¹)			d_{002}/nm	石墨化度/%	X射线密度/(g·cm⁻²)	体积密度/(g·cm⁻²)	电阻率/(Ω·mm²·m⁻¹)
	煅后	石墨化后	差值					
上海釜式焦	98.1	96.1	-2.0	0.338 2	48.8	2.240	1.67	30.5
独山子延迟焦	99.2	96.0	-3.2	0.338 4	46.6	2.241	1.69	25.7
抚顺一厂延迟焦	98.1	97.0	-1.1	0.338 1	50.0	2.242	1.69	22.7
抚顺一厂釜式焦	96.4	95.8	-0.6	0.338 7	43.3	2.240	1.63	31.6
胜利延迟焦	96.0	95.5	-0.5	0.339 4	36.2	2.234	1.61	24.8

从表9.3可见,石油焦石墨化前后的燃烧热的差值达2.09 ~ 13.4 kJ/mol。它们的燃烧热与挥发分和氢含量成正比,当焦炭煅烧以后,不仅排除了挥发分和化合态的氢,还有一定的结构重排(有序化),在煅烧时有放热过程,但在煅烧到700 ℃以前,它还有一个吸热过程。

图9.2所示为各种焦炭的焙烧热与它们热处理温度的关系。从图9.2中曲线可见,热处理温度从600 K提高到2 800 K,热焓曲线的变化并不是单调地下降,而是呈复杂形状。例如,石油焦(曲线2)在2 200 ~ 2 500 K,热焓数增大,表示在这个石墨化决定性阶段,体系有吸热过程,与此相应的是石墨的层间距离d_{002}有些增大(曲线3)。

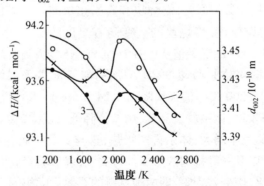

图9.2　焦炭的焙烧热与它们热处理温度的关系

1— 沥青;2— 石油焦;3— 材料的层间距

近年来,国外还采用高温量热计来测定固体物料的热焓,它的原理是将样品置于高温炉内恒温,然后装入一温度较低的量热计中,由此可以测得不同温度下的热焓。

3. 石墨化过程中的热力学条件

石墨化炉保温料虽能把高温炉芯与外界隔离,起到热绝缘作用,但炉芯仍然能和外界有一定的热交换,即有能量传递关系,不能用熵差来作为过程进行的方向和限度的判据。

一般的石墨化是在常压(恒压)下进行的,若在其过程中截取很短一段时间和很窄一段温区来研究石墨化进行情况,就可以看作是在恒温恒压下进行的,因此,可以引入等温等压位的概念。

由热力学方程,令

$$U - TS + PV = G \tag{9.8}$$

则有

$$- \mathrm{d}G = \delta A \tag{9.9}$$

上式的 G 就是等温等压位(吉布斯函数),在热力学中常把一摩尔物质的吉布斯函数称为化学势,这个名词更能表达反应或相变进行的方向和限度。在有相变的化学反应中,相平衡条件就是两相的化学势彼此相等,即 $\mathrm{d}G = 0$,由式(9.9)知,就是 δA 等于零。化学势降到最低,这就是普遍的等温等压位判据。

由于 $H = U + PV$,代入式(9.8)得

$$\Delta G = \Delta H - T\Delta S \tag{9.10}$$

式中,$\Delta H = \int_{298}^{T} c_p \mathrm{d}T$。

由前面讨论可知,体系的热焓在石墨化过程中是趋于减少的,而熵变则一直随温升而增大,故在高温下必有较大的 $T\Delta S$ 值。如能大于 ΔH,则 $\Delta G < 0$,石墨化就能在高温下自发进行,只要得到该温下的 ΔH 和 ΔS 数据。就可以按式(9.10)求得 ΔG,判定在该温度下反应能否进行。

乱层结构和三维结构显然是不同相的碳的聚集体,它们具有不同的热力学性质。但是,在相变温度下,由于它们两者的吉布斯热力位相差不大(图9.3),会发生瞬间的可逆过程,即强烈的相的涨落。此时,新的三维排列的形成和旧的三维排列的破坏都在进行,在一定温度下出现平衡状态,这也就说明等温条件下的维持时间,对石墨化度的提高并没有大的作用。

9.3.2 石墨化过程中的动力学

吉布斯函数的性质仅能说明在给定的热力学条件下石墨化过程进行

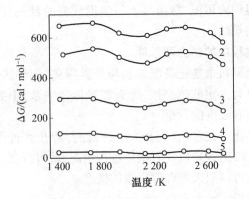

图9.3 模压热裂石油焦块体吉布斯函数与温度的关系曲线

1—750 K;2—700 K;3—600 K;4—500 K;5—400 K

的方向,而不能指出过程的速度。过程进行的速度取决于两相反过程(即有序化和由于原子热运动引起的无序化)的比例关系,这是动力学研究的范畴,研究石墨化的目的是要确定在一定的温度和时间内无定形炭向石墨转化的速度,以便正确掌握石墨化的进程,达到保证产品质量,节约能源和降低生产成本的目的。另一方面,也还可以结合探讨无定形炭转化成石墨的机理。不同类型的炭的石墨化动力学曲线并不完全相同。所以,对不同来源的炭要分别加以研究。

1. 等温维持时间对石墨化度的影响

许多研究者提出了许多实验数据和分析,其总的规律是,在一定的温度下,对某一给定的炭向石墨转化有一定限度。这一限度在不长的维持时间内就可以达到,而必须维持时间的长短又视温度的高低和其他条件而定。即在较低温度下,要达到某一给定的指标需要的时间长;而随着温度的提高,这一弛豫时间将缩短。这一规律表明,热处理温度与时间相比,占了主导地位。图9.4所示为石油焦基样品分别在2 273 K加热20 h和在3 273 K加热6 h,发现试样微晶间距的缩小和电阻系数的降低主要是在开头的1 ~ 2 h,以后随着时间的延长,变化很小。

利用精确的实验技术,可以在石墨化度(P)与等温时间的关系曲线上看到分阶段转化的现象,即样品的石墨化度(及其他物性)在一段时间内不变,随后很快地变到一个新值,又保持一段时间的稳定,如图9.5所示。

之所以会出现这种转化的阶段性,是由于某些妨碍结构转化的缺陷要经过一定时间才能消除。当这些缺陷的数量降低到一临界值时,曲线很快地发生变化,这一过程不断重复,直到体系达到它的该温度下的热力学平

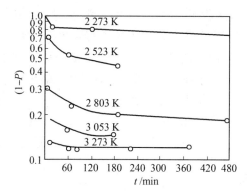

图9.4 等温维持时间与$(1-P)$的关系曲线
(P— 具有石墨关系的层面分数)

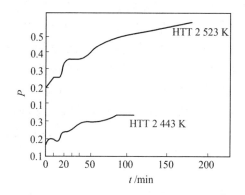

图9.5 等温维持时间内的分阶段变化

衡为止。可以设想,在温度维持初期,较小的气孔、晶界、位错首先很快地消除,因此,在开始的30 min以内曲线的斜率较陡。

这种缺陷的消除,除上述动力学因素外,还与石墨化的宏观物理过程有关,但这不属于动力学范畴。可以设想为,已经初步形成的石墨微晶的垂直方向和平行于层面方向的线胀系数是不同的,微晶膨胀的各向异性引起了内应力。这个内应力 σ 的大小,可近似地由下式决定:

$$\sigma = \frac{a_\perp - a_{//}}{\dfrac{1}{E_\perp} + \dfrac{1}{E_{//}}}$$

式中,$a_\perp$,$a_{//}$ 分别为在温差 ΔT 下,垂直和平行于石墨层面的相对膨胀量;$E_\perp$,$E_{//}$ 分别为垂直和平行于石墨层面的弹性模量。

升温速度对晶格常数没有影响,但对样品的一些物理性质则有影响。

快速升温将使材料的收缩率减小,气孔率增大,晶粒间接触表面减小,引起材料的机械强度下降,电阻系数增大等。石墨化冷却速度对材料结构也有一定影响,石油焦基样品加热至 2 600 ℃ 急速冷却后,它的 X 射线衍射曲线(12) 峰的强度要减小 60%,半高宽增大 5%,说明快速冷却对材料的三维排列起破坏作用,而且引起晶粒细化。

2. 温度对石墨化速度的影响

实验证明,在 2 273 K 以下,无定形炭的石墨化的速度很小,要到 2 473 K 以上才有显著的增大。这一现象说明,石墨化过程的活化能不是恒定的, 从石墨化过程开始至石墨化过程结束, 活化能为 315 ～ 1 115 kJ/mol。 它随着石墨三维排列的完善程度的增大而增大,材料的石墨化程度越高,使它进一步石墨化便要越大的活化能。从微晶成长的分子机理来看,在乱层结构中,有序化将在一个或一个以上的成核平面上发生。在石墨化初期,一至两个平面转动一定的角度,产生一个小的六方平面族(微晶),所需活化能小。然后微晶逐渐层面增加,质量增大,当它们和相邻大晶体重叠或结合时,势必需要较大的活化能来推动。

有序排列需要的活化能,可以是从外部导入体系中热能,也可以是从体系中放出的潜热。这种被释放的能量,可以直接传递给碳原子或分子,使它们更热一些,变为有序排列的推动力。由阿累尼乌斯经验公式,石墨化过程的反应速度与温度的关系如下:

$$K = K_0 \cdot e^{-E/RT} \tag{9.11}$$

式中,K,K_0 为石墨化过程的速度常数,s^{-1};E 为活化能常数,石油焦为 37 620 J/mol;R 为气体常数,$R = 8.8$ J/(mol·K);T 为绝对温度,K。

上式两边取对数得

$$\ln K = -\frac{E}{RT} + \ln K_0 \tag{9.12}$$

当温度为 $T_1 \sim T_2$ 时,其反应的速度常数分别为 K_1 与 K_2,则可推出活化能方程式为

$$\ln \frac{K_2}{K_1} = -\frac{E}{R}(\frac{T_2 - T_1}{T_2 T_1}) \tag{9.13}$$

式中,K_1,K_2 如可由实验求得,由上式可计算与石墨化各温度阶段相对应的表观活化能 E_1,E_2,$E_3 \cdots$。

石墨化过程中,体系的热熔和活化能的关系如图9.6所示。图中曲线 AB 段表示石墨化升温初期,体系吸收热量。给体系过量的能量(E_1),这一能量的一部分使低沸点杂质蒸发,另一部分转化为碳原子或分子的平动、

转动和振动的动力,以便克服能峰 B。在越过能峰 B 以后(1 700 K 以上),即 BC 段体系中有键的断裂和新键的形成,小分子联结成大的平面分子,形成乱层结构,放出内能,由 B 到达 C,这种炭的过度形态中,具有比焙烧块高的热焓 ΔH_2。

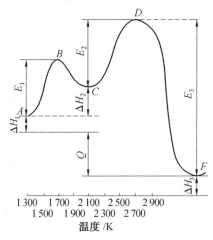

图 9.6 石墨化过程中体系的热焓与活化能的关系

在 CD 段,即 2 000 K 以上,交错进行着碳化物的形成和分解,高沸点杂质的蒸发,碳原子的蒸发和再结晶,体系吸收活化能 E_2,以克服能峰 D。当体系越过能峰 D 以后,在 DF 段进行着以三维排列为主的结构转化,体系趋于稳定,此时体系放出潜热。随着冷却降温,体系的能量由 D 降到 F,成为性能稳定的人造石墨。E_3 为逆反应的活化能,它比 E_1 与 E_2 的和还大,说明在石墨化温度不断升高的情况下,没有可逆过程。另外说明石墨的性能是稳定的,能经受高能辐射而不受破坏(逆反应)。

对式(9.12)微分,得

$$\frac{\mathrm{d}\ln K}{\mathrm{d}T} = \frac{E}{RT^2} \tag{9.14}$$

此式表示,$\ln K$ 随 T 的变化率与 E 成比例,这意味着活化能越高,则随着温度的升高石墨化速度常数也越大,即高温对炭向石墨的转化有利。但是,石墨化的速度常数除了与活化能有关外,还要依碳平面网格互相定向的情况而变,因为这些平面网格的移动,即使在高温下也很有限。

制品在石墨化高温下逗留时间的长短与石墨化程度(P)及速度常数 K 的关系可表示为

$$P = 1 - \mathrm{e}^{-Kt} \tag{9.15}$$

式中, t 为时间,s。

另外,关于石墨化过程中材料的层面间距的变化与动力学的关系,通过研究得到层面间距为

$$\frac{\bar{c}}{2} = \bar{d} = d_\infty + (\overline{d_0} - d_\infty) \sum W_i e - K_i t \qquad (9.16)$$

式中, $\overline{d_0}$ 和 d_∞ 为初始层间距和最终的层间距; W_i 为频率系数; K_i 为恒定的石墨化速度; k_1,k_2 为在温度 T 时结构重建的速度常数; T 为在温度 T 时的热处理时间。

此外,在石墨化过程中,外部环境气氛、催化剂或杂质等因素均对石墨化有影响。

9.4 石墨化过程与石墨化程度

9.4.1 石墨化过程

在石墨化过程中,炭-石墨体系既有吸热也有放热,按温度特性大致可分为以下三个阶段。

第一阶段(1 000 ~ 1 800 ℃):在比焙烧更高的温度下,制品进一步排出挥发分,所有残留下来的脂肪族链、C—H、C—O 键等都在这一温度范围内先后断裂。乱层结构层间的碳原子、氢、氧、氮、硫等单体或简单分子(CH、CO、CO_2 等)也在这时排出,一部分杂乱分散的平面分子结合成大分子,在这一温度区吸热过程主要是化学反应的继续。同时也有物理过程,表现在一部分微晶边界消失,原来的界面能以热的形式放出,作为促进碳六角网格有序化的动力。由 X 射线分析可知,在这一温度范围内,碳原子层面的堆积没有明显的增大,它们的有序排列是在二维平面内进行的,二维平面尺寸不超过 8 nm,大分子仍是乱层结构的。

第二阶段(1 800 ~ 2 400 K):这一阶段有两种情况,一是随着温度的上升,体系获得更多的能量。碳原子热振动频率增加,振幅增大,受最小自由能规律的支配,网格层面向三维排列的石墨结构过度,层间距离缩小。与此同时,碳原子沿平行于平面网格方向的振幅增大,晶体平面上的位错线和晶界逐渐消失,放出潜热。到 2 000 K 时,体系的熵增量到了最低点,它将延续到 2 000 K 以上,在这一温度下处理过的石墨的 X 射线衍射谱内逐渐出现比较尖锐的($hk0$)、(001)和一些(hkl)线,证明已进行了三维有序

排列,这是一种放出内能的退火过程。另一种与此平行的反应是,在 2 000 ~ 2 400 K,有些杂质生成碳化物(主要是碳化硅),并在其后的更高温度下分解为金属蒸气和石墨。除此以外,在接近 2 400 K 时碳开始蒸发,出现热缺陷,这些都要消耗能量。由于这些过程在 2 000 ~ 2 400 K 间进行得较多,体系吸收热能,表现为熵变的重新增大。

第三阶段(2 400 K 以上):一般的石油焦和沥青焦等易石墨化炭在 2 400 K 温度下,晶粒的 a 轴方向平均长大到 10 ~ 150 nm,c 轴方向约达 60 层(约 20 nm)。由于上阶段的有序化,引起晶粒的收缩,晶粒界面间隙有所扩大。如果按上面所讨论的晶粒成长机理,即使继续提高温度,晶粒间也不能互相靠拢,无法黏结成更大的晶粒,此时晶粒的成长要靠新的机理来实现,即再结晶过程。

这种再结晶过程,一方面,是碳平面分子内部或分子间的碳原子移动,进行晶格的完善化和三维排列,另一方面,在 2 400 K 以上的高温,碳物质的蒸发率随温度的升高指数式地增大(见表 9.4)。

表 9.4 碳物质的蒸发率随温度的变化

温度/℃	2 400	2 500	2 600	2 700	2 800	2 900
蒸发率 /(g·(cm²·s)$^{-1}$)	$4.4×10^{-8}$	$1.8×10^{-7}$	$7.2×10^{-7}$	$3.0×10^{-6}$	$1.2×10^{-5}$	$5.0×10^{-5}$

此时,在石墨化体系中,充满着 C、C_2、C_3(C_2+C)、C_4(C_3+C)等碳原子和分子气体,在固相和气相间进行着极其活跃的物质交换——再结晶。

根据石墨化过程中各个温度阶段的特点,在工艺上应采取不同的升温制度。室温至 1 573 K 为重复焙烧,对石墨化来说仅为制品的预热阶段,采用较快的升温速度,制品不会产生裂纹;1 573 K ~ 2 073 K 是石墨化的关键温度区间,且石墨化体系存在放热效应,为了防止热应力过于集中,产生裂纹分频,同时也为了保持一定的维温时间,必须严格控制升温速度,2 073 K 以上石墨晶体结构已基本形成,体系吸热促使石墨化度进一步提高,此时,维温时间的影响已经很小,升温速度可快些。

9.4.2 石墨化过程中炭石墨材料结构与性能的变化

无定形炭经高温作用向石墨转化过程中,其结构和性能(热学、电学、机械)都将产生变化。如石油焦在石墨化过程中晶粒宽度(L_a)、厚度(L_c)的增长及层间距离(d)的缩小等如图 9.7 所示。

无定形炭向石墨晶体转化的完善程度,就称为石墨化程度(或称为石

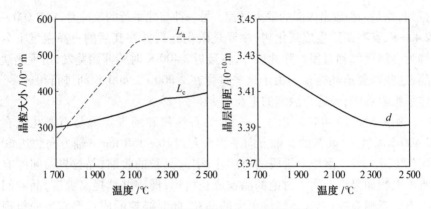

图 9.7 石墨的晶体增长与温度的关系

墨化度）。

　　炭石墨材料的石墨化程度在工艺上用电阻率及真密度两项指标来表征。炭石墨材料石墨化后的真密度越高,电阻率越低,说明其石墨化程度越好。但是,不同原料即使在同一温度下石墨化,石墨化程度也有不同,沥青焦总比石油焦差一些。图 9.8 所示为一种以沥青焦作原料的坯体在石墨化过程中的真密度与电阻率的变化曲线。图 9.9 为石油焦在石墨化过程中真密度的变化曲线。炭石墨材料工艺有时十分难以掌握,一方面要考虑材料的特点,另一方面要选择合适的工艺规范,显然,影响石墨化过程的主要因素是温度,但在高温下停留时间的长短仍然起一定的作用,可以这

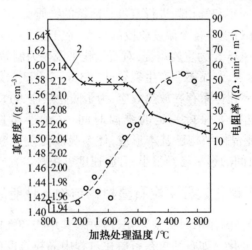

图 9.8 沥青焦坯体在石墨化过程中的真密度与电阻率的变化曲线

1—真密度;2—电阻率

样认为,石墨化温度越高,材料完成石墨化过程需要的时间就越短,在几分钟或十几分钟即可达到一定的石墨化程度。而在较低的温度下石墨化,则需要较长时间才能完成石墨化。图 9.10 为某种石油焦在不同温度下达到稳定状态(层间距离 d_{002} 不再有大的变化)的时间曲线。

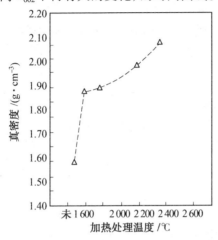

图 9.9　石油焦在石墨化过程中真密度的变化曲线

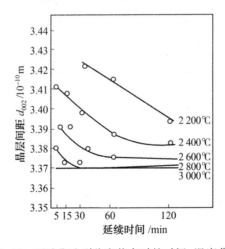

图 9.10　石油焦达到稳定状态时的时间-温度曲线

以某种石油焦需要达到石墨化程度 0.97 为例,在不同高温下理论上所需的时间为:

持续加热温度/℃	1 900	2 150	2 420
所需加热时间	1 个月	13 h	2 h

以 25% 沥青焦与 75% 石油焦生产的石墨制品,在焙烧过程及石墨化

过程中,不论是直径或长度都有一定程度的收缩。如焙烧后,长度收缩率一般是 1.5% ~ 2%,直径收缩率为 0.5% ~ 1.0%,体积收缩率为 2.5% ~ 3.5%。在石墨化过程中,长度收缩率为 0.4% ~ 1%,直径收缩率为 1.0% ~ 1.6%,体积收缩率约为 2% ~ 3.8%。表9.5列出几种规格的石墨电极在石墨化过程中的收缩数据。

表9.5 焙烧半成品在石墨化过程中的收缩(青岛西特炭素有限公司数据)

产品直径 /mm	收缩率/%			体积密度/(g·cm⁻³)	
	直径	长度	体积	焙烧品	石墨化品
200	1.40	0.43	3.03	1.547	1.562
250	1.57	0.67	3.78	1.57	1.587
300	1.57	0.67	3.83	1.53	1.543
350	1.06	0.36	2.11	1.549	1.532
400	1.22	1.14	3.43	1.503	1.50

焙烧品在石墨化过程中的收缩受多方面因素的影响,如原料配比、配料时沥青用量及粒度组成、焙烧温度及石墨化温度等。

此外,导热性、热膨胀、抗热振性、耐氧化性及力学性能都有所改变,见表9.6。

表9.6 焙烧品与石墨化品物理化学指标对比(成都龙泉曙光电碳厂数据)

项目	比电阻 /(Ω·mm²· m⁻¹)	真密度 /(g·cm⁻³)	体积密度 /(g·cm⁻³)	抗压强度 /MPa	孔度 /%	灰分 /%	热导率 /[J·(cm·s·℃)⁻¹]	线胀系数 /K⁻¹	氧化开始温度/℃
焙烧品	40 ~ 60	2.0 ~ 2.05	1.5 ~ 1.6	25 ~ 35	20 ~ 25	0.5	0.036 ~ 0.067 (175 ~ 675 ℃)	1.6 ~ 4.5×10⁻⁶ (20 ~ 500 ℃)	450 ~ 550
石墨化品	6 ~ 12	2.20 ~ 2.2	1.50 ~ 1.65	16 ~ 30	25 ~ 30	0.3	0.178 (150 ~ 300 ℃)	2.6×10⁻⁶ (20 ~ 500 ℃)	600 ~ 700

由表可知,石墨化后,比电阻降低 3 ~ 4 倍,真密度提高了约 10%,导热性提高约 5 倍,线胀系数约降低一倍,氧化开始温度也有所提高,只有机械强度有所下降,但易于机械加工,并且抗热振性也有显著的提高。

9.4.3 石墨化程度的表征

炭素材料的石墨化达到何种程度,可用多种方法表征:

①测定炭素材料石墨化后的真密度。石墨化的真密度越接近理想石墨的真密度(2.266 g/cm³),则这种材料的石墨化程度越高。

②测定材料的电阻率。单晶石墨在室温时沿层面方向的电阻率约为$5×10^{-5}\Omega\cdot cm$,多晶石墨由于各种因素(如杂质、气孔)的影响,其电阻率要大得多,多数人造石墨电阻率约为单晶石墨平行于层面方向电阻率的20倍左右。

③利用X射线衍射法测定晶格参数(a_0与C_0)。理想石墨晶格的$C_0/2$层间距离为0.335 4 nm,a_0为0.246 14 nm。各种人造石墨制品经X射线衍射法测定的$C_0/2$都大于理想石墨的$C_0/2$(0.335 4 nm),被测试样的C_0越接近理想石墨的C_0,说明石墨化程度越高。除此之外,还有R·E·弗兰克林导出了一个晶格常数C_0与石墨化程度直接联系的公式。其依据是,一般的人造石墨是六角网格平面有序重叠部分的混合体。图9.11所示为石墨微晶体的结构模型示意图。假定无序重叠的未石墨化部分所占比例为P,P值即为R·E·弗兰克林值。并认为无序重叠的未石墨化部分的平均层间距离为0.344 nm,而完全呈有序重叠的理想石墨的层间距离为0.335 4 nm。

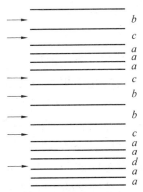

图9.11 石墨微晶体的结构模型示意图

a—已定向的层间距离0.23 54 nm;b—未定向的层间距离0.344 nm;c—已定向层两边的未定向层间距离;d—两个已定向层中间的层间距离(箭号表示未定向的位置)

人造石墨材料的石墨晶格的平均层间距离$d_{002}(\bar{d})$与P值的关系式如下:

$$d_{002}=0.344-0.008\ 6(1-P^2) \tag{9.17}$$

或

$$d_{002} = 0.344 - 0.008\ 6(1-P) - 0.006\ 4P(1-P) \qquad (9.17')$$

式中,0.008 6 为理想石墨 $C_0/2$ (0.335 4 nm) 与石墨化后间距离的最大层间距离(0.344 nm)的差值((0.344 ~ 0.335 4) nm);0.006 4 为理想石墨层间距离(0.335 4 nm)与石墨化后层间距离的最小值(0.341 8 nm)之差值((0.341 8 ~ 0.335 4) nm)。

有资料提出按照面间距随热处理温度的提高而减小的规律来计算石墨材料的石墨化程度(P)

$$P = \frac{\Delta d}{\Delta_0} = (\frac{0.344 - d_{002}}{0.008\ 6}) \times 100\% \qquad (9.18)$$

式中,Δd 为完全未石墨化的炭素材料的面间距与待测石墨材料的面间距(d_{002})的差值;Δ_0 为完全未被石墨化的炭素材料的面间距与理想石墨面间距的差值(0.344 - 0.335 4 = 0.008 6)。

当 $P=1$ 时,表示 100% 的石墨化;$P=0$ 时,表示完全没有石墨化。

9.5 影响石墨化的因素

9.5.1 原料

在石墨制品生产中,选择易石墨化的原料是生产好制品的先决条件,在同样的热处理温度下,易石墨化炭更容易转变成为石墨晶体。因此,高功率和超高功率电极都加入一定比例或全部采用针状焦来生产,必须指出的是,由于各种原料的石墨化难易程度不同,它们的石墨化温度以及在一定温度下所能达到的石墨化度也是不同的。

经过进一步研究发现,就是同属于一个系列的易石墨化炭,如石油焦系列或针状焦系列,由于产地等因素的不同,造成其组分有差异,易石墨化的程度也就略有不同,主要是受硫等杂质含量的影响。硫是对石墨化影响最大的杂质,一方面,硫在石墨化过程中以硫化物的形式溢出,使制品产生气胀现象,易使制品产生裂纹。另一方面,硫等这些杂质在石墨化过程中,元素中的原子会不同程度地侵入碳原子的点阵中,并在碳原子的点阵中占据位置,造成石墨晶格缺陷,使制品的石墨化程度降低。

9.5.2 石墨化温度及高温下停留的时间

例如,Fisehbach 将经过 2 000 ℃热处理的石油焦,在 2 200 ~ 2 900 ℃

的各个温度下,改变热处理时间进行石墨化,所得石墨品的点阵参数 C_0 的变化如图 9.12 所示。由图可知,石墨化温度越低,对热处理时间的依赖性越大。另外,对图中石墨化温度不同的各条曲线,通过平移其时间轴,可重合成图 9.13 所示的一根总曲线。

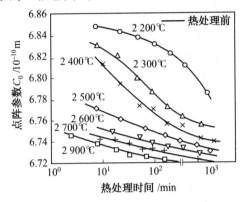

图 9.12　石油焦在各种石墨化温度下的热处理
时间与点阵参数(C_0)的关系

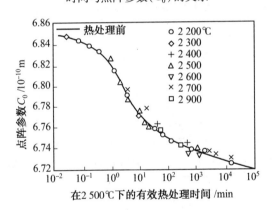

图 9.13　石油焦的点阵参数(C_0)与同热处理时间有关的以 2 500 ℃ 为基准的总曲线
(平移图 9.12 的在各种温度下的曲线的对数时
间轴同 2 500 ℃ 的曲线重合,将对数移动量对热
处理温度的倒数作图对可得线性关系)

　　这表明石墨化同热处理温度无关(即不存在固有的石墨化热处理温度上限),即使是较低的热处理温度,若加长热处理时间,那么石墨化度也将无限接近最终值(C_0 为 0.670 8 nm)。但它的前提是在 2 000 ℃ 以上的实验条件范围内取得的结果,在 2 000 ℃ 以下的温度范围不能保证取得同样

的结果。

　　以上的事实,似乎同温度是决定性因素相矛盾,不过,大概可由如下结果来理解,在工业性的石墨化中,通常在最高温度下的处理时间为 10^2 min 的单位,而在 2 000 ℃以上温度下热处理时间为 $10^2 \sim 10^3$ min 的单位。

　　通过以与此重合所需时间轴的移动量对处理温度作 Ahhenius 图,可求得石墨化的活化能,除点阵参数外,许多研究人员又用上述的各种参数求得活化能,结果大致分布在 160 ~ 270 kcal/mol 的范围内。获得如此不同的结果,是因为与石墨化有关的条件因素的多样性和石墨化机理的复杂性。

　　在石墨化过程中,极快地提高热处理升温速度(如用 3 min 从常温升到 2 800 ℃)得到的石墨化品,与经普通石墨化处理得到的石墨化品相比,尽管在点阵参数和微晶尺寸方面看不到较大的差异,但其真密度、电导率和线胀系数变小。这种现象可归咎于闭口气孔的增大,即使再进行热处理,这一特征也消除不掉。

9.5.3　压力对石墨化过程的影响

　　提高压力对石墨化有一定的促进作用。有人把石油焦等碳化物在 1 ~ 10 kPa 的压力下加热时发现,在 1 400 ~ 1 500 ℃的低温下就开始石墨化。反之,减压加热时,对石墨化有抑制作用,实践证明,如果石墨化在真空条件下进行,则它将达不到一般大气压下能够到达的石墨化程度。

　　如图 9.14 所示为石油焦试样的层间距离 d_{002} 同处理时的空气压力的关系,由图可知,石墨化时,空气压力减小,则石墨化程度降低(层间距大)。微量氧的存在(266.6 ~ 533.3 Pa)能促进石墨化。焦炭在含有少量

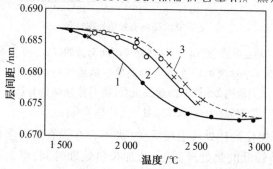

图 9.14　石油焦试样的层间距离 d_{002} 同处理时的空气压力的关系

1—大气压力;2—低于大气压力;3—真空

氧、氧化碳或碳氢化合物的中性气氛中热处理时,它的层间距的变小和 (16)/(110)衍射线强度比例的增大都是很显著的。产生这种现象的原因 是气相中的碳原子沉积到样品表层(即热解)。这个过程是复杂的,在一 定的温度下主要是分解反应,从而热解炭沉积在固相的表面,这种热解炭 的三维排列程度比无定形炭转化的更高,可用热解沉积的定向效应来说 明。

图 9.15 为氯气和惰性气体介质对热解炭和水合纤维素纤维结构形成 的影响关系,在 2 100~3 000 ℃温度范围内,热解炭在氯气(Cl$_2$)和氩气 (Ar$_2$)介质中处理,石墨化程度急剧提高,被石墨化得非常好。但对最难石 墨化的水合纤维素纤维在氯气和氩气介质中处理时,d_{002}值差别极大,可以 说水合纤维素纤维在氩气介质中通常不被石墨化,而在氯气介质中在 2 700 ℃时就已在进行石墨化了。

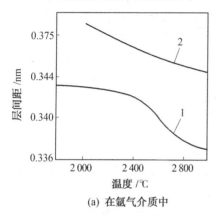
(a) 在氩气介质中

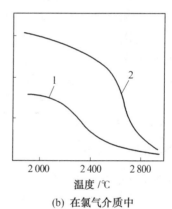
(b) 在氯气介质中

图 9.15 炭素材料层间距 d_{002} 与热处理温度的关系
1—热解炭;2—水合纤维素纤维

在各种介质(氯气和氩气)中处理的焦炭的雏晶直径与热处理温度的 关系见表 9.7。

表 9.7 在氩气和氯气介质中处理的焦炭的雏晶直径与处理温度的关系

处理温度/℃		2 000	2 200	2 400
雏晶直径 /nm	氩气	15.8	20.6	28.0
	氯气	17.5	27.0	32.2

另外,有资料表明,在惰性气体介质中比在空气中难以进行石墨化。

9.5.4　添加剂对石墨化过程的影响

在一定条件下,添加一定数量相应的催化剂,可以促进石墨化的进行,如硼、铁、硅、钛、镍、镁及其某些化合物等。催化剂的添加一般是以极细的粉末加入,由于它们的性质不同,对石墨化的促进机理和效果也不同,大致分两类。

(1)不溶-淀析机理。

无定形炭熔解于有催化作用的添加物中,如铁、钴、镍等,形成这些金属和碳的熔合物,通过化合物内部的原子重排,使碳作为石墨的结晶而析出。如溶铁的碳析出时,可得到单晶石墨。

(2)碳化物的形成-分解机理。

无定形炭与有催化作用的添加物形成碳化物,碳化物在高温下分解即生成石墨和金属蒸气。这种机理与碳化物的转化理论是类似的。

作为碳的催化剂,在元素周期表上有一定的规律,研究表明ⅠB、ⅡB族金属元素对碳的石墨化没有催化作用,而其他过渡元素则有催化作用。各种金属对石墨化的催化效应见表9.8。

表9.8　各种金属的催化效应

能促进均质石墨化的	硼
能催化形成石墨的	镁、钙、硅、锗
能催化形成石墨和乱层结构的	钛、矾、铬、锰、铁、钴、镍、铝、锆、铌、钼、铪、钽、钨
没有催化作用的	铜、锌、银、镉、锡、锑、金、汞、铅、铋

催化剂的添加有其最佳的加入量,过多的添加不仅使得催化作用不明显,而且会成为妨碍石墨晶体生成的杂质。正如碳化物转化理论一节中提到的:当石墨化度较低时,某些矿物杂质对石墨化有催化作用,但催化机理不局限于生成碳化物这种形式。当石墨化度较高时,矿物杂质的存在往往会使石墨晶格形成某种缺陷,妨碍石墨化度的进一步提高。

目前石墨电极中常以铁粉或铁的氧化物做添加剂。在同一温度下随着三氧化二铁含量的提高,石墨化度提高,但到3%以上,其趋于水平。

9.5.5　放射线辐照

研究人员对核反应堆用炭素材料进行了大量的研究,认为辐照的影响,因放射线的强度、辐照量、温度和时间的不同而异,还因炭素材料的种类不同而异。一般说来,石墨结构因辐照引起的变化是同石墨化相反的方向进行的(炭化)。

例如,石墨晶体的 c 轴方向因辐照而伸长,而 a 轴方向却收缩。另外,电导率和热导率等因辐照而减小,其他各种物性也可见到同石墨化相反方向(即变化结果为炭质化)的变化。

9.6 石墨化炉

石墨化炉是根据焦耳定律的原理而设计的直接加热、间歇运转的电阻炉。对艾其逊式石墨化炉而言,装入炉内的产品与少量的电阻料组成炉芯,产品本身既是发热电阻,又是被加热对象。对内串炉而言,装入炉内的产品就是炉芯,发热电阻由产品本身构成。制品靠自身的发热而使之石墨化。

9.6.1 艾奇逊式石墨化炉

艾奇逊式石墨化炉是 E. G. 艾奇逊在 1895 年提出的第一种石墨化工业炉。该炉采用直接加热、间歇生产方式。艾奇逊式石墨化炉一般包括炉底槽、炉头端墙、导电电极、炉侧墙、槽钢等几部分。艾奇逊式石墨化炉构造示意图如图 9.16 所示。

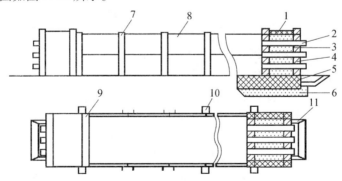

图 9.16 艾其逊式石墨化炉构造示意图

1—炉头内墙石墨块砌体;2—导电电极;3—填充石墨粉的炉头空间;4—炉头块砌体;5—耐火砖砌体;6—混凝土基础;7—炉侧槽钢支柱;8—炉侧活动板墙;9—炉头拉筋;10—吊挂移动母线排的支承架;11—水槽

炉底槽一般指石墨化炉两端墙之间长方形槽的底下部分。在石墨化炉的混凝土基础上,先砌 1~3 层红砖,然后再砌一层普通耐火砖,四周也用耐火砖砌起,至端墙多灰碳块处。如采用活动侧墙式,还要在两边砌上一排虎头砖,即构成炉底槽。

在炉槽的两端各砌上一个导电端墙,成为炉头端墙,炉头端墙的外侧墙用多灰碳块或用耐火黏土砖、高铝砖等砌筑,内侧墙用石墨化块砌筑。为加强保护炉头,使其在热膨胀或机械力的撞击下,不致引起大的变形和损坏,炉头两侧有槽钢或角钢制成的护架,并用钢拉筋固定。内、外两侧墙之间的空间填充石墨粉,并要捣固。石墨粉要求水分含量在 0.5% 以下,粒度为 0~5 mm,灰分在 1.5% 以下,粉末电阻率不大于 $350×10^{-6}$ $\Omega \cdot m$。装入石墨粉的目的是:

①密封及保温作用。

②同时还有部分均电流作用。

很多厂家选择在炉头石墨粉上放一层耐火砖或废阳极之类的东西将其盖上,盖上的主要作用有:增强密封效果,防止上盖保温料混入炉头石墨粉中。上盖保温料混入石墨粉中后,易形成硬块。

导电电极贯穿过内、外两端墙,与端墙构成一个整体。电极上有铜板通过夹紧夹具与之连接。铜板与铝母线排之间用多层薄铜片缓冲连接。电极靠向炉内的一端与炉内侧导电端墙相接。

石墨化炉在运行中,炉温达 2 300 ℃以上,导电电极与炉芯连接的一端就是在这样的高温下进行工作。导电电极的另一端与铜母线相连接,这就要保证与铜板的连接处的温度要低于铜板的融化温度,同时,因导电电极裸露在空气中,必须在低于氧化温度下工作。为此,一定要进行强制冷却。目前基本有两种冷却方式。

(1)直接淋水冷却。

以钻孔水管横架于导电电极上,浇水于导电电极及其与铜母线的连接处,使之冷却。这种直接冷却方式简单、方便,冷却效果好。其缺点是,冷却水四溅,易对炉体渗水。而且这种方式需要安装一泄水槽,水槽易阻塞,不及时处理,槽内水就容易渗入炉内,喷淋水也容易渗入炉内,使炉子的寿命周期缩短,同时易使炉内产品氧化。另外,在北方,冬季水槽四周容易结冰较多,不易处理。

(2)直接内冷。

在导电电极镗孔后直接用丝堵堵上,再接上一长一短两根水管,让水直接流到电极的圆孔后再排出。

这种方式的优点是易将水系统做成全封闭或半封闭系统,不会向炉内渗入。因为可以不用泄水槽,从而,用此方法的厂家,多把水系统做成半封闭系统。其缺点是:冷却效果不如直接淋水冷却,对水质要求较高,严禁缺水,否则炉头温度升高,再忽然通入冷水,易产生水爆,十分危险。

石墨化炉侧墙分固定墙和活动墙。固定式侧墙一般采用耐火砖砌筑,每隔一定间隔都要留一排气孔,以使送电过程中炉芯内的烟气能顺利排出。使用耐火砖做侧墙,保温效果好,使用寿命也稍长,但造价较高。

活动式侧墙是由水泥、黏土、耐火砖碎块等按一定比例配制而成,墙上留有排气孔。使用时将活动侧墙吊放在炉两侧、由槽钢做成的柱子间。活动式侧墙的优点是经济、省工,且冷却炉子时方便。其缺点是不耐机械冲击和热冲击,以及破损不能修补等。

此外,现在还出现了下半部为固定式,上半部为活动式的混合型侧墙,兼顾了两者的优点,使用效果比较理想。

槽钢(或铸铁支架)主要起固定侧墙的作用。通电炉芯由被加热的产品和中间填充电阻料组成。通电后炉体有一定的热胀力。

9.6.2 卡斯特纳石墨化炉

卡斯特纳石墨化炉与艾奇逊式石墨化炉有着同样的长的发展历史,它是一种不用电阻料的直接加热、间歇生产电阻炉,其结构图如图 9.17 所示。

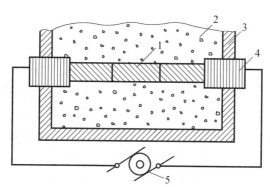

图 9.17 卡斯特纳石墨化炉示意图

1—装入半成品;2—保温料;3—炉头墙;4—导电电极;5—电源

这种石墨化炉的特点是将石墨化的半成品直接夹持在导电电极之间,在保温料或在惰性气氛中进行石墨化。由于不用电阻料,焦耳热完全由半成品内部产生,所以制品的温度分布比较均匀,成品质量比较均一,产生裂纹的可能性也小得多。但是,为了降低半成品端头之间的接头电阻,必须对半成品的断面预先进行精加工,同时还要选择柔软而电阻率较小的材料如炭布或柔性石墨填充在电极端面间。

9.6.3 间歇式石墨化炉

间歇式石墨化炉多为管式电阻炉。炉管的截面可以是圆形的,也可以是矩形的。炉管的数量可以是一根,也可以是多根。有的炉管只是一个通道,供待石墨化的半成品通过,而在管外用焦粒等电阻料做发热体。有的炉管本身就是电阻发热体。最简单地用焦粒等电阻发热体管式炉的结构如图 9.18 所示。该炉的炉管为石墨管,导电电极通电后,由于焦粒的发热,石墨中心部位的温度可达 2 500 ℃,待石墨化的半成品在外力的推动下,以一定的速度通过石墨管而实现石墨化。

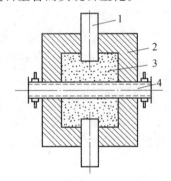

图 9.18　间接加热的管式石墨化炉
1—导电电极;2—炉体外墙;3—焦粒电阻料;4—炉管

间接加热式石墨化炉由于发热体的电阻基本不随时间变化,因此可以进行恒功率供电,供电操作比较简便,炉内有一个固定的高温区,温度易于控制,成品的质量比较稳定。其主要的缺点是炉管内径必须与制品的尺寸相匹配,局限性较大。此外,炉管因机械磨损、烧损,寿命较短,限制了设备的生产能力,故仅适用于生产小批量、小规格产品。

在以上总结的各种炉型中艾奇逊式石墨化炉因结构简单,坚固耐用,稳定可靠,维修方便等优点,一直是炭素工业的主要石墨化设备。

9.6.4 石墨化炉的测温技术

石墨化炉的温度测量是十分重要的工艺控制。为了准确地掌握炉温的上升速度及炉温的分布情况,必须对石墨化炉进行实际温度测量,并以此来调整功率曲线。石墨化炉温高达 2 300 ℃以上,因此用来测量石墨化炉炉温的测温管一般采用石墨测温管。石墨测温管的结构示意图如图9.19。

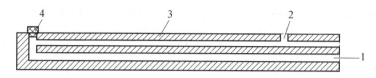

图 9.19　石墨测温管的结构示意图
1—测温孔;2—排烟孔;3—石墨棒;4—石墨塞

石墨管一般使用 Φ150 mm 的石墨电极制作,下面一个孔为测温孔,上面的孔是排除管内烟气用的,孔经大小以能放入热电偶及测量方便为准,一般情况下可以把下孔的直径做的比上孔大些,以便在使用光学高温仪测温时方便找准位置,上孔的直径可做的小些,主要是排放烟气用。

1 300 ℃ 以前用铂-铑热电偶,1 300 ℃ 以上用光学高温仪测量。大约在 550 ℃ 时,眼睛可以看见测温管的底部微红。

为了准确测量炉芯温度分布及升温速度,测温点应选择几个,测温次数可根据要求而定。

测温管处于高温时,往往因炉内烟气渗入管内及测温管底部的部分氧化,而在测温管内形成烟雾,影响测温效果,这时常采用惰性气体吹洗,一般采用氮气吹洗。

这种测试方法在 1 300 ℃ 以前使用铂-铑热电偶时测得的温度较准,在 1 300 ℃ 以后,由于仪器的误差和人的测量误差,主要是人的测量误差,导致测得的温度是不够准确的。但由于这种测试方法简单方便,现在仍广泛用于测量石墨化炉温度。

9.7　石墨化工艺的制定原理

炭素材料的石墨化是所有石墨制品多工序连续生产过程中的最后阶段。被石墨化的制品主要是经过压形和焙烧的毛坯。经过压形和焙烧,毛坯中产生许多大小不均匀的孔隙及异向性。而制品的导电性和导热性以及低的摩擦特性,需在石墨化过程中获得。无疑,对石墨成品的要求不限于此,它们应具备一系列在使用过程中非常重要的其他质量指标,如强度特性、热物理性质及一些化学性质,这些性质也在石墨化过程中形成。

现今的石墨材料主要是用艾奇逊法生产的。电阻材料(电阻料)和制品一起装炉以提高炉子工作区(炉芯)的电阻,但这一方法同时也改变了被石墨化材料的加热特性。如果按卡斯特纳法,电流直接流过制品,电能放出的热量均匀地分布在制品内。而按艾奇逊法,热量主要是由电阻料释放,然后通过热传导加热制品,加热从制品外部进行,因此制品内部温度经常不同,引起有害内应力的产生。在这一方法建立的同时就已经奠定了炉内进行的热过程与炉芯本身以及所有动力设备的电气特性的依从关系。石墨化过程应归属于电热学范畴。这些情况不仅决定了过程的特性,而且决定了理论上和工艺操作的实施上的难度。

9.7.1 炉芯的构成与尺寸的确定

炉芯的构成是石墨化工艺最重要的环节。标准的炉芯不仅保证制品产量高、质量好,而且能够更加节电。后者非常重要,不仅能降低成本,而且还具有经济意义。形象地说,在炉芯构成问题上集中了石墨化特殊工艺的全部方面。

炉芯尺寸应理解为其截面和长度大小,这些参数的确定在工艺和经济上具有决定性意义。这与电源最佳性能选择,即在给定条件下的炉用变压器紧密相关。炉芯尺寸由炉子供电电源设备的参数决定,因此,如果电力设备参数不变,炉芯尺寸应是固定不变的,即使在被石墨化制品的种类发生变化时,炉芯尺寸也应保持不变。但客观原因可能会造成这种情况,即不能与计算出的炉芯尺寸相适应,例如,制品的长度增加到超出炉芯的设计宽度或高度,或者制品截面大到在砌筑炉芯时不能得到炉芯的计算高度或宽度。在这种条件下不得不寻找另外的解决办法,或者放弃最佳方案。在构筑炉芯时,不仅要追求产品的质量高,而且要能达到要求的年产量,要同时考虑高的生产率和低的电耗。如果在偏离计算数据时,石墨化的高质量可能会达到,但在此情况下生产的经济效果无疑遭受损失。

在设计石墨化炉时,要大致准确地确定炉芯截面。炉芯长度根据所用石墨化炉的各种生产能力由经验确定。还应记住另一影响炉芯长度的因素:炉子长度过分增大,导致电抗增加,其结果工作效率急剧降低。因此,不允许炉子长度过分增大。

炉芯截面积根据下面公式计算:

$$S = I/\Delta I$$

式中,I 为变压器电流强度,A;ΔI 为炉芯最佳电流密度,A/cm^2;S 为炉芯截面积,cm^2。

在设计炉子时,根据其生产能力确定炉芯截面积,然后用得到的数值乘以最佳电流密度指标,获得重要的变压器性能之一——极限电流强度。

在该电流下,变压器可以长期运转。最佳电流密度不是计算出来的,而是根据各种功率和用途的石墨化炉的多年的使用经验确定的,出于这些考虑,炉芯电流密度采用 $2 \sim 2.5 \text{ A/cm}^2$。

靠增大炉芯截面积提高生产率未必适宜。这导致炉芯电阻降低,且在相同长度下,炉芯截面增大要求电流强度也要增大许多,才能使炉子能够在较高的功率因数下运行。电流强度增大时,电耗成比例增大,电效率降低。

现代工业生产中没有详细制订出确定最佳炉芯(炉子)长度的方法。如上所述,炉芯长度根据经验确定。但这种计算炉子长度的方法不能保证选择供电变压器的最佳功率时不出现差错。因此,炉芯长度应由变压器功率决定,或者正好相反。有资料提出一种新的计算炉芯长度的方法。当然,不能妄想计算的准确性很高,但它们已相当接近于实际值。为此,必须引用一个补充指标。这个指标就是单位面积功率密度 ΔW。将炉芯截面单位电流密度与单位面积功率密度指标相结合便可计算炉芯长度。考虑到石墨化炉的实际使用情况并进行相应的计算后,得出最佳量为 $\Delta W = 5 \sim 6 \text{ W/cm}^2$。

为了确定炉芯长度,提出下列公式:

$$L = W/(\Delta W \cdot Y) \tag{9.27}$$

式中,L 为炉芯长度,cm;W 为变压器功率,W;ΔW 为炉芯单位面积功率,W/cm^2;Y 为炉芯截面的周长,cm。

9.7.2 保温料与炉底料的作用与选择

1. 保温料

炉芯侧表面加热到 2 000 ℃以上,为了防止其燃烧和大量的热损失,在炉芯四周覆盖一层起保温作用的料,称为保温料。对保温料有严格的要求,它应具有高的热绝缘性,低的导电性和热容,好的透气性,应当不烧结。保温料能防止石墨化制品氧化,保护炉子侧墙免受高温的作用。但应考虑到在提高热绝缘性或增大保温层厚度时,会延长冷却时间,从而延长了炉子作业周期。为了克服这一缺点,在每个炉组系统多建 1 或 2 台炉。

许多材料可以用来制备保温料,但炉芯温度越高,已知的可以做保温料用的材料种类越少。在 2 000 ℃条件下,大部分电流流过保温料,分支电流加热了保温料,因此保温料将失去热绝缘性。

炭材料能增加保温料的耐火性,在粉碎后,它具有相当好的热绝缘性,能满足耐热性和低热导率两项指标。而炭材料所固有的导电性,应采取别的措施使其降低,为此,加入砂子,它是电绝缘体,但它使炭粉的导热性变坏。为此保温料中加入少量木屑,它可使炉料的松装量大大减小,电阻提高,恢复炭粉的导热性。这种保温料是由焦粉、石英砂、锯木屑,按质量比为 5：4：1 配比混合组成的。经有关部门测定,该保温料的导热系数为 0.17 W/m·℃,近似于石棉的导热系数(0 ℃时为 0.16 W/m·℃)。保温料的热容量为 0.71 kJ/kg·℃,体积密度为 0.8 ~ 0.99 cm³。这说明了这种保温料热容量较小,它所吸收和消耗的热量也比较少。也可采用细碎的焦炭、炭黑、碳化硅等做保温料,但要根据设备、材料、条件等而定。高纯石墨和电刷一般采用炭黑做保温料。若无木屑,加入焦粉可代替木屑与砂子。目前某厂使用的焦砂保温料配比见表9.9。

表9.9　某厂使用的焦砂保温料配比(%)

保温材料名称	焦粉	石英砂	旧保温料	木屑
配方1	55 ~ 60	30 ~ 35		10
配方2	30 ~ 35	10	45 ~ 50	10

在石墨化炉中,保温料处于变化的温度区,靠近侧墙处温度达 500 ~ 700 ℃,而靠近炉芯的地方超过 2 000 ℃。无疑,温度对于组成保温料的材料间的相互作用具有很大的影响。

砂子在高温(超过 1 600 ℃)下与碳作用生碳化硅,而在稍低的温度下生成氧化硅碳。这些物质是固体,不熔化,且电阻很高,因此,担心超过 1 700 ℃砂子会熔化是没有根据的,选择砂子是因为它在生成碳化硅后,仍然可作为保温料。木屑在温度超过 600 ℃时炭化,变成木炭。炭化后的木屑体积减小,降低保温料的绝热性。

保温料中含有的水分对其隔热性质有影响。它促使热导率增大,使热损失增加,并造成漏电,还将破坏炉芯中的温度分布,降低所达到的极限温度,降低电能利用率。另外,加热时使保温料的密度不能保持恒定。保温料温度越大,随温度的升高密度发生的变化越剧烈。保温料的热导率随湿度的增加而增大(图9.20)。建议使用水分3% ~4%的炉料,这时,保温料的体积不会发生大的变化,但扬尘显著减轻,这有利于改善车间的工作环境。然而当保温料水分高时,必须对保温料进行适当干燥。

2. 炉底料

石墨化炉由耐火黏土砖或耐火混凝土砌成,这些材料在 1 300 ~1 500 ℃下使用性能急剧降低,而在更高的石墨化温度下则不能使用。因此,在这样

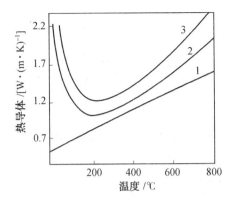

图 9.20 各种湿度的保温料热导率(原始)
1—干料;2—5% 水分;3—10% 水分

的条件下,用这些耐火材料砌底不适用,其他建筑材料也不适用,唯一的方法就是保护炉底,防止高温的危害,为此必须在炉底上面铺保护料。

炉底具备的特性是在 2 000 ℃ 温度下不被溶化,其次,它还应具备电阻和低热导率。可以考虑使用炭材料,但它的导电性好,在此条件下电流不仅流过炉芯,而且会通过炉底,这将会导致炉底过热和漏电。

为了满足对炉底料的所有要求,可用炭粉和砂子的混合物按化学式:$SiO_2+3C \longrightarrow SiC+2CO$,制备炉底料在温度高于 1 600 ℃ 时,将形成碳化硅。因为碳化硅不熔化,所以解决了炉底料在高温被熔化的问题。只有当温度达到 2 300 ℃ 以上时,它才开始分解成硅和碳,故在温度低于 2 300 ℃ 时其使用性能较佳。实际上炉底从未达到过这一温度。但是随着温度的升高,炉底导电性开始提高,为了减少这种现象,应采取一些措施,如对炉底进行降温冷却。有时在炉底料中加入木屑,这不仅能降炉底料的电导率,而且便于炉底修复而不破坏炉底砌体。

用耐火材料砌筑槽形炉底(图 9.21),在基础上铺一层木屑,也有不使用木屑,在整个槽空间填满制好的炉底料,料层厚通常为 650 ~ 700 mm,实际上厚度的确定以不使炉底过热为前提。炉底料的质量要经常检查,其电阻率应不低于 600 kΩ · mm^2/m。在制备炉底料的过程中,还要保持粒度组成不变。

为了保证正常的石墨化制度,避免大的热损失和炉底漏电,每个运行周期之前都应对炉底状况进行检查,修复发现的损伤。如果发现炉底结成的石墨的渗透程度深,其绝缘性明显变坏应清除并装填新的炉底料,这种操作通常每 5 ~ 6 个周期进行一次。正规铺好的炉底,多次测定的漏电应

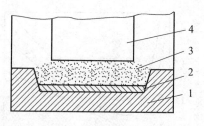

图 9.21　石墨化炉底横断面
1—基础;2—木屑;3—炉底料;4—炉芯

不超过消耗功率的1%。

　　炉底料的水分起着特别的作用,若水分增大会使炉子工作状况出现偏差,表现在炉子明显"沿下边运行",炉底电导率增大。建议炉底料极限允许湿度不超过3%。

　　对石墨化炉的保温料、炉底料、填充料等辅助原料的要求见表9.10。

表 9.10　对石墨化炉的保温料、炉底料、填充料的要求

指标	石墨化焦	冶金焦粒	冶金焦粉	石英砂
粒度/mm	10~25	10~25	0~10	0~5 或 2~4
灰分/%,不大于	8	15	15	
水分/%,不大于	5	5	5	
电阻率 /($\Omega \cdot mm^2 \cdot m^{-1}$)	≤350			
备注	不允许有外来杂质	大于规定尺寸的含量不大于5%;小于规定尺寸的含量不大于10%	大于规定尺寸的不大于10%	SiO_2 含量不小于95%

3. 电阻料的作用与选择

　　石墨化炉装炉时,装炉制品列间的空间用颗粒状炭材料(通常用焦炭)填充。这种材料称为电阻料(或炉芯电阻料),其主要作用是提高炉芯有效电阻和保证向被石墨化制品均匀供电,其数量约占炉芯体积的20%。

　　电阻料具有很高的电阻率(200~300 kΩ · mm^2/m),大大提高了炉芯的总电阻。炉芯电阻通常约为 20×10^{-3} Ω,其中电阻料的电阻占98% ~ 99%,电极电阻占1% ~2%,因此,电热过程主要在电阻料中进行。如果从炉芯中除去电阻料,则炉子电阻微乎其微,即使在强大电流强度下炉子

功率也不大,石墨化过程将拖延很长时间。电阻料的使用显著地提高了炉芯电阻,因而可使炉芯功率增大,大大缩短石墨化周期时间,提高炉子生产率。所以,电阻料的使用可提高炉子的电效率。

使用电阻料的另一个优点是创造了在更高的变压器参数下工作的条件,即在同样的电流强度下,可使用更高的电压,更有效地利用变压器功率。应当指出,随着炉芯有效电阻的提高,炉子设备的 $\cos\varphi$ 增大($\cos\varphi=R/\sqrt{R^2+X^2}$,$R$ 为有效电阻,X 为无效电阻或感抗),也有利于提高炉子的生产率和降低电耗。

利用冶金焦制备电阻料,其特点是灰分含量高(超过 10%)。表 9.11 中列出了前苏联不同工厂生产的用于制备电阻料的特性。大量的非惰性杂质随电阻料进入炉芯,它们积极参与一系列反应过程。这些灰分杂质是 Si、Al、Fe、Ca、Mg 及其他元素的氧化物,它们在加热过程中被还原,与碳反应生成碳化物。碳化物在很高的温度下发生分解,并以气态形式离开炉芯工作区。由于这些反应是吸热反应,消耗大量的热能(占石墨化运行周期总热能的 10%),增加了耗电量。此外,灰分氧化物的还原反应中,每吨灰分大约消耗 300 kg 炭。

表9.11　各种冶金焦(粒级 25~10 mm)特性与热处理温度的关系

处理温度 /℃	灰分含量/%			真密度/(g·cm⁻¹)			电阻率/(Ω·mm²·m⁻¹)		
	1	2	3	1	2	3	1	2	3
初始	14.6	10.6	10.5	1.91	1.90	1.91	1 000	828	955
1 300	14.5	10.9	10.6	1.93	1.95	1.98	871	693	734
1 600	12.0	10.4	9.6	1.98	2.05	1.99	693	478	510
1 900	10.9	6.4	9.8	2.04	2.07	2.08	474	304	396
2 200	5.6	6.5	5.2	2.08	2.08	2.05	292	357	343
2 500	3.5	2.7	2.7	2.07	2.08	2.09	271	210	230

注:1—占巴哈焦化厂;2—马格尼托哥尔斯克焦化厂;3—车里亚宾斯克焦化厂

应当把电阻料的电阻看作它的最重要的质量指标,并优先使用电阻较高的材料。但这不是选择电阻料的唯一依据,难石墨化并且在高温下(2 000 ℃或更高)具有电阻的材料才是最好的电阻料材料。重要的是在石墨化过程中期和末期电阻料材料的电阻率为多少,而不是在起始阶段,这样的材料很难得到。用人工方法制备的电阻料,如用炭黑制得的材料虽然其电阻指标很好,但价格昂贵,且需要专门的组织生产。

作为电阻料,应用最多的是冶金焦,因为其易石墨化,且随温度升高电阻显著下降,这是其缺点但其容易得到,且价格便宜,因此得到广泛的使用。

但是若冶金焦电阻料的电阻太大,通电后电阻料温度高于制品的温度,因此,制品表面升温快,内部升温慢,产品内外温差若过大易造成制品开裂,特别是细结构大规格制品更应注意,故通电功率不能上升太快。应采用电阻较小的电阻料,为此,可加入一定量的石墨化焦。

电阻料以散状颗粒形式使用,以便能均匀填满装炉产品之间的空间。生产中在对大规格的电极石墨化时,电阻料允许最大颗料尺寸为 $\phi25 \sim 30$ mm,而小规格制品石墨化时,电阻料最大颗粒尺寸减小到 $5 \sim 6$ mm。电阻料粒度组成应满足高电阻的要求。通过研究,可得到这样的结论:在对大截面积电极石墨化时颗粒最佳尺寸应为 $6 \sim 15$ mm;对小规格制品(包括电刷)石墨化时,粒度应为 $5 \sim 10$ mm。电阻料的粒度组成应始终保持不变,这使工作状态的稳定性及稳定制品的质量特性得以保证。

众所周知,炉芯由制品和电阻料构成,并且炉芯总有效电阻的 97% ~ 99% 是在电阻料上,由此可知其在石墨化过程中的作用。因而电阻料应沿炉芯截面各部具有均匀的导电性,但实际上这是不可能达到的。炉芯中电阻料导电性较好的部分通过的电流大,因此这部分的温度要高些。所以,炉芯的特点是,沿炉芯截面及整个炉芯内温度场分布不均匀。因此,在构筑炉芯时应尽力克服这些缺点。

在高温和电阻料的密实作用下,电阻料电阻急剧下降。如果这种变化在整个芯体内均匀产生,是可以接受的。但电阻料密实并不均匀,它是由于炉芯的高度及炉芯上保温料的压力而产生的,引起下层比上层密实。沿炉芯高度方向产生的负荷,若电阻料散装密度为 0.7 g/cm^3,保温料为 0.1 g/cm^3 时,压力为 $10 \sim 22$ kPa,在常温下试验结果如图 9.22 所示。由图可知,即使在不大的压力($4 \sim 6$ kPa)下,常温时电阻减小 $1/2 \sim 2/3$。因此,炉芯中下层电阻料密实程度高,导电性更好。在加热条件下电阻料电阻明显降低(图 9.23)。在石墨化炉中,在送电周期将要结束时炉芯电阻降低到 $1/20 \sim 1/40$。引起这一现象的原因很多,制备电阻料的炭材料具有负的电阻系数,随着温度升高电阻减小,更重要的是,在很高温度(超过 2 000 ℃)下电阻料本身被石墨化,这自然导致电阻的急剧降低。

生产电阻料的焦炭电阻率为 $200 \sim 400$ kΩ · mm^2/m,而由这种焦制备的电阻料的电阻率却显著提高,为 $40 \sim 60$ kΩ · mm^2/m。这是由于电阻料颗粒存在接触电阻。石墨化炉中流过电阻料的电流只有经过各颗粒间的

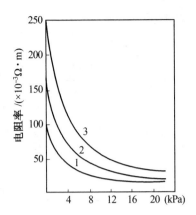

图 9.22 电阻变化与粒度组成的关系

粒度组成:1—20～30 mm;2—10～15 mm;3—2～10 mm

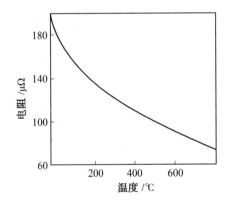

图 9.23 电阻料电阻随温度的变化

接触点才能通过。接触电阻应理解为阻止电流通过各个颗粒间的接触点的电阻。这些接触点造成单位电流密度相当大,因此在非常小的表面上产生巨大热量。高温使这部分电阻料石墨化,而且这些过程在石墨化送电前期就已经进行了。作用在接触体上的机械力(前面已述)导致导电接触点面积的增大。众所周知,石墨很软,因此,接触面逐渐增大,使导电性更好。随着温度的升高,接触表面石墨化。

石墨化工序中进行着一系列导致电阻料性质和状态显著变化的复杂过程。石墨化炉中条件对电阻料粒度组成变化的影响见表9.12。石墨化后的电阻料中灰分的含量见表9.13。石墨化后电阻料中灰分的各种成分含量见表9.14。

表 9.12　石墨化炉中条件对电阻料粒度组成变化的影响

粒级/mm	初始电阻率/%		被石墨化的电阻料/%	
	灰分含量	粒级含量	灰分含量	粒级含量
−25···+15	15.4	56	0.35	21.4
−15···+10	18.1	44	0.61	54.4
−10···+5			3.30	16.0
−5			10.60	8.5
平均	17.25		3.80	

表 9.13　石墨化后的电阻料中灰分的含量

层位		粒级/nm			
		+15	−15···+10	−10···+5	−5
灰分含量 /%	上	1.35	1.5	5.7	8.3
	中	1.05	1.2	8.9	11.8
	下	1.17	1.5	2.85	7.35

表 9.14　石墨化后电阻料中灰分的各种成分含量

取样部位	各种成分在各粒级中的含量/%			备　　注
	Fe	Al	Si	
上层	0.4/3.0	0.52/1.7	2.6/3.0	
中层	0.54/2.2	0.96/2.3	3.0/3.5	分子粒径
下层	0.1/3.0	0.49/1.7	0.7/2.5	−10···+5 mm
初始电阻料	0.54/0.54	1.30/1.3	2.6/2.6	分母粒径−5 mm

由表 9.12 看出,主要是大颗粒断裂。由表 9.13 分析可见,随着粒径的减小,残余灰量增大。表 9.14 表明,在细粒级中铁、铝、硅含量大大高于粗粒级,在下层这些成分的含量略有减少。

颗粒破裂的原因在于电阻料中含的灰分杂质。在电阻料加热过程中,组成灰分的氧化物进行还原,然后被还原的金属发生炭化反应。反应中消耗炭。继续加热时,碳化物发生分解,产生的金属蒸气排出颗粒外。所有的这些都是引起颗粒破裂的因素,还有电阻料因自身重量而产生的机械力。

关于电阻料中氧化物还原所消耗的炭的实际数量,通过计算,电阻料中的灰分杂质还原消耗炭的数量见表 9.15。

表 9.15　杂质还原消耗炭的数量

灰的成分	SiO_2	Al_2O_3	Fe_2O_3	CaO	MgO	碱金属	TiO_2	合计
灰分成分的含量	3.47%;296 g	1.97%;164 g	1.82% ;152 g	1.42%;116 g	1.14%;94 g	0.78%;64 g	0.05% ;44 g	10.66
灰分杂质还原消耗的炭/kg	118	58	34	26	28	10	1	275

根据物料平衡,设装入炉中 8.8 t 电阻料,其总的灰分含量 10.66%。将消耗 275 kg 炭。这一数量相当大,足以破坏焦炭填料各组成成分间的关系。电阻料氧化物的还原反应消耗的能量无疑也应引起注意。电阻料中含有灰分杂质还原所消耗的能量计算如下(单位 kJ):

$$SiO_2+2C =\!\!=\!\!= Si+2CO-619 \qquad 296\times619/60 = 3\ 050$$
$$A_6O_3+3C =\!\!=\!\!= 2Al+3CO-1\ 318 \qquad 164\ \times1\ 318/102 = 2\ 110$$
$$Fe_2O_3+3C =\!\!=\!\!= 2Fe+3CO-468 \qquad 152\ \times468/160 = 442$$
$$CaO+C =\!\!=\!\!= Ca+CO-524 \qquad 116\times524/56 = 1\ 080$$
$$MgO+C =\!\!=\!\!= Mg+CO-500 \qquad 94\times500/40 = 1\ 170$$
$$(Na_2OK_2O)+2C =\!\!=\!\!= (NaK)_2+2CO—277 \qquad 64\ \times277/78 = 226$$
$$TiO_2+2C =\!\!=\!\!= Ti+2CO-680 \qquad 44\ \times680/80 = 375$$

合计　　　　　　　　　　　　8 453

由计算得出,石墨化 1 t 电极(装炉量 28 t)消耗的能量为 85 kW·h。

由此可知,电阻料中存在灰分杂质其损害较大,在实际条件下损失还要大。因为灰分含量通常高于计算的量,且金属的生成、离解、气化消耗的能量未被计算在内。

尽管初始电阻料中各粒级的灰分含量大致相同,但是,实验证实,石墨化后了电阻料粒度越大,其灰分含量越低,如大粒级中灰分含量为 1.5%,而在较小的粒度组中(-5 mm)灰分含量为 8% ~ 11%。装炉料(制品、电阻料和保温料)加热过程中,在温度低于 1 000 ℃时,水分和其他吸附物排出,各种有机化合物焦化,不稳定的无机物(水化物、碳酸盐)进行分解,即挥发性杂质被排出。排出的气体主要由 H_2O、H_2、CO、CO_2、碳氢化合物和少量的硫化物组成。进一步加热时,难挥发的氧化物开始还原,释出气体的 CO 量相对增加。一般的装炉材料中氧化铁最易还原,在约 1 600 ℃温度下 SiO_2 和 CaO 还原,而在更高的温度下 MgO 和 Al_2O_3 还原。还原的金属有一部分很快蒸发,另一部分与碳化合生成碳化物。在有碳存在时,无机杂质的挥发性增大。Ca 比其他金属易蒸发;碱金属和 Mg 比 Ca 还容易挥发;Al 的排出很难,而 Si、Fe 和 B 更难排出。

杂质蒸发的温度范围见表 9.16。

表 9.16　杂质蒸发的温度范围

金属名称	铋	硅	钙	铁	铝	锰	镁
蒸发温度/℃	2 000～2 400	2 000～2 200	1 950～2 200	1 800～2 200	1 650～2 100	1 700～1 950	1 480～1 800

9.7.3　石墨化升温制度的制定

石墨化制度是将置于石墨化炉中的炭质毛坯逐渐加热到高温(2 500～3 000 ℃),生成人造石墨的过程。同时,在制品内部和表面不允许有与升温速度有关的裂纹和其他缺陷形成。

石墨化最高温度取决对成品的要求,以及制造半成品的原料。正如前面已经指出的,各种结构的石油焦在石墨化时的表现不同,由它们制得的石墨性质不同。例如,用热解石油焦获得的制品电导率、热导率低,较硬,密度较小;用裂解石油焦制造的制品电导率高,密度较高,手感滑腻且容易加工,且制品质量相同时所需石墨化温度低一些。结束石墨化过程的最佳温度由试验确定。

关于升温速度,它受到两个方面的限制,一方面是制品出现裂纹的危险,另一方面是希望得到更便宜的制品。因此最佳温度制度应当保证防止制品开裂和出现内部缺陷。有资料称 1 300～2 100 ℃温度范围为危险温度,在这一温度范围过程要进行得慢,升温速度约为 30 ℃/h。如果这一范围升温很快,那么制品中的收缩显著减小,因此制品的密度和物理力学性能降低。但过于放慢升温速度不经济,且导致生产率降低,电耗提高。

制定和实施石墨化制度是非常困难的问题。从实际石墨化工况记录来看,对于同一台炉,制品装载量相同,电阻料和保温料相同,控制送电制度的规定相同,过程的持续时间、各个过程特性(功率、电阻等等)的变化以及电耗,彼此都不相同,故构筑炉芯很难,而使电阻料和保温料的性质再现更困难。

研究不同种类和规格制品的石墨化加热速度问题时,可能出现个两个疑问:升温速度应该为多少? 如何在工业炉中实施给定的速度? 总的原理都知道,就是制品截面越大,升温速度应越慢。在工业生产中应遵循的主要原则是:石墨化曲线应最短,但必须保证好的质量和高的年产量。为获得较致密的制品以及不允许形成裂纹,加热速度受到限制,且这些要求与热工过程和使用电气设备相矛盾。

如前述,炉芯由具有很高电阻的电阻料和具有相对较小电阻的制品这两个电阻串联构成。在流经炉芯的电流强度相等的条件下,装炉料中释放的热量与电阻成正比。因为电阻料的电阻约占98%,故主要热量相应地要在电阻料中释放。简言之,热量将释放于电阻料中,然后传给制品。下面给出周期开始(分子)、周期结束(分母)时电阻的分布。

电阻料的电阻:$19.845 \times 10^{-3}\Omega / 0.97 \times 10^{-3}\Omega$;99%/97%

电极的电阻:$0.155 \times 10^{-3}\Omega / 0.03 \times 10^{-3}\Omega$;1.0%/3.0%

电阻随石墨转化而有降低的趋势,同焦炭与煅烧温度间的关系相似,到了石墨化转化基本完成时,炉芯电阻保持不变,因而电流、电压、功率曲线保持平稳,而互相平行,到了这一阶段再维持一段时间即可停电,但这一段维持时间应多长为好,须视炉子大小和通电参数用试验决定。

图9.24(a)所示为一台石墨化炉的送电曲线(交流电)。从图中的功率曲线看,它初步上升到一个最大值然后下降,这是石墨化送电的一个特点。从电工学可知,石墨化炉电气回路的有效电功率为

$$P_t = V_2 I \cos\varphi = \frac{V_2^2 R}{(R + wL)^2} = \frac{V_2^2 R}{Z^2} \qquad (9.28)$$

式中,V_2 为变压器的二次电压,V;I 为变压器的二次电流,A;R 为回路的总欧姆电阻,Ω;w 为角频率;L 为回路中的总自感量;Z 为回路电抗;wL 为感阻,大部分在炉外汇流排系统内。式中的 R 包括炉芯电阻 R_e 和炉外其他部分电阻 R_w,即

$$R = R_e + R_w$$

实际上式(9.28)应为

$$P_t = \frac{V_2^2 R_e}{(R_e + R_w + wL)^2} \qquad (9.29)$$

假定电流电压 V 和炉外阻抗($R_w + wL$)为定值,而 R_e 为可变的,当输入电流 I 时,变压器供给于炉芯的功率为

$$V_e I = I^2 R_e$$

V_e 为炉芯两端的压降,即

$$V_e = V_2 - I(R_w + wL)$$

现要使两变量 V_e 和 I 的积(P_t)在 R_2 为某值时为最大,即到达功率的峰值,则将式(9.29)用微分法求其最大值:

$$R_e = \sqrt{R^2 + (wL)^2} \text{ 时}, P_t \text{ 为最大}$$

即炉芯电阻等于炉外阻抗时,变压器输出功率为最大。

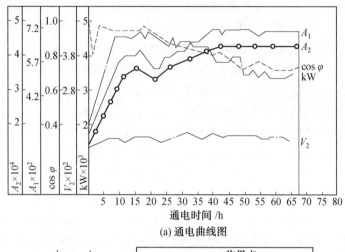

(a) 通电曲线图

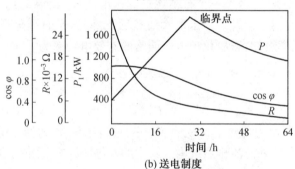

(b) 送电制度

图 9.24 石墨化炉典型送电曲线

A_1— 一次电流,A;A_2— 二次电流,A;$\cos \varphi$— 功率因数;V_2— 二次电压,V;kW— 炉子电功率

这就意味着在功率曲线达最高峰时,炉外阻抗引起的电功率损耗已等于炉芯加热的电功率,换言之,总电功率的一半消耗于炉外阻抗,炉芯加热只得其余的一半,此时 $\cos \varphi$ 在 0.5 以下,若直流送电,功率因数($\cos \varphi > 95\%$)下降较小,现在一般采用直流送电。

制品温度与电阻料温度相差 500~600 ℃,即使在制品截面上温度也相差 100~200 ℃。假使找到了一个测温标准点,则将出现控制升温速度问题。在巨大的炉芯内温度反馈慢,并且不是在所有点上都相同。况且高温测量技术与测量仪表还不能满足要求,因此使得石墨化制度不得不按电工仪表测量值执行。

在工业生产中,功率表是主要仪表,石墨化制度就是按照它来执行的。根据它的示数可判断炉子正在消耗或者应当需要多大功率。这种方法是基于炉芯温度与送入炉中的能量成直线关系。能量的大小可以用能量表测定。但这种表在石墨化炉条件下使用不方便——它不是示数的仪表。利用功率表比较容易和准确,在任何时刻都可以知道炉子正在消耗多大的功率,如果需要改变功率,做起来也非常简单。

炉子所消耗的能量同样也不能清楚表示出炉子的升温速度。但是输入给定的能量花费的时间越短,升温越快,炉中的温度也越高。放慢炉子的送电制度则相反。

尽管按电工测量仪表控制石墨化制度有上述不足,这个方法还是被采用,因为所有其他方法缺点更多。纵然能够详细拟定可靠的炉芯测温方法,电工测量仪表的利用也将起到重要作用。用于控制石墨化过程,除了功率表外,还需有一些辅助仪表:电压表和电流表、有功和无功功率计量表、相位计。

按照功率曲线给定和实施石墨化制度,规定起始功率和每小时的上升功率。电压表和电流表指示在某一时刻在什么样的电压下使用多大电流。为了弄清楚过程应维持在怎样的电压级下,这些仪表的示数是操作人员必需的,因为炉子电阻不断变化。此外,还有控制最大电流强度。操作人员应及时采取措施,避免达到极限状态,极限状态时自动装置关闭变压器,过程中止。

有功功率表的指示值不仅用来调节耗电量,而且用于计算 1 t 产品的电能单耗。通常石墨化周期的终点是根据有功功率表提供的电能消耗量确定的。

无功功率表调整炉子设备消耗的无功功率的大小。严格限定允许无功能量的大小。利用有功和无功功率表读数可以计算石墨化各个时期的 $\cos \varphi$ 及整个周期的平均 $\cos \varphi$。

相位计测量的功率因数是表征作为用电设备的石墨化炉运行非常重要的指标,功率因数表示完全转化成炉芯热能的有功功率占总功率的多大部分。因此,$\cos \varphi$ 不仅是最重要的工艺指标,也是定性表征电能利用率的经济指标。

石墨化持续时间主要决定于被石墨化制品的尺寸。如果动力设备的参数不适合炉芯的特性尺寸,也会影响到石墨化持续时间。石墨化过程时间越短,1 t 成品的能量消耗越低。

控制过程到临界点前(曲线左部分),在这种情况下,操作者的任务是不允许变压器电流超负荷,并在此条件下保证可能达到的最大功率。在达到临界点后功率降低,主要是因为炉子有效电阻显著减小。炉子回路的电气性能对功率降低具有决定性影响:决定功率因数和最大有功功率的有效和无效电阻。在整个石墨化期间,无效电阻变化不大,而有效电阻降低到 $1/20 \sim 1/30$,尽管在周期开始时它们几乎相等。功率因数在周期开始时接近于 1,而在接近终点时功率因数降到 0.5(交流电)。功率因数降低主要是炉芯有效电阻急剧减小的结果:

$$\cos \varphi = R\sqrt{R^2 + X^2} \tag{9.30}$$

式中,R 为整个炉子设备的有效电阻;X 为无效电阻。

当石墨化过程进入需要继续提高温度的决定性阶段时,有效功率开始下降,导致石墨化时间延长,实质上降低了过程的效率。功率上升曲线越缓,上述现象影响过程进行的程度越大。过程的任何减慢都会导致电能单耗增加。

9.8 石墨化生产工艺操作

炭素制品的石墨化,是石墨电极高温热处理的最后一个过程,2 300 ℃以上的高温将使焙烧电极的结构趋于石墨结构。本节主要介绍石墨化装出炉工艺,石墨化供电操作和石墨化的温度特性及石墨化过程的温度分布等内容。

9.8.1 石墨化装出炉工艺

在石墨化生产操作过程中,装炉是关键,因为装入炉内的焙烧品既是发热电阻,又是被加热对象。如果装炉装得好,炉阻合适,均匀,电能利用率就高,同时产品质量也好。所以,装炉质量的好坏直接影响石墨化制品的质量。

目前,石墨化制品生产的装炉方法主要有四种,一种是立装法,一种是卧装法,一种是立、卧混合装法,最后一种是间装或错位装法。前两种方法是最常用的装炉法。装炉方法的选取主要是根据产品规格而定。大中规格产品一般采用立装,而小规格产品、短尺寸或板材采用卧装。小规格产品、短尺寸或板材产品和大规格产品需要同装入一个炉次时,可采用混合装炉法,即一边立装,一边卧装。为了产品的均质化,也可采用间装或错位装法。

1. 立装法

把需要石墨化的炭制品长度方向垂直于石墨化炉底平面的装炉方法称为立装法。立装法示意图如图9.25所示。立装法的顺序是:铺炉底、围炉芯、放下部垫层、装入产品、填充电阻料、放入上部垫层,填充两侧保温料和覆盖上部保温料。

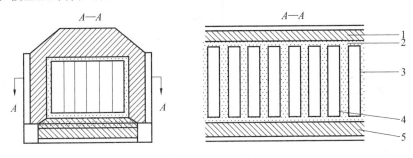

图 9.25　立装法示意图

1—保温料;2—电阻料;3—卧装产品;4—立装产品;5—保温料

(1)铺炉底。

新投入生产的炉子,在耐火砖砌筑的炉槽内,先铺 250 ~ 350 mm 厚的石英砂,石英砂上再铺上炉底料,炉底料是由石英砂和冶金焦粉按照一定体积比组成的混合料(按体积比为:石英砂占 35% ~ 25%,焦粉占 65% ~ 75%)。炉底料要边铺边夯实或踩实,铺的厚度可按产品的长度而定,主要是保证炉芯上下与导电电极端墙相对应。

铺炉底料的作用是:

①绝缘作用,保证炉芯与大地绝缘。

②保温作用,保证炉芯温度尽可能少散失。

③调节炉芯高度,保证炉芯上下与导电电极端墙相对应。

炉底料的物料组成与保温料的物料组成相同,但炉底料中石英砂所占的比例比保温料略高,其主要原因是:保障其绝缘性能,对于炉底料来说,它的绝缘性能更显重要。在实际生产中,如果炉底的绝缘性能很差,容易造成炉底烧穿事故,大量的电能经过炉底部流入大地,炉底部熔融的 Si 结合成硅石,甚至和炉底的耐火砖结合到一起,非常难以清除。同时,熔融进而蒸发的 Si 窜入炉芯,与电极制品发生反应,把电极嗤的残缺不全,破损处呈现化学腐蚀状,大批量的电极制品上黏结碳化硅,大批量的电极制品出炉后电阻率不合格。被嗤的电极示意图如图9.26所示。

炉底烧穿事故是石墨化出现的重大生产事故之一。基于事故的严重

图 9.26　被嗤的电极示意图

性,很多书及规程都明确规定炉底料的配比,并明确指出不能使用旧的保温料。炉底料的配方见表9.17。

表9.17　炉底料的配方举例

配方\物料配比	冶金焦粉	石英砂	旧料
炉底料1	65% ~75%	25% ~35%	
炉底料2	45% ~50%	30% ~20%	25% ~30%

炉底料最主要的作用是绝缘而不是保温,热平衡显示,炉底的热量散失仅仅相当于炉顶热量散失的$\frac{1}{3}$~$\frac{1}{10}$倍,相对比较小,所以,炉底的热量散失属于次要因素。产生炉底烧穿事故的主要原因是绝缘问题,即炉底清的不好,甚至于碳化硅分解后的石墨分解层都没有被清出去。保温料在使用后,其热绝缘性尚未被彻底破坏,在炉底料中掺入一定的旧保温料,可大量节省生产成本,效益十分可观,对出炉后电极的电阻率影响非常小,而且,在炉底还可以获得副产品碳化硅。为节省辅助原料的消耗,生产上允许以一定的比例掺入重复使用。在使用掺入旧料的炉底料时,一定要注意旧料中的焦粉和石英砂实际所占的比例,根据实际所占的比例来调整新冶金焦粉和新石英砂的比例。在炉底使用含旧料的炉底料时,一定要保证在炉底先铺一定厚度的、不含旧炉底料的新炉底料上铺放,以确保炉底的绝缘性。而且,如果做法得当能保证一年不用大清炉底,极大地提高利润水平。

(2)围炉芯。

石墨化炉中被焙烧品和电阻料所占据的空间称为炉芯。根据装入碳制品的规格和周围电阻料的要求,用钢板先围成一定形状和尺寸,这个操作过程称为围炉芯。围炉芯的目的:

①使炉芯与保温料分开,防止保温料混入炉芯。

②固定炉芯位置,炉芯要与导电端墙左右对应。

③便于填充电阻料。

④保证整炉产品装得整齐。

围炉芯的钢板分为炉头板和侧装料板。放炉头板时,炉头距导电端墙距离:一般大型炉为250～300 mm,小型炉为150～200 mm,中间填充石墨化冶金焦。这层电阻料的作用是:

①作为导电电极与炉芯制品间的导电材料,使电流均匀的通过炉芯。

②作为制品与导电电极间的缓冲层,防止因热膨胀而损坏炉头。

两侧墙间装料板的宽度比炉芯产品宽度多200 mm左右,这种宽度的保证可以采用夹格板的方式,也可以采用在装料板上焊固定宽度铁筋的方式。其目的是要使产品装入后,两边与装炉板之间各有80～100 mm的距离,以便填充电阻料,同时使产品与保温料隔开。选取最宽炉芯时,应保证两侧保温料厚度最好不低于400 mm。

(3)放炉底垫层。

在装入产品之前先在围成的炉芯内的炉底料上面铺一层100～150 mm厚的冶金焦(也可以铺石墨化焦,铺冶金焦的目的是为了保护炉底),作为炉底垫层。炉底垫层的主要作用是:

①使炉芯产品与炉底料分开。炉底料内有石英砂,与产品接触易产生金刚砂,氧化产品。

②起到调整炉芯电阻的作用。

(4)装产品、填充电阻料。

把产品立装于垫层上,横排产品彼此互相靠紧,但要注意产品与装料板保持间距。纵排之间要保持排与排之间有一定的间距,保持纵排之间的间距有多种方法,可以采用放吊板后夹格板,格板在填入电阻料后,随即拔出的办法,也可采用立炉,人手持铁挡板,先保证电极根部的间距,在放电阻料时用撬棍将电极上部撬开并保证垂直的方法。

从提高炉内产品电阻的均匀性来讲,希望纵排之间的间距大一些,但从提高产品的装炉密度即经济性来说,希望间距小一些,老规程一般要求其产品的间距为制品直径的20%,实际生产中视电阻料的粒度大小及焙烧品质量等原因而定,一般保证在制品直径的10%～20%,中间填充电阻料,电阻料一方面是发热电阻,同时起着固定产品的作用。

目前常用的电阻料主要有三种:冶金焦、石墨化焦以及两者按不同比例的混合焦。

　　石墨化炉的炉芯电阻是由装入炉内的产品本身的电阻和电阻料的电阻串联而成。电阻料的电阻远大于产品的电阻。所以,炉芯电阻的绝大部分是由电阻料提供的。也就是说,在石墨化过程中,主要是靠电流通过电阻料时产生的热量加热焙烧品。

　　在实际生产中,调整炉芯电阻的方法主要有三点:

　　①调节焙烧品装炉时的间距。

　　②采用不同系数的电阻料,如冶金焦、石墨化焦以及两者按不同比例的混合料。

　　③调整炉芯截面的大小。

　　从提高石墨化炉芯温度的角度,要求电阻料的电阻大一些,特别是通电后期,对现阶段的绝大多数变压器来讲,二次输出电流已达最大值,此时炉芯电阻如大些,能保持较高的功率。全部使用冶金焦粒为电阻料时就是这种情况,但是电阻料电阻与焙烧品电阻相差过大时,在通电过程中形成的温差也大,产生的热应力就大,易使产品产生裂纹。而当采用较低电阻值的石墨化焦为电阻料时,电阻料电阻与焙烧品电阻相对来说相差较小,这也就使得在通电过程中形成的温差也小,即使用较大的开始功率和较快的上升功率通电也不至于增加裂纹废品。

　　现在的供电装置和石墨化炉的配置、绝大多数是兼顾两种电阻料的,所以,如果采用相同的送电曲线,石墨化焦为电阻料时的后期供电功率比冶金焦做电阻料时要低很多。采用同曲线送电时,石墨化焦为电阻料的炉子送电时间被拖长,热效率降低。

　　采用混合焦做电阻料时,在电阻的阻值上兼顾了其优缺点,但应保证混合均匀,否则会造成产品周围各点的电阻差异,产生很大温差,极易产生裂纹。

　　对于不易产生裂纹的中小规格产品(包括各种接头、阳极板等),采用冶金焦做电阻料比较合适,因为规格较小,内外温差不是很明显,此时即使采用较高的开始功率及上升功率,产品一般也不会发生裂纹。

　　对于大规格的产品来说,内外容易形成较大温差,使用混合焦或石墨化焦作电阻料比较合适,这样产品与电阻料的电阻相差较小,产品内外的温差也同时减小了,这样即使采用较高的开始功率和较快的上升功率也不致造成产品裂纹。但如果使用混合焦,就一定要注意使其混合均匀。

　　目前,在石墨化生产中常用的冶金焦电阻料粒度一般采用 10~25 mm

粒级,少数也有采用 25~40 mm 粒级的。

采用 10~25 mm 粒级的优点是:容易将电阻料填实;缺点是:循环使用率低,接触电阻大。

采用 25~40 mm 粒级的优点是:循环使用率高,节约原料,接触电阻小;缺点是:不容易将电阻料填实。在生产中,一旦电阻料填充不实,甚至有"棚料"现象,极易使产品产生裂纹和电化废品。

(5)放上部垫层。

填好电阻料,采用格板装炉方式的抽出格板后,还要在产品和电阻料组成的炉芯上面铺一层 100~150 mm 厚的石墨化冶金焦作为上部垫层。上部垫层的主要作用:

①使产品与保温料分开,防止产品与石英砂接触。

②可以起到一定的引流作用和调整炉温的作用。

(6)覆盖保温料。

覆盖保温料时先放炉芯两侧保温料,两侧保温料的厚度不应少于400 mm,在放两侧保温料的同时,装料板逐渐拔出,最后在顶部覆盖不小于 700 mm 的上部保温料。

保温料性能的好坏对石墨化炉的温度有很大的影响,在没有任何保温措施的情况下,要把炭加热到 3 000 ℃ 的高温,必须有 1 000 A/cm^2 的电流密度才能实现。而实际上,石墨化炉芯中通过的电流密度仅有 1~3 A/cm^2。在这样的电流密度下,必须有良好的保温条件,以尽量减少向四周的散热损失,才能达到所需要的石墨化温度。

石墨化炉用保温料应热导率低,电阻率高,这就使其具有良好的保温性和对电的绝缘性,可防止热量和电能的流失。同时还要具有 2 000 ℃ 以上高温不融化,不易窜入炉芯与制品发生反应的性能。选择保温料的另一条原则是资源丰富,价格便宜。

目前艾其逊式石墨化炉都选用冶金焦粉与石英砂的混合料作为保温料,用作保温料的辅助材料应符合如下技术指标。冶金焦焦粉的指标见表9.18,石英砂指标见表 9.19。

保温料在使用一次后,其绝热、绝缘性能尚未被破坏,为节省辅助原料的消耗,生产上允许以一定的比例掺入重复使用。在掺入旧料使用时,一定要注意旧料中的焦粉和石英砂实际所占的比例,根据实际所占的比例来调整所要掺入的新冶金焦粉和新石英砂的比例。

表 9.18 冶金焦焦粉的指标

指标名称	指标
粒度尺寸/mm	0~10
水分(%)不大于	15
灰分(%)不大于	18
挥发分(%)不大于	1.9
大于规定粒度含量(%)不大于	10
大于规定粒度含量(%)不大于	—
外来杂物	不许有

表 9.19 石英砂指标

指标名称	指标
粒度/mm	0.5~4.0
小于规定粒度含量(%)不大于	5
SiO_2含量(%)不小于	95
水分(%)不大于	5

影响保温料性能的有物料组成、颗粒组成和水分含量等因素。现在,大多数炭素厂的保温料一般由冶金焦粉、石英砂组成。在这种组成中可以添加一定比例的木屑,木屑可降低保温料的热导率和电导率,这是由于在石墨化过程中,木屑变成木炭,其电阻率远大于其他保温材料,同时木屑使保温料松散,降低堆积密度,也降低了保温料的导热和导电性能。但添加一定比例的木屑后有以下不足:

①送电过程中烟气较大。

②容易烧结成块。

③不容易混合均匀。

保温料中添加石英砂增加了保温料的电阻率,但却提高了热导率。所以说,石英砂的添加要有一个合适的比例。保温料配方见表9.20。

表 9.20 保温料配方

	冶金焦粉	石英砂	旧料	木屑
保温料 1	70% ~75%	30% ~25%		
保温料 2	30% ~40%	20% ~10%	40 ~60%	
保温料 3		5% ~20%	80% ~95%	
保温料 4	60% ~65%	30% ~35%		10%
保温料 5	30% ~35%	5% ~10%	50%	10%

用作保温料的焦炭颗粒越小,热导率和电导率就越小,这是因为焦炭结构被破坏,颗粒之间出现接触电阻,接触电阻比焦炭电阻大得多。目前石墨化生产中保温料焦粉的规格一般为 0 ~10 mm。保温料中如果含水分高,其热导率增加,保温效果差。含不同水分的保温料的热导率如图 9.27所示。

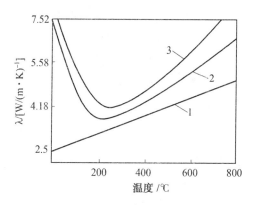

图 9.27 含不同水分的保温料的热导率
1—干保温料;2—含水 5% 的保温料;3—含水 10% 的保温料

生产电炭制品或特种石墨制品的小型石墨化炉常用炭黑为保温料。炭黑的热导率很低,保温效果优于石英砂和焦粉组成的保温料,因此可适当减少保温层的厚度。但炭黑价格高,而且炭黑颗粒很小,装出炉时粉尘非常大,极大的污染环境。生产高纯石墨一般使用低灰分的石油焦为保温料,内热串接石墨化炉直接使用小颗粒的冶金焦粉作为保温料。

2. 卧装法

炭制品在石墨化炉内水平放置,其长度方向与炉芯长度方向垂直的装炉方法称为卧装法。卧装炉示意图如图 9.28 所示。卧装一定要装在活动墙的炉子中,否则无法出炉。

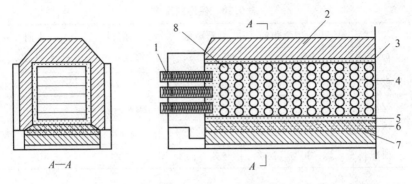

图 9.28 卧装炉示意图

1—炉头导电电极;2—保温料;3—上部垫层;4—炉芯电阻料;5—底部垫层;6—炉底料;7—石英砂;8—焙烧电极

卧装与立装的工艺过程基本相同,也是由铺炉底、围炉芯、装入产品及电阻料,覆盖保温料等工序组成。

小规格产品用卧装方法比较多,卧装法一般用成吊装入法,并分成上、下两个水平排或多个水平排,在吊与吊之间留有一定的距离,距离大小一般为 40~80 mm,装完一个水平排后即向吊与吊之间的空隙内填入电阻料,同时覆盖 40~80 mm 厚的冶金焦或石墨化焦作为上、下水平排之间的垫层,然后再装上面的水平排。卧装电极的堆高由下式计算:

$$H = \frac{n-1}{2} \times 3d + d$$

式中,H 为制品卧装的堆积高度;n 为堆积制品高度方向的个数;d 为堆积制品的实际直径。

通电结束后,为加速冷却,方便卸炉,可拔掉炉两侧活动墙。

卧装法的保温料一般选用含有 50% 旧料的第二配方,目的是使保温料在高温过程中易结成硬壳,以便在拔掉活动墙冷却时,保证保温料不倒。拔墙后要注意用黄泥等弥合保温料因为产生碳化硅而形成的裂缝,保护产品不被氧化。

3. 混合装炉法

有些产品长度比较短,装炉量比较小,为了充分发挥炉子能力,可以在卧装产品的一侧立装一部分产品。混合装炉示意图如图 9.29 所示。此时,一定要注意两种产品规格不要相差过大,并保证两种产品连接处要填充好电阻料,防止产生双炉芯,造成偏流。只在一侧立装数排产品的混合装炉法,容易导致炉芯电阻分布不均,出现炉芯温度的偏移。因此在混合装炉时,应错开分别装入,可以避免炉芯两侧温度出现较大差异。混合装炉的操作程序与立装和卧装的有关规定相同。

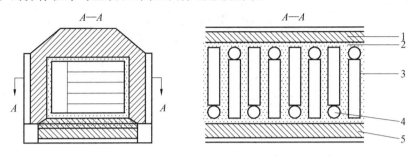

图 9.29 混合装炉示意图

1—保温料;2—电阻料;3—卧装产品;4—立装产品;5—保温料

4.间装法或错位装炉法

焙烧品直径越大,在石墨化过程中越容易在产品内部形成温度分布不均匀,在温升过快的情况下越容易产生裂纹产品,艾其逊式石墨化炉的缺点之一就是炉芯电阻分布是不均匀的,电阻小的地方电流通过较多,电阻大的地方电流通过较少。

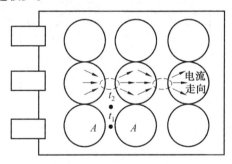

图 9.30 立装炉的电流走向示意图

立装炉的电流走向示意图如图 9.30 所示。由于电阻料的电阻比焙烧品本身的电阻大得多,所以电流从 $A-A$ 处通过较多, $A-A$ 处的温度 t_1 大于 t_2,导致 $A-A$ 处的温升速度比较快,产品在这一部分容易出现裂纹。如果改用下面的间装法,即用两种规格的焙烧品间隔装炉(如直径 500 mm 与直径 250 mm 或直径 400 mm 与直径 200 mm 间隔装入),利用间隔装炉的小直径产品来分散电流的走向,缩小温度差,就可以减少裂纹废品的发生,因此这种间隔装炉允许适当提高通电时的开始功率和上升功率。间装炉的电流走向示意图如图 9.31 所示。

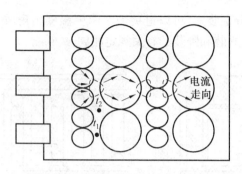

图9.31 间装炉的电流走向示意图

另一种是错位装法,将炉芯相邻电极横排的相对位置互相错开电极直径(D)的一半。采用这种装炉法,一方面充分利用了石墨化炉的容积,另一方面对于无棍电极来讲电流分布在两条支路上,同时存在着四个等温加热带,改善了制品固边的加热条件。错位装炉示意图如图9.32所示。

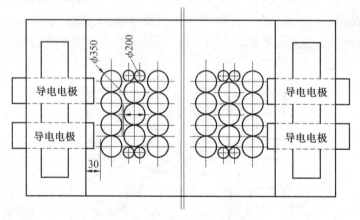

图9.32 错位装炉示意图

这两种方法虽然在理论上有利于提高石墨化的成品率及炉内产品的均质化,但是装炉操作比较麻烦,而且实际上,2根1/2直径的产品靠在一起后,往往比大直径产品要大很多,实施时往往取1/2直径的下规格产品,且实践后效果不是非常明显,所以实际使用并不多。

9.8.2 通电、冷却、卸炉与清炉

1.通电

送电前首先要做好准备工作,将各个接点擦光、上紧。检查整个回路中是否有开路或接地的情况,冷却水是否畅通,炉头粉是否填满、捅实。检

查完毕,即可通知送电。送电人要在送电签字单上填写产品名称、规格、重量、送电制度,并签名。

通电过程中要经常巡视检查石墨化炉的运行情况,炉头、接点是否发红,炉子是否漏料,是否出现接地,冷却水是否堵塞,上盖、炉头、炉墙是否有可能窜火等。

目前石墨化炉的总电量的给定,主要是以产品的规格、品级、有无特殊要求,产品的原料组成,原料中有无低档焦,送电曲线,单位产品的计划电单耗,同时参考同品种规格产品在一般情况下所给定的全炉总电量是多少,送电中途是否有压负荷及停电现象等来确定。在实际给定电量的过程中,往往重视单位产品的计划电单耗,同品种规格产品在一般情况下全炉总电量的情况往往容易被忽视。例如,由于产品间隔大及立炉水平等原因,本炉次的产品比上炉次少装了两组,这两个炉次产品的品种规格及原料的使用又完全一样等。那么这时候就不能完全依据单位产品的计划电单耗,而要兼顾同品种规格产品在一般情况下全炉总电量的情况。

同时,要对供电情况进行巡视,如果有中途有停电现象,要根据停电的时间多少来确定是否增加电量及增加多少电量。电量达到给定的数值后可停电。有时也参考炉子的状态,炉芯电阻的变化,功率因数,最高功率值及在最大二次电流持续时间等。如果石墨化炉的散热损失与馈入的热量平衡,炉芯温度不再升高,其炉阻也不变化,电流、电压、功率因数都趋于稳定,稳定一定时间后也可以停电。

石墨化炉理想的停电方式应根据炉温来确定,但由于艾其逊式石墨化炉炉芯温度的不均匀性,以及对石墨化炉高温区测定不容易且不准确等原因,目前工业生产中尚未实现。

2. 冷却和卸炉

停电后,石墨化炉处于冷却降温阶段,冷却时间的长短,根据石墨化炉运转台数及工艺要求来决定,冷却时间一般不低于 96 h,正常需 96～150 h。冷却方法有两种,一种为自然冷却,一种是强制浇水冷却。大型石墨化炉组,由于运转周期短、产量大,一般都采取强制浇水冷却。强制浇水冷却的要点是少浇,勤浇,不宜一次大量浇水,严禁向炉内局部灌水,防止产品氧化。

立装石墨化炉冷却过程分为抓浮料、抓上盖、刮炉顶焦、水冷却等几个步骤。

卧装炉拔墙后,在整个冷却过程中,产品始终在烧结的炉壳内,此时要维护好炉壳,要用耐火泥或黄泥将炉壳裂缝堵好,防止空气和水进入氧化产品,到规定时间后,打开外壳,即可卸炉。

3.清炉与小修

经上一炉的生产,炉底料的绝缘性就要变差,炉头内的炉头粉有烧损,炉子其他部位也可能出现小毛病,因此要进行清炉和小修。

清炉是比较关键的操作,既要保证炉底的绝缘性能又要保证尽量少清除料,以利于降低生产成本。在清炉时一般遵循下列原则:将碳化硅层清除,再将碳化硅分解层清除至黄料部分后,分前、中、后三段对炉底进行检查,检查黄料层结构,若黄料层结层不厚,且硬度较低(容易踩碎)便认定可以,若黄料层较厚,硬度较强,则需要清除。若三段或者其中的两段下部有石墨结构,则必须将炉底料全部清楚,若只用一段有石墨结构,则需要扩大局部进行清除。炉清完后,再用锹分散几个部位,挖一锹深做最后检查。

炉子经清理后还要对导电端墙进行小修。内端墙表面黏结的金刚砂要清除掉,小的孔洞要用废石墨碎块堵塞并用石墨粉浆抹平。对炉头内外墙中间要添加石墨粉并捣实,防止出现空隙,边墙卸炉时碰掉的耐火砖应重新砌好。炉子运行几个炉次后,要将炉头粉挖开,检查导电电极情况,如果发现导电电极有断开的现象,要及时更换或做有效处理。否则:

①容易导致其他导电电极断开。

②送电后期容易造成炉头(尾)导电端墙或炉头粉处窜火,严重时无法处理。

清炉和小修后的炉子可以重新装炉。

9.9 石墨化废品的类型及其产生原因

石墨化工序出现的主要废品类型:横裂、纵裂、网状裂纹、氧化、碰损(掉块)、取废样、黏结金刚砂、电阻率不合格和抗折、密度等理化指标不合格、弯曲变形等。

电阻率不合格、黏结金刚砂和抗折、密度等理化指标不合格为工序的中间不合格品,通过上工序或本工序再加工最终可以成为符合标准的产品。由于石墨化工序原因产生的废品一般为:横裂、氧化、碰损(掉块)、取样废、黏结金刚砂、电阻率不合格等,其中氧化、碰损(掉块)属于人为原因产生的废品,称为人为废品,其他为上工序原因产生。

9.9.1 裂纹

石墨化产品表面产生横裂纹(垂直制品长度方向的裂纹或沿着长度方

向夹角大于45°的裂纹为横裂)、纵裂纹(沿着制品长度方向的裂纹或沿着长度方向夹角小于45°的裂纹为纵裂)、网状裂纹(横裂纹纵裂纹集合一起)和工序中造成裂纹的主要原因有:

①装炉时产品排列不齐,电阻料填充不均匀,立装炉时产品的间隙过小,甚至造成电阻料"棚料"现象,通电时各处电流分布不均,混装炉时炉芯偏流等导致产品加热时温差加大。

②送电制度不合理,确定的开始功率和上升功率过大,升温速度过快,造成产品内产生的热应力超过产品表面的抵抗能力而产生裂纹。

③在采用石墨化焦和冶金焦混合料作电阻料时,如果两种焦混合不均匀,造成炉芯各部位温度不均匀,易产生大批量裂纹废品。

④前工序(煅烧、混捏、压型、焙烧、浸渍)生产不稳定,上工序较大的质量波动,在石墨化工序会集中暴露出来,因此及时掌握产品在各工序的质量情况,采取相应对策可以减少石墨化工序出现裂纹废品。

⑤有时上工序漏检,本工序装炉前没有检查出来。

9.9.2　氧化

1. 风氧化

风氧化的特征是,被氧化的产品表面比较光滑、硬实,有微小的蜂窝状。造成风氧化的原因是:

①炉头有裂缝或烧损严重而透进空气。

②炉头冒火而没有及时处理。

③卧装炉冷却时,结晶的外壳出现裂缝没有及时堵严而串入空气。立装炉冷却时,高温产品裸露在空气中,由于浇水不及时,造成氧化。

④产品卸炉温度高,堆积在框架上时,由于产品自身温度高于产品氧化温度而造成氧化。

2. 水氧化

水氧化的特征是被氧化产品表面松软,呈粉状、不光洁。造成水氧化的主要原因是:

①炉头有裂缝,导电电极的冷却水渗入炉内。

②冷却水排泄不好,渗入炉内。

③冷却产品时浇水不当或一次性浇水过多造成水氧化。

9.9.3　电阻率不合格

产品石墨化后的电阻率不符合标准要求。造成产品电阻率不合格,电

阻率不合格主要是因为石墨化不完全,这就需要从影响石墨化的因素上来分析原因:

影响石墨化的因素主要有4个,分别是原料、温度、压力和催化剂。在实际生产中,压力和催化剂(在第一节中论述过)这两项不在分析之列。所以,在分析产品电阻率不合格废品时,主要从原料和温度这两大项考虑:

(1)原料方面

原料方面是否坯品采用的是低档焦或低档焦含量过多(如采用含硫量较高的油焦或沥青焦的比例过大,在高功率等的生产中是否针状焦比例过小等)。

(2)温度方面

①产品单耗过低,或整炉产品的总电耗过低。

②送电过程中有压负荷现象,或中途停电现象而没有增加电量。

③炉芯电阻过大,输入功率无法提高。炉芯电阻过小,给定的能耗无法实现,造成"死炉",会产生大量不合格品。

④装炉工艺不合理,操作质量不好,特别是混合装炉时,造成炉芯偏流,电流密度小的地方易出电阻率不合格品。

⑤保温料厚度是否不够,散热损失大。

⑥炉体或供电母线接地,使部分电能流失,而造成炉温较低。

在温度方面,还有一些其他细小的原因,如:

①装炉炉芯过大,或焙品的毛坯过大,导致电流密度低,炉芯达不到规定的温度。

②供电制度由于种种原因,变得非常慢,而没有增加电量。

③外部短网及接点等部位压降过大,电损失增加,石墨化炉电效率低。

④保温料、电阻料含水量过大,造成电能浪费等。

9.9.4 抗折、密度等理化指标不合格

如果产品的抗压强度、抗折强度或密度不符合标准,经浸渍、焙烧,再次石墨化后,可以达到标准要求。理化指标不合格品产生的主要原因是:

①原料质量不符合标准或原料配比粒度组成不合理,造成强度低。

②产品生产时油量大、咀子温度高、下料温度低、压型速度快、挤压压力低、浸渍时抽真空时间短、浸渍罐真空度低、浸渍罐泄压等。

产品弯曲与变形超过允许公差,则称为弯曲变形废品。造成产品弯曲变形的原因是:

①炉底铺得不平或虚实不均,在通电过程中产生不均匀的下沉,这对

卧装炉的小直径产品可能造成弯曲变形。

②焙烧后产品已经弯曲变形,但由于检查不严而误装入石墨化炉内。

9.9.5 机械强度不合格

石墨化的产品应按规定取样,制成 40 mm ×40 mm×40 mm 的立方体,在专用的压力机上测定抗压机械强度(有时测定抗弯或抗拉机械强度)。假如试块的抗压机械强度不合标准,可以第二次取样分析,第二次不合格时该批产品作为机械强度不合格的废品处理。强度不合格的原因是:

①原料质量不合标准。

②前几道工序的半成品质量波动(如原料配比、颗粒组成、沥青用量、混提捏质量等)。

③石墨化程度过高也会降低产品抗压机械强度。

9.9.6 黏结金刚砂

制品表面或内部黏有碳化硅,俗称黏结金刚砂。金刚砂废品给产品加工带来困难,生产中是不准移交下工序。通常金刚砂废品也不列为最终废品,轻者经专门清理后可移交,重者造成产品局部缺陷,俗称"嗤电极",一般出现这种情况要判为氧化。制品内部黏金刚砂要再次进行石墨化处理。

黏结金刚砂产生的原因是:

①炉温低,碳化硅的生成温度为 1 700～2 200 ℃,分解温度为 2 235～2 245 ℃,当炉温偏低时,容易产生金刚砂废品。

②装炉不符合规程,产品与保温料接触或把保温料放入了炉芯中。

③炉底局部烧穿。融溶进而挥发的硅蒸气串入炉芯,与产品发生反应。如果炉底被烧穿,那么就会造成大批量产品局部缺陷,形成"嗤电极"现象。

9.9.7 内裂分层

制品内部有裂纹或分层,一般认为是压型工序原因。

9.9.8 杂质

石墨化产品中含有外来杂质而引起的废品称为杂质废品,其原因是在配料过程中混入了杂质,在石墨化的高温过程中分解逸出,使产品出现孔洞或凹坑。

参考文献

[1] 侯科,赖仕全,高亮亮,等.苯甲酸对煤焦油软沥青的聚合改性研究[J].炭素技术,2014(33):5-8.

[2] 张雷勇,赵东锋,刘静颜,等.超高功率石墨电极消耗指标的探讨分析[J].炭素技术,2014(33):55-58.

[3] 徐妍,高丽娟,吴红运,等.单溶剂萃取热过滤法脱除改质煤沥青的喹啉不溶物[J].2014(33):31-33.

[4] 简国锋.电煅石墨化焦的工艺探讨[J].科技创新与应用,2014(27):57-58.

[5] 许斌,宋子逵,任玉明,等.改性结合剂对炭素捣打料性能的影响[J].耐火材料,2009(43):438-440.

[6] 刘占军,史景利,刘乃芝,等.共炭化制备高残炭率浸渍剂沥青[J].炭素技术,2000(5):1-3.

[7] 马文斌.几种石油系重质原料焦炭化性能的对比分析[J].石油炼制与化工,2014(45):30-35.

[8] 李玉财,苏久明,刘涛,等.焦油沥青净化和浸渍剂沥青的生产[J].燃料与化工,2002(45):189-192.

[9] 许斌,薛改凤.浸渍剂沥青[J].炭素,1998(4):39-42.

[10] 黄艳,许斌,陈永军,等.浸渍剂沥青和黏结剂沥青渗透性对比研究[J].炭素技术,2014(33):46-49.

[11] 甄凡瑜,田成军,周永涛,等.利用中温沥青试制浸渍剂沥青[J].山东冶金,2004(26):54-56.

[12] 丑晓红.煤基活性炭制备中化学添加剂的应用对比[J].煤炭技术,2014(33):194-195.

[13] 李玉财,苏久明,刘涛,等.煤焦油沥青的净化和电极浸渍剂生产[J].煤化工,2002(3):23-27.

[14] 王育红.煤焦油沥青非等温中间相转化及其动力学研究[J].炭素技术,2014(33):1-4.

[15] 胡适,伍林,秦悦,等.煤焦油沥青中多环芳烃的研究进展[J].炭素技术,2014(33):45-48.

[16] 许斌.炭材料工业生产用黏结剂和浸渍剂煤沥青的再认识[J].炭素技术,2011(30):35-39.

[17] 何莹,郭明聪,高源,等.炭材料专用浸渍剂沥青的研究进展及应用前景[J].炭素技术,2013(32):6-8.

[18] 姚桢,刘卫,刘静.黏结剂含量对铝电解用炭间糊性能的影响[J].有色金属,2014(7):17-21.

[19] 田林,谢刚,李怀仁,等.中温煤沥青为黏结剂制备铝用冷捣糊[J].轻金属,2014(3):35-39.

[20] 陈海杭,马颜光,马丙元,等.炭素生产工艺净化除尘器排料输送系统优化[J].轻金属,2014(7):39-42.

[21] 蒋文忠.炭素工艺学[M].北京:冶金工业出版社,2009.

[22] 师昌绪,李恒德,周廉.材料科学与工程手册[M].上卷.北京:化学工业出版社,2003.

[23] 张红丹,邹小平,程进.碳纳米管制备及其生长机制研究[J].微纳电子技术,2007(7/8):60-62.

[24] 钱湛芬.炭素工艺学[M].北京:冶金工业出版社,2013.